国际信息工程先进技术译丛

云计算体系架构中的智能 SOA 平台

［法］ 埃内斯托·埃斯波西托（Ernesto Exposito）
科德·迪欧普（Codé Diop） 著
谭 励 冀赛赛 译

机械工业出版社

本书介绍了在云计算架构中的智能 SOA（面向服务的体系结构）平台，同时为了展示如何在现代企业应用程序的开发中有效地应用 SOA 的概念，书中采用了一个基于项目的学习方法，即 yPBL。另外，通过对 eBay 系统的案例研究，本书介绍了构建智能 SOA 平台所有必要的组件，并引入了分布式系统设计与开发的基础方法。书中解释说明了如何使用一个实用的、基于手册的方法来搭建能够满足大量非功能性需求的智能 SOA 平台。书中具有十分详细的操作步骤，对于读者来说，可以根据手册和菜单的内容一步步实现智能 SOA 平台的搭建。

本书适合网络领域的专家以及任何对分布式系统开发感兴趣的读者阅读，主要面向对面向服务、事件驱动以及云计算架构感兴趣的网络与软件工程方面的学生、工程师以及研究人员、专业技术人员。本书从企业的层次上，为感兴趣的读者提供了分布式应用程序的解决方案。

原书前言

最初分布式应用程序开发的复杂度被认为是原始的传输控制协议（TCP）/互联网协议（IP）网络模型。这个复杂度随着网络传输和网络服务的演变一直在快速增长。因此，直接在应用程序编程接口（API）工作的开发者们需要更高水平的专业知识。这些专业知识包括由大量的传输协议提供的所有服务，以及这些各种各样的服务如何与提供IP网络层的底层服务结合起来的技术。

例如，一个Web应用程序的开发者想要在一台移动终端机上进行操纵，他应该掌握如何选择一个用于不同网络环境的适当的传输协议，包括应用程序逻辑在内。也就是说，开发者不仅应该考虑在静态环境下，Web应用程序通过连接WiFi或蜂窝网络进行的操作，也应该实现足够的逻辑来应对从一个网络移到另一个网络的变化，甚至是终端断开连接的情况。

今天，分布式应用程序的开发人员需要专注于应用程序逻辑，以便使开发更有效率，同时减少开发延误和实现过程中的一些错误。为了达到这个目标，他们需要将通信系统的所有细节做一个抽象。这意味着他们不需要直接应对如何选择和配置网络传输和网络服务，以及如何处理在应用程序分布式组件之间数据传输的细节。

读者

本书适合网络领域的专家阅读，但实际上它也适合其他读者，包括任何在学习开发分布式系统时，对能够将传输层和网络层的服务做一个抽象的解决方案感兴趣的人们。本书将从企业内部和企业之间的层次上，为感兴趣的读者提供分布式应用程序信息技术（IT）解决方案。

特别的，本书将介绍各种中间件通信层的演进，所谓的中间件通信层即为了隐藏应用程序组件的分布复杂性而被设计的一个适应层。本书将把精力集中在深深影响了这类系统设计的主要范式上，这类主要范式是面向服务的体系结构（SOA）范式。即使这不是一个新的或革命性的概念，经过在这一领域数年的工作，人们已经意识到SOA范式所涉及的复杂性太高以至于通常不好理解。SOA通常演变为Web服务（WS）的基本概念，它失去了范式迫切需要构建敏捷和灵活的分布式系统的巨大优势。这在云计算架构领域是特别重要的，在这个领域遵循面向服务的架构、平台或软件是一项基本原则。

方法

本书的目标是根据实际使用情况进行演示，演示在开发当前和下一代企业应用程序时，如何有效地应用云计算平台和 SOA 的概念。为了避免一条条地罗列各种理论的定义和概念，本书决定提出一个实践性的实用方法，命名为基于项目的学习。这种方法是基于概念的合理化和在实际项目的设计和开发基础上的能力提高。

我们选择一个案例，研究的灵感来自众所周知的易贝（eBay）在线市场。基于这个 C2C（客户到客户）分布式系统用例，将介绍所有必要的组件来构建智能 SOA 平台。最初这个平台的实现是在实现 SOA 支柱的基础上完成的，SOA 的基本支柱即企业服务总线（ESB），旨在保证可集成性、互操作性和可扩展性等非功能性的需求。本书将考虑这个初始阶段作为基本 SOA 概念的开发，它将作为平台的第一个版本解决方案，被命名为 1.0 智能 SOA 服务平台（SSOAPaaS 1.0）。基于额外的非功能性需求，主要是关于一个更好的解耦或减少分布式组件之间的直接依赖关系以及主动性需求属性，将会以 SSOAPaaS 2.0 之名开发一个新版本的平台。SSOAPaaS 2.0 包括第二个基本支柱，丰富了前一个平台，第二个基本支柱通常称为基于事件的事件驱动架构（EDA）系统。在最后的开发中，额外的非功能性需求，就可管理性和可伸缩性方面而言，将在 SSOAPaaS 3.0 中给予解决。SSOAPaaS 3.0 解决方案的扩展与自我管理的属性将使智能平台实现本书的目标：为基于 SOA 的系统设计和开发一个智能平台。

本书需要提供一个专门的 IT 架构以便很容易地安装和部署不同版本的 SSOAPaaS 所需的组件，将开发基于虚拟化和云技术的解决方案，这个解决方案促进了一个有效的、便携的和可扩展的架构的设计和实现。这个平台名为智能 PaaS（SPaaS），它提供所需的架构管理功能以支持 3 个不同版本的智能 SOA 平台。

本书结构

本书包括 6 章主体、概述以及总结和展望 3 个部分：

在概述部分（第 0 章），提供一个总体的介绍，包括本书的主要目标和所采用的基于项目的学习方法。

第 1 章主要内容是案例研究，介绍了提出三代 SOA 平台的主要需求。

第 2 章旨在介绍 SOA、EDA、云计算和自主计算的基本概念。它将展示通信层中间件、企业应用程序集成和 SOA 解决方案的基本概念，并将介绍 WS 和 ESB 技术。企业界重要的企业集成进化描述所代表的面向消息和 EDA 范例会在其后介绍。此外，关于虚拟化和云计算架构的介绍将展示非功能性需求，诸如如何使用先进的虚拟化和云计算策略来实现可管理性和可伸缩性。本章将说明手工管理 SOA 平台的复杂性，接下来介绍用来实现智能平台解决方案的自主计算框架。

第 3 章主要介绍了包含一系列关于 SPaaS 解决方案开发内容的第一本手册，它旨在开发智能 IT 基础设施，需要安装和部署不同版本 SSOAPaaS 平台所需的组件。

第 4 章基于这本手册，展示了通过 SSOAPaaS 1.0 平台，SOA 范式和技术如何满足互操作性、可扩展性和集成性等非功能性需求。

第 5 章旨在说明面向消息的中间件（MOM）概念以及如何使用消息传递系统［即 Java 消息服务（JMS）］来提供异步通信信道（即点对点或发布/订阅模式）。此外，有关复杂事件处理（CEP）的概念也有所介绍。本章介绍了在 SSOAPaaS2.0 平台下，面向消息和事件驱动的范例和技术如何能够满足可用性和主动性等非功能性需求。

第 6 章展示了最后一本手册，它专注于如何在全球化和广泛联系的企业中架构现代 SOA 平台。这一手册向人们展示了非功能性需求，例如可管理性和可伸缩性如何在 SSOAPaaS 3.0 平台中实现。

最后，总结和展望部分（第 7 章）总结了通信中间件和 SOA 平台所扮演的角色在满足集成性、互操作性和大型网络系统的性能需求方面的演变。当前和未来的挑战和观点将被描述出来，这些挑战包括在云计算架构方面未来智能和自主 SOA 平台的设计和开发。此外，智能的自我配置指南、自主开发和优化策略也将会被展示出来。这些策略指导着下一代作为一种服务解决方案的平台开发。

图 Ⅰ.1 给出了整体结构和各种将要讨论的话题。

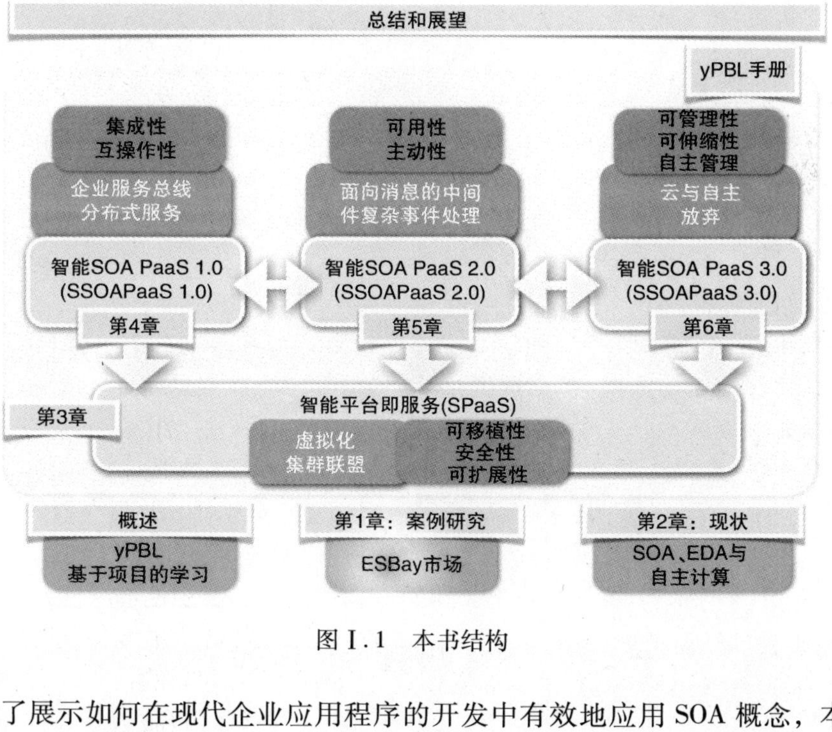

图 Ⅰ.1　本书结构

为了展示如何在现代企业应用程序的开发中有效地应用 SOA 概念，本书提出了一个基于项目的学习方法，基于案例研究并且引入了分布式系统设计与开发的基础方法。本书将介绍 SOA 和 EDA 以及云计算和自主计算模式如何在现代分布式架构中发挥基础性的作用。

本书将解释说明，通过使用一个实用的基于手册的方法，所有这些技术和方法的融合如何使智能 SOA 平台的搭建能够满足大量的非功能性需求。这些非功能性需求包括可集成性、互操作性、可用性、主动性、可管理性、可扩展性、可移植性、可伸缩性和安全性。

Ernesto Exposito 和 Codé Diop

目　录

原书前言

第0章　概述 …… 1

0.1　分布式系统的演变 …… 1

0.2　yPBL：基于项目的学习方法 …… 4

0.3　yPBL需求驱动矩阵 …… 6

0.4　yPBL手册和方法数据模型 …… 7

0.5　小结 …… 8

第1章　ESBay案例研究 …… 9

1.1　ESBay：用例描述 …… 9

1.1.1　系统概述 …… 9

1.1.2　功能需求 …… 9

1.1.3　其他需求 …… 11

1.2　yPBL初始阶段 …… 11

1.2.1　功能需求 …… 11

1.2.2　非功能性需求 …… 13

1.2.3　需求矩阵 …… 14

1.3　小结 …… 15

第2章　面向服务和云计算架构 …… 16

2.1　SOA现状 …… 16

2.1.1　通信中间件解决方案 …… 16

2.1.2　集成和互操作性的新方向 …… 21

2.1.3　中间件的解决方案 …… 24

2.1.4　SSOAPaaS 1.0手册 …… 29

2.2　企业集成与事件驱动架构的演变 …… 29

2.2.1　EDA模式 …… 30

2.2.2　EDSOA …… 31

2.2.3　SSOAPaaS 2.0手册 …… 32

2.3　SOA平台的性能与可伸缩性 …… 32

2.3.1　ESB机制的可伸缩性和性能管理 …… 32

2.4　SOA平台的智能管理 …… 35

2.4.1 云计算 …… 35
2.4.2 自主计算 …… 37
2.4.3 SSOAPaaS 3.0 手册 …… 37
2.4.4 SPaaS 手册 …… 38
2.5 小结 …… 38
第3章 SPaaS 1.0 手册 …… 41
3.1 SPaaS 1.0 概述 …… 41
3.2 创建虚拟化 IT 架构 …… 42
3.2.1 创建 Proxmox 虚拟机 …… 43
3.2.2 在 VMWare 虚拟机上安装 Proxmox …… 46
3.2.3 测试和浏览 Proxmox 的安装 …… 48
3.2.4 创建 Proxmox 虚拟化组件 …… 49
3.2.5 平台的维护 …… 54
3.3 扩展平台 …… 55
3.3.1 克隆平台 …… 55
3.3.2 扩展 Proxmox 虚拟设备模板 …… 57
3.4 管理平台 …… 58
3.4.1 使用 PVE Web - GUI 监测 Proxmox 服务器和虚拟容器 …… 59
3.4.2 使用 Proxmox API 监测 Proxmox 服务器和虚拟容器 …… 60
3.5 伸缩平台 …… 63
3.5.1 创建集群 …… 63
3.5.2 虚拟化组件迁移 …… 65
3.6 自动管理平台 …… 67
3.7 小结 …… 68
第4章 SSOAPaaS 1.0 手册 …… 69
4.1 SSOAPaaS 1.0 概述 …… 69
4.2 SPaaS 1.0 的使用 …… 70
4.3 添加集成性和互操作性支持 …… 70
4.3.1 创建 ESB 虚拟容器 …… 71
4.3.2 创建应用程序服务器虚拟容器 …… 75
4.3.3 创建数据库服务器虚拟容器 …… 79
4.3.4 创建电子邮件服务器虚拟容器 …… 81
4.3.5 OpenESB 绑定组件管理 …… 85
4.3.6 OpenESB 服务引擎管理 …… 87
4.3.7 Netbeans IDE / OpenESB 连接安装 …… 89
4.4 ESB 的集成性和交互性支持 …… 91
4.4.1 集成应用程序服务器 …… 91

4.4.2　在 OpenESB 中集成数据库服务器 …… 98
4.4.3　在 OpenESB 中集成电子邮件服务器 …… 108
4.5　小结 …… 116
第 5 章　SSOAPaaS 2.0 手册 …… 118
5.1　SSOAPaaS 2.0 概述 …… 118
5.2　SSOAPaaS 1.0 的使用 …… 119
5.3　添加可用性支持 …… 120
5.3.1　创建面向消息的中间件虚拟容器 …… 120
5.3.2　可用性支持 …… 124
5.4　添加主动性支持 …… 136
5.4.1　复杂事件处理（CEP）引擎 …… 136
5.4.2　主动性支持 …… 138
5.5　小结 …… 145
第 6 章　SSOAPaaS 3.0 手册 …… 147
6.1　SSOAPaaS 3.0 概述 …… 147
6.2　SSOAPaaS 2.0 的使用 …… 148
6.3　添加可管理性支持 …… 149
6.3.1　建立监控虚拟容器 …… 149
6.3.2　部署 Jolokia 代理并创建监控客户端 …… 150
6.4　管理性支持 …… 152
6.4.1　Glassfish 管理控制台监测 …… 152
6.4.2　JMX 控制台监测 …… 156
6.5　可伸缩性支持 …… 157
6.5.1　ESB 实例集群 …… 157
6.5.2　ESB 实例联盟 …… 162
6.6　SOA 平台自主管理 …… 164
6.7　小结 …… 165
第 7 章　总结与展望 …… 167
参考文献 …… 170

第0章　概　　述

在这个概述里，将会介绍面向服务的体系结构（SOA）范式应用于分布式系统的动机。此外，基于项目的名叫 yPBL 的学习方法以及案例研究，将会在接下来的内容里进行介绍。

0.1　分布式系统的演变

第一代网络应用程序开发的复杂性在原始传输控制协议/互联网协议（TCP/IP）网络模型［EXP 12］的环境中是相对重要的。第一代网络应用程序主要是由客户端/服务器或分布式 P2P 应用程序代表（见图 0.1）。这些应用程序的例子有文件传输、网络浏览、音频/视频点播、交互式音频和视频会议等。

这些应用程序的一部分静态实现直接使用 TCP 提供的完全可靠和完全有序的服务或使用用户数据报协议（UDP）提供的非可靠和非有序的服务，基于互联网协议（IP）提供的基础尽最大努力传输服务。最近的应用程序具有更复杂的服务质量（QoS）需求（如延迟、抖动、带宽、可靠性和顺序），并且已经能够利用更专业的传输服务［如数据报拥塞控制协议（DDCP），流控制传输协议（SCTP）和多路径传输控制协议（MPTCP）］或网络层服务［如集成服务（Int-Serv）、差分服务（DiffServ）和多协议标记交换（MPLS）技术］。此外，一个重要的应用程序和会话层协议已经发展成了方便、常见的网络功能，例如会话控制、多媒体数据传输和显示。

因此，与分布式系统开发相关的复杂性一直在快速增长，主要是由类似这些演变、传输、网络和更高层的多样性所造成的。今天，直接在传输层应用程序编程接口（API）工作的开发人员需要一个高水平的专家来提供如何在 IP 网络提供的服务上将这些传输服务与底层服务相结合的技术。

这里通过一个示例来说明这种复杂性：基于网络的移动应用程序的开发。如果开发人员需要直接访问传输层 API，不仅是在启动应用程序时，而且在不同网络环境情况下，都需要包括在应用程序逻辑中，选择使用适当的传输协议。它不仅意味着开发人员应该考虑静态情况下 Web 应用程序可以通过 WiFi 或蜂窝网络连接，还应该实现适当的逻辑以应对交接时从一个到另一个网络或终端断开连接和重新连接的情景。

为了应对这种复杂性，人们已经付出重要的努力来促进网络功能的实现，从

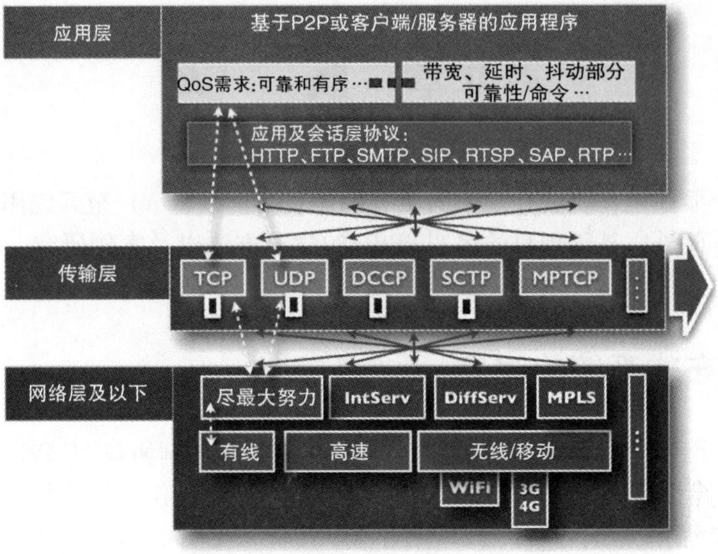

图0.1 第一代网络应用程序

而允许分布式应用程序的开发人员可以专注于应用程序逻辑设计。这意味着，例如，开发人员应该不需要应对在应用程序的分布式组件之间的数据传输过程中，通信系统的选择和配置或如何处理错误、延迟或其他意外事件。

在第二代网络应用程序的发展中，基于一种新层，即传输层和应用程序层之间的通信中间件（见图0.2），这些努力有了结果。

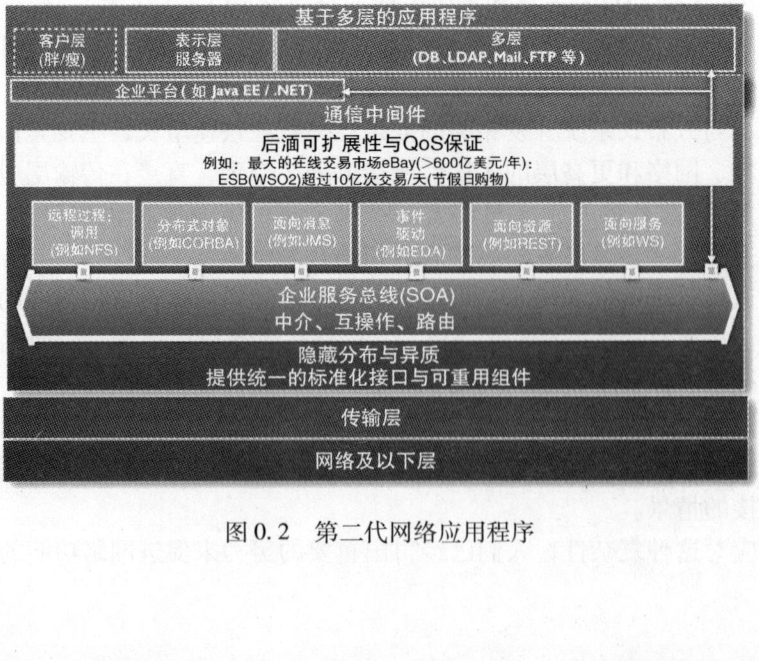

图0.2 第二代网络应用程序

通信中间件层可以被定义为一个适应层，它旨在隐藏所有与应用程序的分布相关的来自开发人员的应用程序组件的复杂性。换句话说，网络应用程序的开发人员（即多层应用程序，包括客户端、服务器和后端分布式企业组件）应该能够与任何分布式组件进行交互，就好像它们是位于相同的执行环境中一样。此外，通信中间件解决方案也可以通过提供统一的标准接口、实现组件的语言和环境的抽象（如 Java EE、.NET、C 和 C + +）来隐藏异质性的组件。解决方案包括远程过程调用、分配对象、面向消息、面向资源等。面向服务的解决方案可以促进网络应用程序的实现能够由完全无关的传输层和网络层来提供服务。

SOA 范式促进了基于基本服务的分布式系统的设计，还可以实现复杂的组合业务流程。

最初的在 SOA 架构上的集成工作基于企业应用程序集成（EAI）的解决方案。EAI 旨在提供企业应用程序之间集成的服务。这个解决方案是基于服务器作为中心，并提供一个通用的 API 的应用程序集成来实现的。服务器还实现了所需的专有链接与非标准的第三方解决方案。EAI 实现了一个被定义为“轮辐式”（hub – and – spoke）的架构模型。EAI 的主要缺点是高度依赖中央枢纽的性能（即造成瓶颈和全球系统故障的潜在的可伸缩性问题的风险）。

为了应对 EAI 的缺点，这里提出了企业服务总线（ESB）的模式。ESB 集成模式遵循 SOA 方法并提出了一个框架，旨在通过实现用于计算机和网络架构中的著名总线通信拓扑让消费者和提供者之间同步或异步通信。ESB 作为一个中介来促进服务的提供和消费［CHA04］。与集中 EAI 解决方案相比，ESB 的使用增加了可用性、可靠性、性能、可伸缩性和便于维护（如包括性能更好或者更适应服务）和发展（如包括新服务或修改编排逻辑）的功能。ESB 为了应对可扩展性和容错性对 EAI 的限制可以集群或联合。同样，ESB 是基于一个共同的规范化消息传递方法，从而能够应对 EAI 的互操作性的局限性。服务消费者和提供者之间的中介是通过 ESB 提供的消息路由功能来实现的。

ESB 通过提供中介服务运行后端层来促进服务的提供者和使用者之间的协作。该中介服务通过提供足够的互操作性、传输和路由的消息功能，简化了一般静态和 N 个通信提供商与 M 个消费者之间复杂的点到点的联系。同样，在传输和网络层的底层复杂性，以及在通信中间件层特定于协议的格式和数据模型，都通过由 ESB 提供的一个统一的标准 Web 服务的 API 和数据模型被隐藏了。

这种方法一直被小型、中型和大型分布式应用程序所使用。大型分布式应用程序在通信中间件层操作的一个例子是著名的 eBay C2C 系统。eBay 能够处理由成千上万的分布式组件参与的每天数十亿个交易。eBay IT 基础架构是基于 ESB 中间件来设计的，它充当着各种中间件解决方案和分布式组件之间的调解人的角色。

本书主要是为那些有兴趣在 IT 基础架构领域获取知识和技能的人准备的，

他们可以应用IT架构领域的知识，在企业内部和企业间的水平上应用于这种分布式系统。

特别的，本书将介绍通信中间件层的演进，通信中间件层作为一种适应层，隐藏了复杂的分布式应用程序组件［HO 03］，发挥了重要的作用。书中将介绍中间件层的演变，特别是我们将集中精力在已经深刻影响了这类系统设计的主要范式上：SOA［KRA04、MAC06 ERL09］和事件驱动架构（EDA）［VAN06，TAY09］范式。

本书的目标是，根据实际用例以及如何在开发现代化的企业应用程序时有效地应用SOA概念来进行演示。此外，将展示一个重要的由云和自主计算范例所代表的SOA平台的演变。将说明如何把所有这些技术来进行融合，以使得智能SOA平台的建设能够满足大量的非功能性需求，包括可集成性、互操作性、可用性、主动性、可管理性、可扩展性、可移植性、可扩展性和安全性。

为了避免逐条给出理论的定义和概念，本书决定提出一个经过探索的实用方法，命名为基于项目的学习。这种方法是基于概念的合理化和能力分析的基础上实际项目的设计和开发。下面的内容将介绍这种学习方法。

0.2 yPBL：基于项目的学习方法

软件工程（SE）领域涉及复杂的软件开发过程，要求从分析师、设计师、开发人员和架构师在不同领域包括项目管理、沟通、设计开发方面具有高水平的知识和技能。此外，大型软件的设计、开发方法和模式的多样性以及新的软件技术的加速发展要求从事这一领域的人员要持续获取新的知识。

这在分布式系统的设计和开发中是特别重要的，尤其在从互联网开始，包括集中的客户端/服务器模型和多层、点对点、覆盖或云计算的分布式模型等网络部署模型不断改变的情况下。软件工程师和建模师在设计和开发分布式系统时需要面对一个常见的环境演变。这种演变包括通信系统的观点（即新协议在运输和服务、网络层和通信中间件层）和应用程序的观点（即企业应用程序需要的集成性、互操作性、可伸缩性、多租户等）。在这个演变的复杂背景下，是不容易获得所需的IT基础架构的设计和开发所需的知识和技能的。

在软件工程过程的领域中，提出了一些方法以有效地支持开发团队的成员来进行设计和开发软件产品。统一过程（UP）方法是在软件工程领域众所周知的一个方法，它提供了一个基于增量和迭代的序列阶段［JAC99］的有效的过程。统一过程阶段包括针对规范和需求的分析，软件解决方案的设计和实现，软件产品的测试、集成和部署。在增量迭代阶段来计划和执行，每个增量可以在过程中添加新客户需求。同样，错误检测和纠正以及需求变更请求可以被添加在每个迭代中。按照约定在软件管理计划中，稳定的或实验的软件产品可以在迭代结束时被释放。UP 方法在新的特定的环境中已经被专业化了，这些方法有理性统一过程（RUP）[KRO 03]、企业统一过程 [AMB05] 或敏捷统一过程 [AMB02]。

另一个有趣的专业术语是两个追踪统一过程（2TUP），它提出了面对不断变化的现实需求和软件工程技术，代表着在软件开发领域一个不变的现实 [ROQ 04]。2TUP 的过程由于其图形表示也称为“y”过程，提出了一种分化的两个统一过程跟踪：第一个（左）跟踪表示相关的功能性和非功能性需求的软件产品；第二个（右）跟踪表示技术解决方案（如技术、环境和平台）。这种关注点分离有助于软件工程师专注于发现和指定需要满足的需求（左跟踪），同时允许他们探索和选择技术，可用于构建软件解决方案（右跟踪）。一旦功能性、非功能性和技术需求已确定和指定，功能和技术跟踪可以合并以生产软件设计规范。从这一点上，软件产品可以被开发、测试、集成和部署。这一系列的并行和串行化活动将应用增量和迭代过程中提出的方法来执行。这个有趣的方法的好处已经在很多工业土地研究软件项目的应用中被证明了。

为了有效地面对挑战，获取所需的知识和复杂的 SOA 领域的预期能力，这里决定遵循软件工程的方法，这个方法由一个项目或案例研究推动，将提供最基本的需求，推动读者整个学习的过程。

问题式学习（PBL）方法已经成功地应用于不同领域，这种方法的好处已经被广泛证明 [SAV 95，BIG 03，SAV 06]。这种学习方法要求学习者理性地、积极地参与进去，由一组初始的问题或项目提供基础指导的整个学习过程 [BLU 91，BAR 98，THO 00，HME 04]。

本书将遵循一个名为 yPBL 的基于项目的学习的方法，这非常适合 SE 领域 [EXP 13]。yPBL 方法代表了一个专业化的“y”软件工程过程，提出了一种在其设计和开发过程中分离的功能性和非功能性需求的软件产品和技术（参见图 0.3）。

yPBL 方法提出了专业化的软件工程过程如下：

- 基础：在初始阶段，需要对所选案例进行研究分析，以确定系统开发的业务案例（功能性和非功能性需求），并获得初步潜在技术的概述（技术要求）和使用的项目管理活动（流程需求）。在这个阶段，功能、非功能、技术和流程需求都必须确认和验证。

- 细化：在细化阶段需要进行需求分析和潜在解决方案的初步设计（平台独立和面向模式设计）、探索和评价技术的使用、全球项目管理活动和软件产品发布执行的时间安排。在这个阶段，可以计划一些迭代以研究和发展现有技术的基本证明，可以应用这些技术来满足项目需求。这项工作是在基于被命名为基础手册的学习工具上积极协作开发的，使用了 yPBL 方法来审查和评估（一本手册为一个技术、一个方法要求）。

-建设：在构建阶段，平台的系统架构设计（包括所选择的特定技术）以及功能的实现、测试和产品的发布。在这个阶段，一些迭代可以计划释放增量版本的产品（延续精化阶段的迭代计划）。遵循 yPBL 方法，在前阶段基础手册被用于设计、开发、测试和发布各种软件产品。

-过渡：维护和系统的进化。这个阶段是产品发布时为了解决异常或应对新需求或约束而产生的。应用 yPBL 方法时，新的手册可以在过渡阶段阐述和生产新产品。

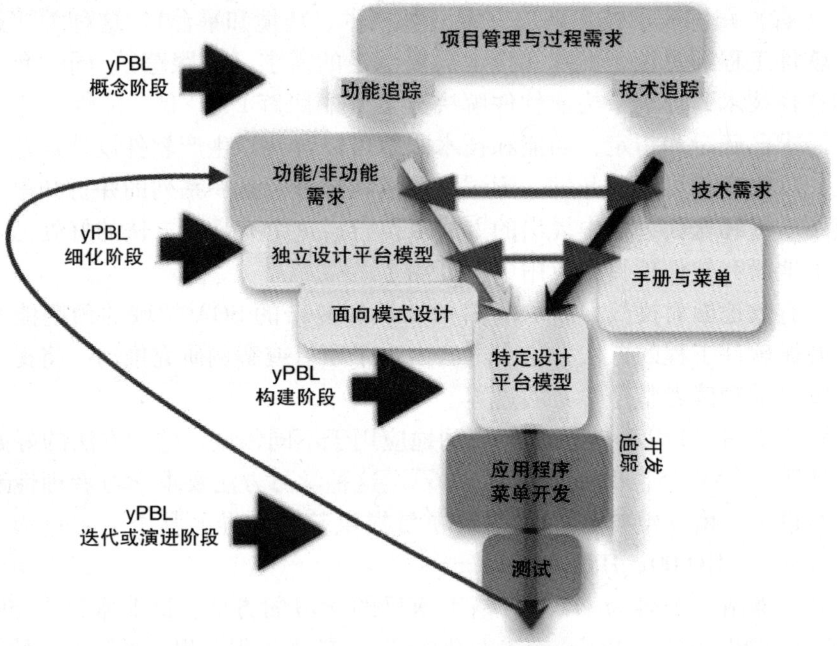

图 0.3 yPBL 方法示意图（包括阶段和实体）

0.3 yPBL 需求驱动矩阵

yPBL 方法提出了以下步骤，需要开始在初始阶段建立可以总结所有被覆盖项目需求的一个矩阵，这个矩阵将用于以下阶段中来推动所有流程活动：

-用事件驱动的方法来表达功能需求：系统会采用黑盒方法来分析。主要的系统用例将会被确定。

-在黑盒分析过程中，非功能性需求的收集：预期的质量属性和约束将在系统用例分析中被捕获。

-识别技术的解决方案：对于功能性和非功能性需求，潜在的技术解决方案需要被确认。

-矩阵的定义包括需求（列）和解决方案（行）应该被建立：这个矩阵将被用作一个仪表板来推动整个 yPBL 过程。图 0.4 说明了这个矩阵的模板［YPB 13］。所有的标识需求要求必须指定矩阵列。

yPBL Project: XXXXX	(*) 1.Requirements (F:functional, NF:non-functional, P:process, etc.) [1]						
IDs	F-01	F-02	F-03	NF-01	NF-02	P-01	P-02
Priorities	H	M	M	H	H	H	M
(*) 2.Identified solutions: Cookbooks and Recipes [2]	User Interface (client side)	Server Controller	Server side Model persistency	Performance..	Extensibility ...	Config mg...	P2:Bugs mg...
(*) 3. State of progression >> [3]	Satisfied!	Satisfied!	Not satisfied!!	Not satisfied!!	Satisfied!	Satisfied!	Not satisfied!!
C1. HTML Cookbook							
R1: Creating an HTML page	X						
R2: Creating a HTML form ...	X						
C2. CSS Cookbook							
R1: Mobile/Desktop page adaptation ...	X						
C3. SVN Cookbook							
R1: Importing a project into a repository ...						X	
C4. Java EE design patterns Cookbook							
R1: Front controller..		X			X		
C5. Java EE Cookbook							
R1: Servlets..		X					

(*) -> see inserted description notes moving the mouse over (*) cells

[1]: Requirements are deduced from the requirement analysis phase (functional from use cases, non-functional for specific constraints or user expectations) and from the project management activities (configuration/versioning, bugs, repositories, testing, etc..). Requirements can be refined into several sub-requirements F1.1, F1.2, ...

[2]: All the solutions should be identified and specific cookbooks should be created to collect or produce the required detailed solutions (recipes). Identify the recipe and indicate the URL where a tested/standalone solution is available (produced by yourself or collected from any external resource)

[3]: In the intersection Req/Solution you should indicate a value when the req. is satisfied (X or any text string). You can also indicate Partially satisfied (combined with a set of "CB x Recipe y") when several recipes needs to be combined to satisfy the requirement. You can also specify Alternative 1, Alternative 2, etc.. when several recipes can individually satisfy the same requirement.

Note: This template is used in the framework of the yPBL methodology (http://homepages.laas.fr/eexposit/ypbl)

图 0.4　yPBL 需求和解决方案矩阵

-每个确定的解决方案，都需要写一份参考手册，以及确定解决方案的解决需求。在交叉的要求/解决方案下，它必须指出如何满足需求（如 X 或任何句子如果解决方案 100% 满足要求）。也可以通过明确指示表达式”加上“其他互补的手册以及方法来指定解决方案部分满足要求。当几个单独的解决方案可以满足同样的需求时，也可以显式地指定表达式“替代”，紧随其后的是其他的解决方案。

-其他具体项目的需求需要被指定，例如如何处理配置管理或错误检测和修复，以及如何配置项目的开发或环境部署。在这里的示例中，只有特定的项目工艺要求在矩阵中显式指定。全球 yPBL 流程需求将不会在矩阵中显示，因为它们总是会满足应用 yPBL 时的方法。

0.4　yPBL 手册和方法数据模型

yPBL 方法是基于识别和基于现实问题发展的通用解决方案，由这些解决方案来构建手册（见图 0.5）。所有的手册是由语义域和基本定义构成的。这些定义包括方法论和架构（即软件工程、SOA、对象和面向模式设计等）或技术（即移动多媒体、分布式、企业应用等）领域。对于每一本手册来说，都是为了满足功能性、非功能性和技术需求而发展下来的，包括项目的具体成分和涉及特定领域的定义。每种方法都使用多媒体元素包括文本、图片、视频、音频等一系列步骤来描述和发展。

yPBL 存储库是用来提供所需的足够的协作工作区来实现和使用面向手册模型的。yPBL 手册存储库提供了足够的技术来促进协作和保证所有的消费者和提供者的手册共享相同的语义定义、成分和需求。这个存储库是基于维基语义驱动提供的一个灵活的生产方式和消费内容，可以基于 yPBL 手册数据模型进行注释。在本书中，一些已经被作者使用语义库建立起来的手册将在第 3 ~6 章中展示出来。额外的资源链接也将在各章中给出。

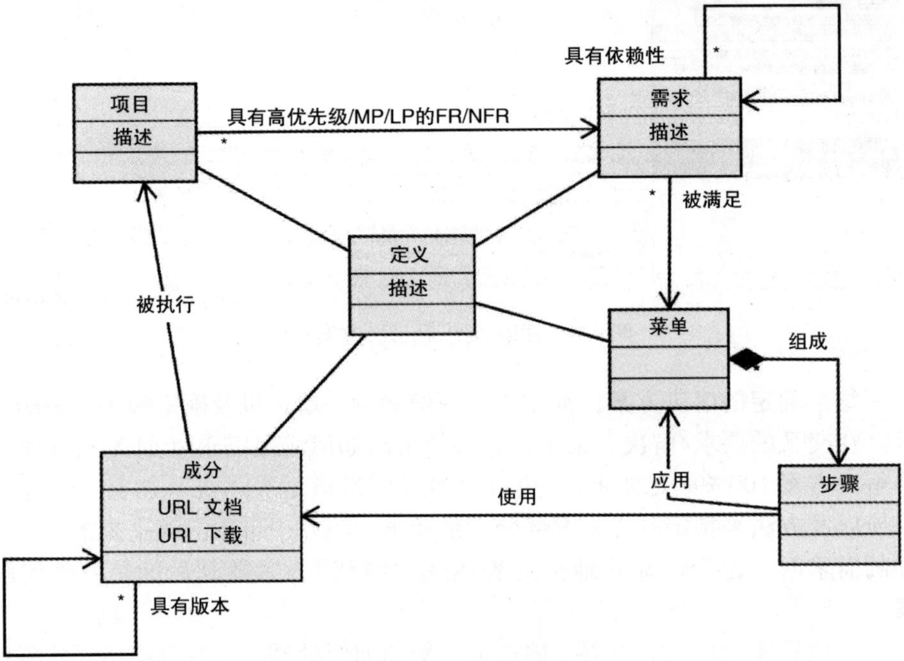

图 0.5　yPBL 手册数据模型

0.5　小结

本章介绍了分布式系统架构以及面向服务、事件驱动和云计算架构现代化发展的动机。

为了方便地在这个巨大的背景下获取知识和技能，提出了一个实用的方法，并命名为基于项目的学习。yPBL 学习方法介绍了包括方法、阶段在内的基本元素，同时面向手册的方法也被提了出来。

第 1 章将介绍一个案例研究，灵感来自于著名的 eBay 市场系统以及实例化方法和分布式系统领域的现状。

第 1 章　ESBay 案例研究

为了更好地说明 SOA 和云计算技术的好处，这里将应用 PBL 方法设计一个适当的解决方案来解决受 eBay 市场鼓舞的 C2C 系统。在本章中，将介绍 ESBay 案例研究，并且应用 PBL 初始阶段来识别和分析系统需求。这种分析将使得开始合理化技术解决方案成为可能，将在后面几章中更深入地应用这种解决方案来进一步满足 ESBay 的系统需求。

1.1　ESBay：用例描述

本节的目的是描述项目的要求，这些项目将被用作案例来研究，驾驭它们的 PBL 方法就是 ESBay 系统。

1.1.1　系统概述

ESBay 系统旨在为新的或使用过的产品提供一个在线拍卖系统。ESBay 既不是传统的企业对消费者（B2C）系统，也不是一个企业对企业（B2B）系统，而是一个消费者对消费者（C2C）系统。因此，该系统是否可以获得一个可观的用户数量决定了其未来的成功。ESBay 系统的用户（角色）由卖家和买家代表。前者发布新的或使用过的产品，后者在一个确定的投标期间提交投标。在投标阶段的结束，如果至少有一个买家提交竞标价格等于或大于由卖方指定的最低价格，然后买方被认为赢得了产品，付款过程就可以开始了。买方需要支付他所需要购买的产品，然后提交关于付款的信息。当卖方确认无误后，付款过程完成。最后，交付过程可以开始。在这最后的过程中，卖方需要邮寄产品并且确认系统中的产品的邮递细节并提交买方评估。当收到产品时，买方确认收货并提交卖方评估。

1.1.2　功能需求

下面的段落介绍了涉及 ESBay 业务操作的基于几个过程的预期功能。之后用一种用户故事的方法来描述每个功能：角色、功能和合理化的理由。功能被划分为 3 个连续的流程：竞标、付款和交付。

1.1.2.1　竞标过程

- 卖家发布产品（显示产品的描述、最初的价格、最低接受价格和投标时间）以启动招标过程。该产品信息是保存在数据库中。如果这是用户第一次使用 ESBay 系统，卖方的账户就会被创建和保存。

- 买方搜索产品的投标过程（基于产品的描述和价格）。如果这是用户第一次使用 ESBay 系统，买方账户就会被创建和保存。

- 买家为了获得产品，在投标过程中提交报价。只有出价高于当前产品投标的才会被接受。

- 潜在的买家为了获得产品的详细信息，可以在招标过程中提交问题（例如产品的情况、交付过程等）。

- 卖家提交对买家的问题的回复。

- 当买家是暂时的赢家时，会得到通知。

- 当买家不是暂时的赢家时，也会得到通知。

- 当买家是产品最后的赢家时，会得到通知。

- 卖家获得通知，投标完成后显示谁是赢家和最终价格或标明投标没有成功完成（没有或出价低于最低接受价格）。

- 最后没有赢得产品的投标人需要收到一个通知，告知他们已经失去了产品。

- 每个投标过程的末尾，当产品最后只有一个赢家时，ESBay 系统时会自动触发付款过程。

1.1.2.2 付款流程

- 中标人收到有指示说明过程的通知，产品支付过程开始。

- 中标人提交的支付详细信息保存在数据库中。

- 当他/她收到了产品时，卖方确认接收的付款。这个确认是保存在数据库中的。

- 如果他/她没有提交付款细节，ESBay 系统每天都会提醒中标人。

- 如果在 15 天之后他/她没有收到付款，卖方可以取消付款流程。

- 支付过程的结束，如果支付已经由买方进行了验证 ESBay 系统会自动触发交付过程。

1.1.2.3 交付过程

- 产品在交付过程的开始，卖方收到有指示说明过程的通知。

- 卖方提交交付细节和中标人的评价。信息保存在数据库中。

- 中标人提交产品的确认接收和对产品以及对卖方的评价。这些信息也保存在数据库中。

- 如果他/她没有提交所需的信息，ESBay 系统每天提醒中标人和/或卖方。

- 交付过程结束了，并且交付和评估的细节已经被提交。

1.1.3 其他需求

正如以前讨论的 ESBay 系统旨在提供消费者对消费者的服务。在初始阶段，系统应该是部署在一个法国南部中型市场中。一个合适的 IT 基础设施需要被提供用来轻松集成 ESBay 的分布式组件。根据它的成功，ESBay 能够轻易把世界各地的客户联系起来。出于这个原因，ESBay 系统需要被设计成可轻易在任何 IT 基础设施上部署的系统。此外，ESBay 需要通过整合现有的 B2C 和 B2B 系统（如现有的市场）来促进自身的优化处理。此外，ESBay 需要准备应对世界范围内的动态增加的要求，同时仍然保留一个可接受的水平的性能。同样，ESBay 必须被很好地设计以便于识别和开发新的业务机会。此外，该系统将提供管理能力和维护能力支持。为了应对潜在的分布式 ESBay 系统实例的复杂性，还将实施自我导向型管理的解决方案，以减少人工干预。此外，系统需要保证基本的安全约束。

1.2 yPBL 初始阶段

就像已经在前面部分所描述的一样，在初始阶段，ESBay 案例的分析需要进行以识别功能和非功能性需求，并获得初步的潜在技术的概述（技术要求标识）。同样，项目管理活动必须启动。总之，在这一阶段，功能性、非功能性、技术和过程都需要要求 ESBay 系统进行识别和验证。在初始阶段，一个黑盒子方法将紧随其后；这意味着解决方案实现的内部细节将不会被考虑。只有可能会满足功能性和非功能性需求的解决方案被确认。这些解决方案稍后会在精化阶段的手册中进行探索。让我们通过提供给任何项目基础的 PBL 方法，来开始基础过程需求的分析。

1.2.1 功能需求

按照他们 PBL 的方法，用例驱动的方法将被应用到项目规范中，以识别功能需求。图 1.1 展示了全球 ESBay 系统的用例图，确定主要的竞标、付款和交付过程。

- 竞标过程

在投标过程中，卖家发布产品销售和回复买家的问题（见图 1.2）。在这个过程中，买家可以提交投标和关于产品的问题。买家和卖家通过电子邮件对投标过程进展获得通知。

- 付款流程

在付款过程中，买方提交付款细节和卖方确认付款（见图 1.3）。买方和卖方（如通过电子邮件获得通知、提醒或确认）付款过程。

- 交付过程

在交付过程中，卖方提交发货细节和买方确认交货（见图 1.4）。买方和卖方（如通过电子邮件获得通知、提醒或确认）在交付过程中提交各自的评估。

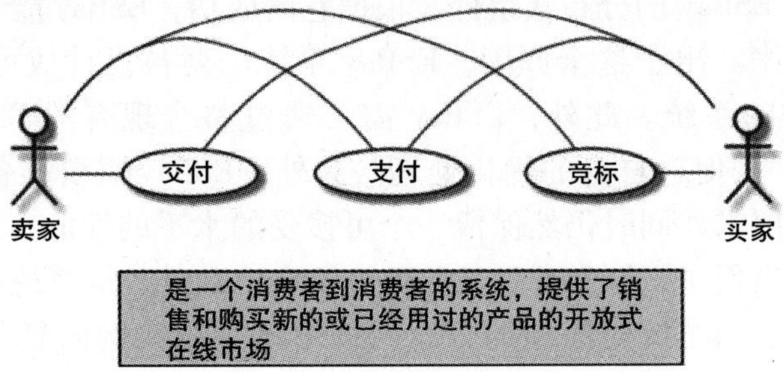

图 1.1　ESBay 用例图

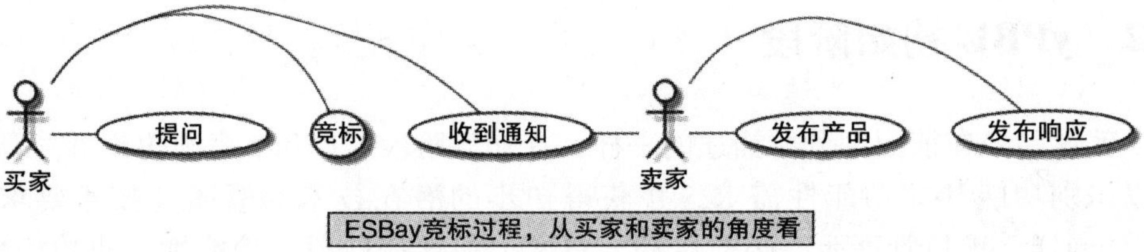

图 1.2　ESBay 竞标过程用例图

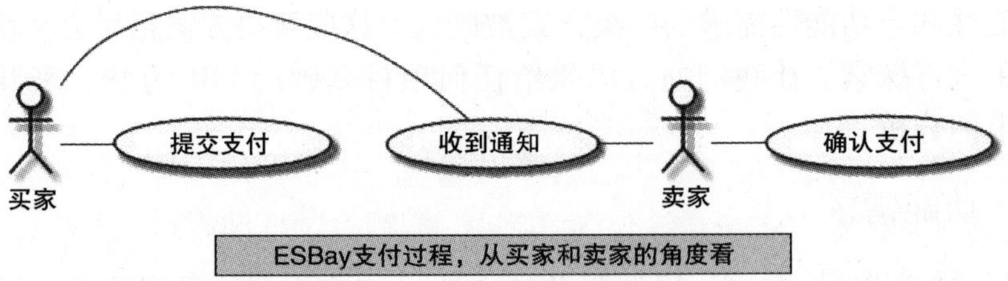

图 1.3　ESBay 付款过程用例图

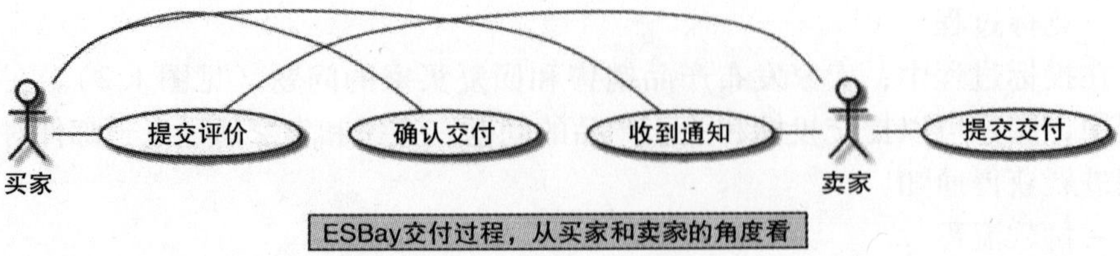

图 1.4　ESBay 支付过程用例图

从之前的用例驱动分析，以下功能需求已确定：

1）持久性：系统需要能够保存卖家、买家和产品在各种业务流程的数据（如数据库功能）；

2）用户通知：系统提供消息传递功能通知用户（如特定的业务事件、电子邮件支持）；

3）业务流程：系统为不同的功能提供业务处理执行能力。

1.2.2 非功能性需求

基于 ESBay 的规范系统的介绍，可以确定的几个非功能性需求：

“…在初始阶段，系统应该是部署在一个法国南部中型市场中。一个合适的 IT 基础设施需要被提供用来轻松集成 ESBay 的分布式组件。根据它的成功，ESBay 能够轻易把世界各地的客户联系起来。出于这个原因，ESBay 系统需要被设计成可轻易在任何 IT 基础设施上部署的系统。此外，ESBay 需要通过整合现有的 B2C 和 B2B 系统（如现有的市场）来促进自身的优化处理。此外，ESBay 需要准备应对世界范围内动态增加的要求，同时仍然保留一个可接受的水平的性能。同样，ESBay 必须被很好地设计以便于识别和开发新的业务机会。此外，该系统将提供管理能力和维护能力支持。”为了应对潜在的分布式 ESBay 系统实例的复杂性，还将实施自我导向型管理的解决方案，以减少人工干预。此外，系统需要保证基本的安全约束。

遵循开源等非功能性需求分类［OPE13，IHR13，WIK13］，可以确定以下要求：

1）可移植性：在异构环境中，相同的软件解决方案的可用性。在多个系统中被复制、转让和部署的能力。

2）可集成性：对于这个应用程序，具有很容易适应一个更大的系统的能力。

3）互操作性：能够轻松地与其他系统/应用程序协作以交换/处理/理解信息。

4）可扩展性：能够架构、设计和实现一个系统，并积极考虑满足未来变化的需求。

5）可用性：系统能够保持在一个操作水平上。

6）主动性：系统有能力来提前实施未来的情况。

7）可管理性：系统操作的监控能力和控制能力。

8）可伸缩性：系统、网络或流程有能力来处理越来越多的工作方式或调节增长。

9）自我管理性：系统操作能力和自我控制能力。

10）安全性：一个系统级别的保护。

1.2.3 需求矩阵

基于前面的分析，主要的功能（F）和非功能性（NF）需求已确定。ESBay 特定的业务功能需求、广义的通知和业务流程支持一直在持续推广下去。在本书中，这些功能性需求不会进一步讨论，主要任务是可以开发一个智能 SOA 平台以识别非功能性的需求（见图 1.5）。PBL 矩阵包括前面所介绍的 ESBay 非功能性需求。

yPBL 项目 : ESBay	(*) 1. 需求 (F:功能性，NF:非 -功能性，P:过程，等)				
ID	NF-01	NF-02	NF-03	NF-04	NF-05
优先级	H	H	H	H	H
(*) 2.标识方案：手册	便携性	扩展性	管理性	伸缩性	安全性
SPaaS 1.0	x	x	x	x	x
SSOAPaaS 1.0		x			x
SSOAPaaS 2.0					x
SSOAPaaS 3.0			x	x	
ID	NF-06	NF-07	NF-08	NF-09	NF-10
优先级	H	H	H	H	H
(*) 2.标识方案：手册	自主管理	集成性	交互性	可用性	互动性
SPaaS 1.0	x				
SSOAPaaS 1.0		x	x		
SSOAPaaS 2.0				x	x
SSOAPaaS 3.0	x				
	注：这一模板在 YPBL 方块框架中使用 (http://docs.matrix.ypbl.net)				

图 1.5 非功能需求矩阵

为了满足这些要求，将在本书的其余部分讨论几种方法和技术解决方案。为了更好地组织获取知识和技术的开发，这里提出了 4 个互补的解决方案：

- SPaaS1.0：覆盖了基本基础设施的非功能性需求，这个平台主要与可移植性、可扩展性、可管理性、可伸缩性和安全性有关。这个解决方案还集成了专门的策略以达到自我管理功能。

- SSOAPaaS1.0：增强的 SPaaS 平台，是 SOA 架构的根本支柱，为了满足可积性、互操作性和可扩展性要求。

- SSOAPaaS2.0：为了满足有利能力和积极主动性要求，丰富了带有异步通信功能的 SSOAPaaS1.0 平台和事件处理能力。

- SSOAPaaS3.0：专业 SSOAPaaS2.0 平台和先进的监测、分析、计划和执行能力以满足管理能力和可扩展性的要求。也将包括最初的提案，最初的提案旨在指导自我管理能力的发展。

提出的 4 个智能平台将整合开发具有基本访问控制的各种分布式组件以满足

安全需求。

1.3　小结

本书是几年来应用 SOA 技术的优点在通信中间件、设计和开发网络应用方面的工作经验的总结，如 QoS 驱动的分布式多媒体应用程序的开发。这个经验丰富的设计和实现 B2B 和 B2C 系统涉及 SOA 技术。

基于这些经验，当一个 IT 基础设施和平台需要设计或重新设计以应付进化需求、企业间的后端时，有意识地理解和有效地运用了 SOA 的复杂性范式。

由于这些原因，决定跟随一个基于 3 个迭代和旨在构建基于智能系统平台作为一种服务整合基本 SOA 有关的范例的迭代和增量方法。本书已经选择了非常有名的 eBay 在线市场作为案例研究的对象。这个 C2C 分布式系统用例允许介绍有关 SOA 的基本概念和解决方案、事件驱动架构（EDA）和云计算。

在选择解决方案时，SOA 和 EDA 技术，包括 Web 服务（WS），遗留和应用服务器，企业服务总线（ESB），业务流程执行语言（BPEL），面向消息的中间件（MOM），复杂事件处理（CEP）自主和云计算解决方案集成监控、虚拟化、集群和联盟将被集成在一起。

在第 2 章，这些解决方案将会被介绍，之后是 4 章的实际 ESBay 手册提供细化的基础系统。读者可以利用该手册和平台构建类似现代分布式系统。

最初的覆盖非功能性需求的基本 IT 基础设施实现平台将由 SPaaS1.0 提供。SOA 的基本支柱平台将被纳入 SSOAPaaS：ESB 中。

基于至关重要的非功能性需求，主要是有关一个更好的解耦或减少分布式组件之间的直接依赖关系，以及处理复杂事件检测和分析的重要性，新版本将以 SSOAPaaS2.0 的名义开发。SSOAPaaS2.0 水平将主要基于第二组基本支柱，包括消息传递系统和 EDA。

在最后一个开发中，额外的非功能性需求，主要是基于管理能力和可伸缩性问题，将在 SSOAPaaS3.0 中实现。这最后一个架构主要是基于先进的虚拟和云计算技术的发展动态管理策略的引导，使得下一代智能平台即服务解决方案得到发展。

第 2 章　面向服务和云计算架构

本章中，面向服务架构（SOA）的平台和技术旨在覆盖所需的非功能性属性，这些属性在之前的案例研究中有过介绍，或在一般情况下其他分布式系统都会呈现。

为适应分布式系统的发展，SOA 的基础和中间件解决方案经历了一代又一代不同的演变，这些演变将在 2.1 节中进行介绍。2.2 节介绍了事件驱动架构（EDA）的方法和大型企业如何通过面向消息和基于事件的系统实现业务集成。2.3 节给出了使得人们能够控制和管理 SOA 和 EDA 架构的详细机制和策略。最后，会简短地介绍云计算和自主计算如何推进新一代智能 SOA 平台，即服务能够适合现代分布式、网络系统和应用程序发展。基于技术现状，接下来的内容将开发相应适用的手册来展示如何实现这些模式和架构，以满足类似 ESBay 系统的需求。

2.1　SOA 现状

本节旨在说明使用 SOA 技术能够满足具有可扩展性、可集成性和互操作性的分布式系统的非功能性需求。通信中间件的起源从客户端/服务器和多层模型开始，紧随其后的是面向过程、面向对象、面向消息、事件驱动、面向资源、面向服务和面向组件的范例，以及这些方法和技术如何应对网络应用程序的挑战，比如 C2C 的 ESBay 系统。

2.1.1　通信中间件解决方案

如前所述，通信中间件框架介绍了为促进分布式系统发展，几年前出现的在操作系统和应用程序之间的软件层的分布式系统［KRA 04］（见图 2.1）。

通信中间件的主要目的是简化使用网络层服务：

- 隐藏分布：开发人员不需要知道系统组件的本地或远程位置；

- 隐藏异构性：开发人员不需要知道组件的语言或特定于平台的性质，以适应他们的平台；

- 提供统一标准接口：集成的组件可以很容易地使用基于标准和统一的接口；

- 提供可重用的组件/服务：通用的组件或服务由不同的分布式系统提供，

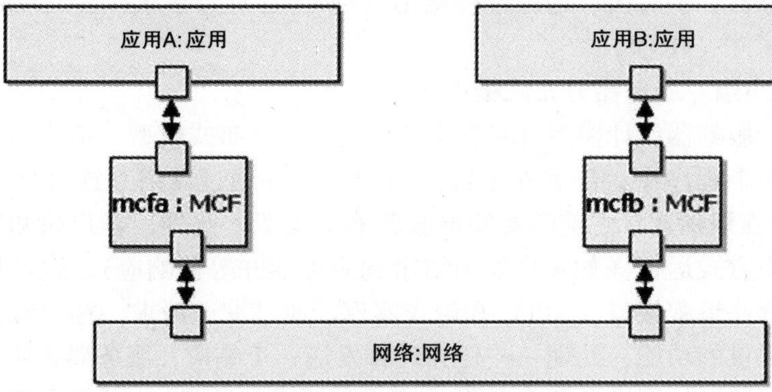

图 2.1　通信中间件框架

通常可以被重用。

通信中间件框架提供了一个服务两个或两个以上的分布式应用程序，这个分布式应用程序可以通过交换消息来实现通信同步或异步：

- 在同步通信模式中（见图 2.2），预计从通信伙伴获得立即的反应。在这种模式下，一个“永远可用”的服务器是必需的。同步模式遵循一个请求/应答模式，客户端在每个请求之后实现了忙“等待”，以便从服务器端接收响应。

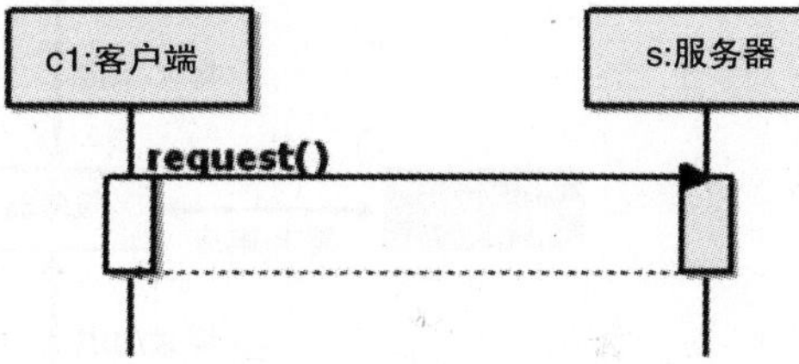

图 2.2　同步通信模式

- 在异步通信模式（见图 2.3）中，通信合作伙伴是解耦的，这意味着请求/应答模式并不适用。在这种模式下，一方创建消息传递到目的地的一个中间实体，这可以视为一个中介。没有预计的立即从远程合作伙伴处得到回应，有时甚至没有反应。在这个模型中，服务器或远程伙伴必须总是可用的，这几乎是不被期望的。

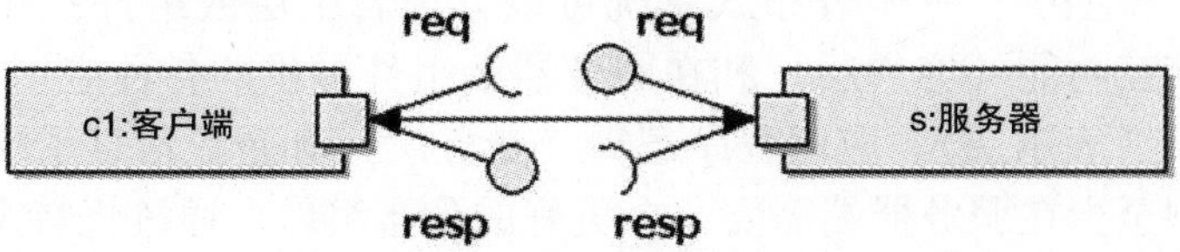

图 2.3　异步通信模式

几十年来，在各种通信中间件框架设计和开发的基础上，已有一些可用的技术和解决方案设计和开发出来了。以下部分介绍了最广为人知和部署的中间件：

客户端-服务器、多层次、远程过程调用（RPC）、对象请求代理（ORB）和面向消息的中间件（MOM）。

2.1.1.1 客户端-服务器分布式模型

客户端-服务器设计模型（见图 2.4）是一个分布式模型，单片组件的应用程序分布在两个程序中，部署在不同的节点上，并通过网络互连（客户端和服务器）。客户在识别连接之前需要知道服务器的位置。此外，客户端和服务器通常以一个同步方式运行（如客户发出请求到服务器并等待响应），这可以通过使用特定应用程序编程接口（API）和语言实现。通过发送请求，客户端发起交互使用服务器提供的功能，处理一些任务后将发送一个响应，服务器将应用程序逻辑。对于相当数量的要求（如高并发的客户端请求的数量），可能遇到处理、内存或网络资源的限制，分布式系统的性能和可靠性可能会受到损害。所有这些原因，客户端-服务器模型通常被认为是紧密耦合的，客户都高度依赖于服务器的位置，实现语言、状态和可用性。

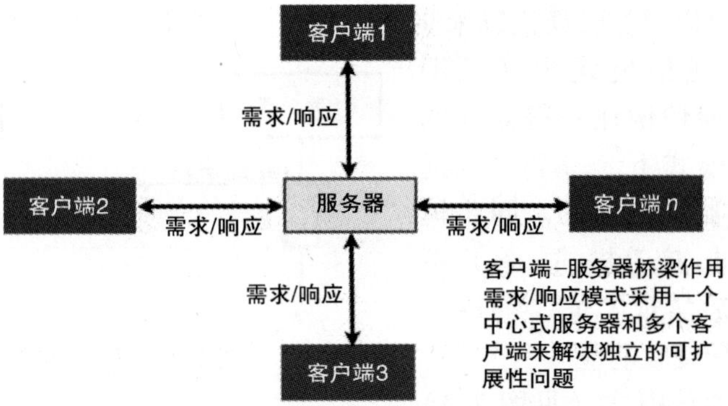

图 2.4 客户端-服务器分布式模型

2.1.1.2 多层分布式模型

为了应对一些客户端-服务器模型的缺点，提出了多层分布式模型（见图 2.5）。在这个模型中，一个分布式系统可以分为若干层或组件：在客户端组件提供的用户交互功能（客户层）和在服务器端组件提供的各种应用程序的功能，包括表示逻辑（表示层）、应用程序逻辑（业务层）和企业信息系统（EIS 层）。

这个模型至少在服务器端需要一个更好的分布组件，通过将特定于应用程序的任务（例如表示和处理）从常见的业务任务中分离出来，还可以重用特定于应用程序的任务。这种方法提供了更好的灵活性、可扩展性和其他性能，后端组件可以静态或动态调整以适应客户的需求。然而，在这种分布式模型组件之间的依赖关系为了保证松散耦合可以减少，在实践中多层次实现可以表现出类似的紧密耦合客户端-服务器模型的局限性。此外，层通常使用同一种语言和特定的平台来实现，通常遵循基于需求/响应模式的同步模型。

图 2.5　多层分布式模型

2.1.1.3　面向过程：远程过程调用

远程过程调用（RPC）是一个基于进程间通信的中间件，它允许应用程序通过提供的远程系统来执行一个过程或操作，这个远程系统隐藏了所有细节所需的网络机制［SUN 88，THU 09］。最受欢迎的 RPC 实现了提出的协议网络文件系统（NFS），NFS 是 Sun 公司在 20 世纪 80 年代中期［RFC 89］为了提供一个透明的分布式文件系统而提出的。

RPC 的实现基于同步需求/响应模式，包括阻塞客户端到服务器、回复 RPC 调用。RPC 库用于在服务器端和客户端生成存根组件，它掩盖了所有关于包装和拆包调用，响应封装参数和结果的细节（见图 2.6）。

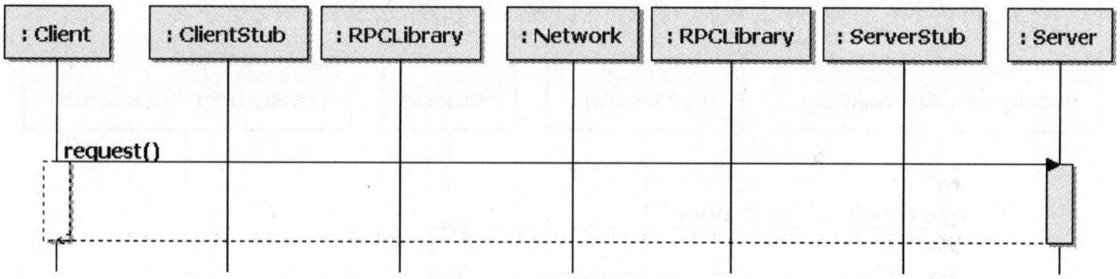

图 2.6　远程过程调用中间件

2.1.1.4　面向对象：对象请求代理

对象请求代理（ORB）通信中间件是基于面向对象范型的，它允许通过隐藏网络与远程对象来实现通信（见图 2.7）。

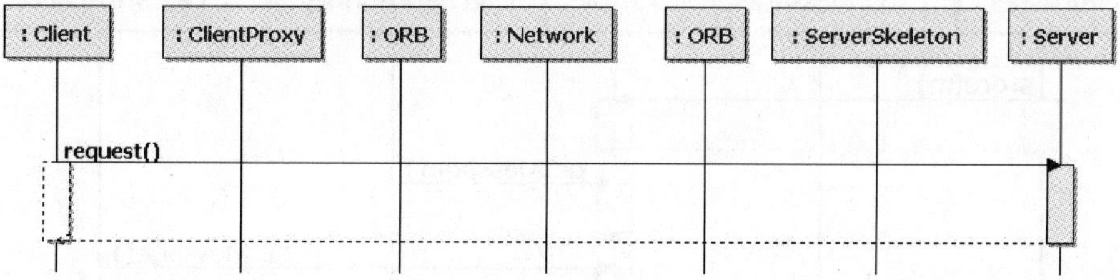

图 2.7　对象请求代理中间件

ORB允许通过实现一个可互操作的对象引用与远程对象通信。ORB负责对象的远程建设、位置、调用和破坏。

通信是同步的，请求需要在网络上通过ORB。性能可以被代理使用所影响。在客户端，一个代理可以通过实现所需的面向网络的操作，包括封送和解封（序列化/反序列化）来访问对象方法。

著名的ORB实现包括分布式组件对象模型或COM/DCOM和远程.NET（微软平台）[COM 13，NET 13]、远程方法调用或RMI（Java平台）[RMI 13]和公共对象请求代理体系结构CORBA（多个平台和编程语言）[COR 13]。

2.1.1.5 面向消息的中间件

面向消息的中间件（MOM）是在20世纪90年代中期开发基于面向消息的模式而提出的，旨在提供异步分布式应用程序之间的通信。

MOM是基于消息和队列的概念：

-消息包含网络路由信息和有效载荷允许通信信息（请求、响应事务等）。

-队列表示介质，保证即使在偏远地区或合作伙伴不在线或不可用时的异步通信。

MOM执行消息的生产者和消费者之间的解耦，并允许实现异步通信模式等点到点消息的传递（见图2.8）和发布订阅（见图2.9）。

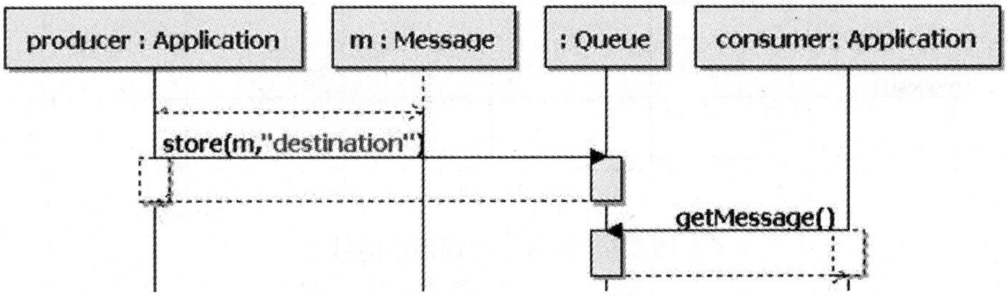

图2.8 面向消息的点对点中间件模型

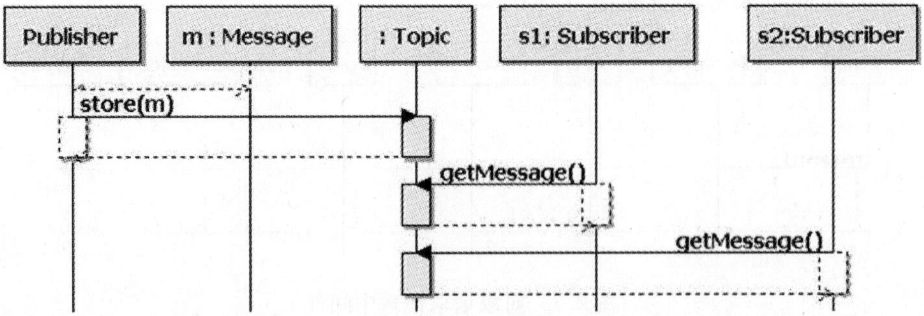

图2.9 面向消息的发布/订阅中间件模型

2.1.2　集成和互操作性的新方向

在过去的几十年中，通信中间件框架已广泛用于促进分布式应用程序的开发。因此，当前的企业基础设施具有大量多样性的中间件解决方案，有时是由于意外情况而造成的。异质性的应用程序甚至异构通信中间件解决方案是今天 IT 架构的现实。

今天，由于当前一代的互联网设施条件，利用在全球在线市场新的业务机会，建立敏捷的和动态的业务合作伙伴之间的合作是必要的，为了应对实时要求，这对新一代的分布式业务系统也是至关重要的。

由于上述原因，在过去的十年中，在企业之间和企业的水平上，已经投入了大量工作以提供适合的解决方案来应对不同性质的基础设施。这些解决方案主要是为了满足基本的非功能性需求：可集成性、互操作性、可扩展性、可用性和主动性。

为了应对这些需求，新方法旨在支持动态发现、部署和在内部或者国际化组织已经开发出来的组合服务。面向服务和服务组件体系结构的方法提供了能够满足这些需求的解决方案。

2.1.2.1　SOA

SOA 是一种基于分布式服务的构建软件系统的结构框架或参考模型，这是由不同服务的提供商所提供的［SOA 06］。在文献［SOA 12］里，SOA 被定义为一种体系结构范式，用来定义人们、组织和系统是如何在一个灵活的、可伸缩的和可互操作的世界里提供和使用服务的。SOA 软件架构是基于以下关键概念产生的［KRA 04］：

- 服务参与者：

- 服务使用者：实体消费服务提供商提供的服务。消费者查找服务存储库和标识服务包括其接口的详细信息。一旦服务所在的位置被确定，使用者使用适当的机制调用它。

- 服务提供商：实体提供一个特定的服务或功能。服务的提供商通常在服务存储库提供注册的功能和要调用的接口来使用服务。

- 服务：

- 服务合同：正式或非正式的规范的服务包括目的、功能、约束和使用服务。

- 服务接口：这指定如何访问服务，包括数据格式和操作。它还确定了调用机制来调用服务。

- 服务实现：服务的物理实现提供所需的能力或业务逻辑。

- 服务存储库：这提供了所需的设施来发现和使用服务。存储库存储了一些关于可以调用的服务（即服务合同）以及如何调用它们（即服务接口、物理位置等）的细节。

-服务总线：这提供了所需的服务参与者之间的连通性。服务总线可以使用异构技术或环境连接参与者。

在SOA框架，使用服务接口和服务访问产生的服务必须符合服务描述或合同。服务提供商以服务的形式公开其功能，可以在不同的应用程序中重用。服务消费者与服务提供商是松散耦合的，可以在开发时或运行时绑定到服务。

-绑定：服务使用者可以在开发时或者运行时绑定到服务提供商提供的服务：

-开发时绑定：开发人员负责从服务存储库定位所需的所有信息，以便程序通过服务访问到服务的使用者。

-运行时绑定：服务是基于其名称、属性或使用反射动态绑定的：

• 运行时基于名称绑定：服务名称和接口在开发时是已知的，并且服务消费者可以被静态地编程；

• 运行时属性的绑定：一个或多个服务接口在开发时就已经知道了，充分的服务在运行时可以根据其属性被发现；

• 基于反射运行时绑定：服务接口在开发时并不知道，而且消费者需要动态地解释服务的语义。

图2.10提供了一个整合各种实体、概念和关系的SOA参考模型。在这个语义表示的模型中，实心方块代表类（实体或概念），实心圆形元素代表关系或者是对象属性的定义。

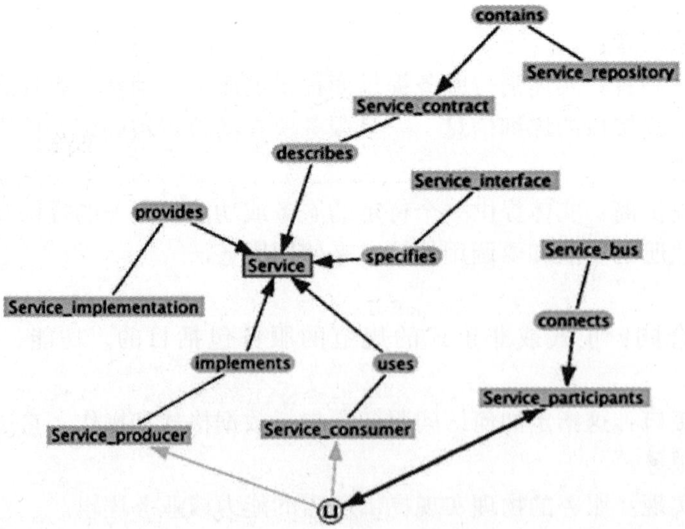

图2.10　SOA参考模型

2.1.2.1.1　服务组合

SOA 应用程序被设计开发为互连的和分布式组件的装配。这些提供商的装配件和使用者的组件是实现服务组合的基础。这些服务组合来源于潜在的异构基本服务实现的集成、编制或编排（例如 PHP、JavaScript、Java、C / C + +、Web 服务或 BPEL 实现）。

服务组件体系结构（SCA）是一个标准的由 OASIS 提出的用来编写和部署面向服务的系统［SCA 07］。SCA 框架为构建一种基于 SOA 和复合材料以及服务组件的系统，提供了一种装配模型。服务组件是一个复合系统的基本元素。图 2.11 给出了一个语义模型，它展示了实体的一部分以及服务组合的概念。

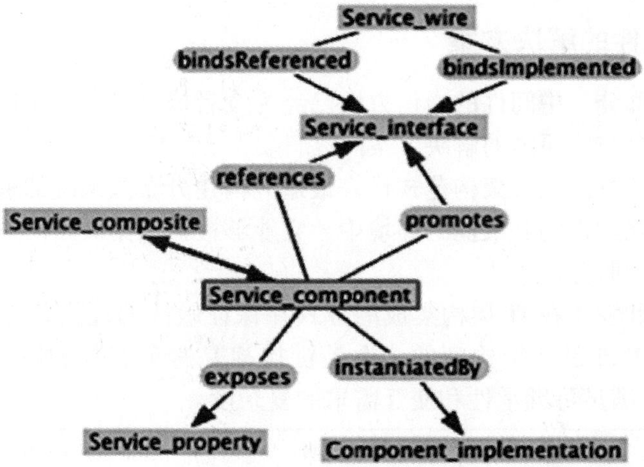

图 2.11　服务组合参考模型

服务组件包含一个组件实现的配置实例，这个组件实现提供一个特定的服务。组件发布或实现“服务”接口，可以要求或使用“参考”接口。当引用的接口连接到一个实现接口时，接口是“有线”的。当服务发行时接口也得到了提升。当给定了服务属性的适当值或者当引用接口连接到所需的服务时，服务实现就配置好了。组件可以“连接”在同一系统或远程使用一个适当的协议绑定（例如 CORBA IIOP、Web 服务、http 等）。

在基于 SOA 的系统中，分布式服务的构成主要是由作为编配指导的业务流程的需求来实现的。基于分布式、可重用、自主和无状态的服务，可以开发新的服务组合作为业务流程编配的结果（见图 2.12），并且提出了几种开放标准业务流程的服务组成，如业务流程执行语言（BPEL）［BPE 07］。与紧密耦合相对比的是，程序员需要构建分布式系统的一个完整的知识组件，SOA 提供了基于松散耦合的服务组合和动态发现以及绑定功能。

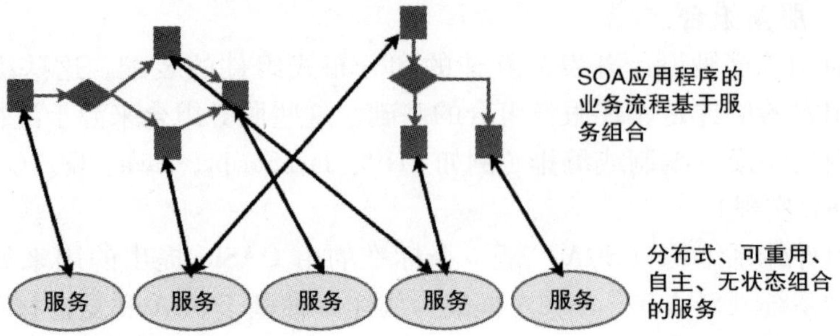

图 2.12 SOA 业务流程

2.1.3 中间件的解决方案

在前面的部分，中间件的通信方法已经为读者提供了一个全局视图可用的技术设计和开发分布式系统的解决方案。

面向服务的方法及其架构范式代表最适应构建分布式系统的解决方案，在一个集成的、可互操作的和敏捷的环境中，它能够被扩展集成新的业务服务或提供其他系统集成的服务。

然而，这种发生在 IT 架构集成的方式在保证敏捷的性能条件下并不总是最好的选择。IT 基础设施架构师的一个关键挑战是避免意外和特殊的集成方法。图 2.13 展示了满足可继承性和交互需求的复杂度。

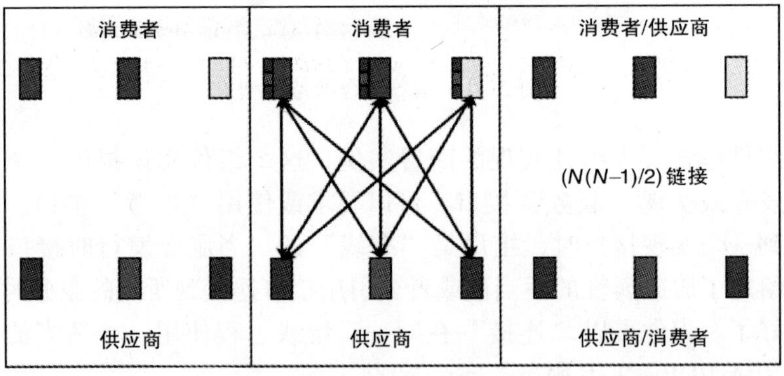

图 2.13 集成与交互复杂度

假设六异构服务，三个消费者和三个供应商（Ⅰ）。如果不得不整合消费者和供应商（Ⅱ），每个消费者都需要实现特定的逻辑来调整其数据供应商的格式和管理这三个连接。供应商管理资源的并发访问。总之，在三个消费者和三个供应商的条件下，应该实现九个“适配器”和管理九个连接。概括而言：

N(消费者) * M(供应商)个“适配器”和链接(例如 9)

在Ⅲ的情况下，假设每个服务是其他服务的消费者和提供商，在这种情况下：

$(N*(N-1))/2$ 个“适配器”和链接需要管理(例如 15)

为了避免这种特别的集成和互操作性的方法，提出了一些解决办法。这些方法为了减少复杂性，基于应用服务器，提出了一个中间可集成性和互操作性的解决方案、MOM、企业应用集成（EAI）和企业服务总线（ESB）。

2.1.3.1　基于应用服务器的方法

一个应用服务器（AS）被列为一个中间件，作为托管和运行软件组件的运行时环境，它提供了服务容器。这些服务容器能够管理所有与组件的交互以及组件的生命周期、事务、资源配置和安全。使用这种方法，服务提供商将不必管理服务消费者的并发访问。最常见的应用服务器实现 J2EE 或网络体系结构框架(例如 Glassfish、Tomcat、JBoss、Websphere、IIS 等)。

角色之间托管连接的数量是简化的，因为消费者需要连接到容器，并且之后会处理相应的服务端口（见图 2.14）。然而，如果服务是异构的，必须执行逻辑去适应它们的数据和协议格式。应用程序服务器处理的集成问题不一定与互操作性有关。

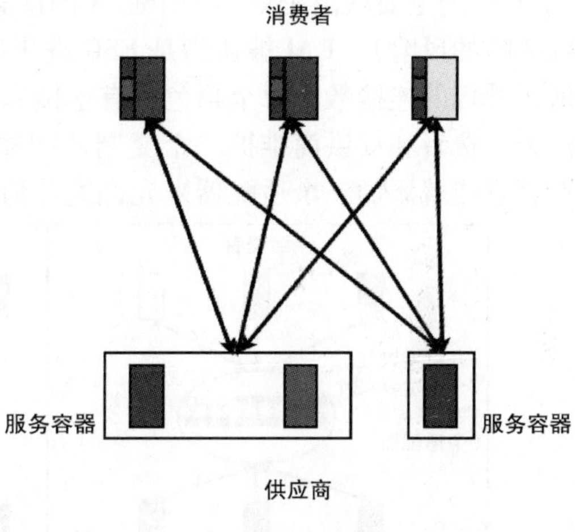

图 2.14　基于应用服务器的集成

2.1.3.2　基于 MOM 的方法

如前所述，MOM 是一个基于消息和信道消息概念的中间件，并且提供在生产者和消费者之间异步消息的通信。点对点通信的通道可以是一个队列（一对一的消息传递样式）或一个主题来支持发布/订阅模式（一对多、多对多或多对一的消息传递样式）。MOM 对满足集成性需求来说是一个很好的解决方案，然而它不满足互操作性需求，因为消费者和生产者需要适应通过 MOM 的消息格式和协议来进行通信。

图 2.15 说明了一个基于 MOM 的集成服务，它使用了一个公共消息格式以及基于点对点（队列）和发布/订阅（主题）模式。

2.1.3.3　基于企业应用程序集成的方法

企业应用程序集成（EAI）服务器通过实现基于集成模式的消费者和提供商之间所需的适配器，可以作为一个中间件介质。EAI 解决方案可以使用适配器、

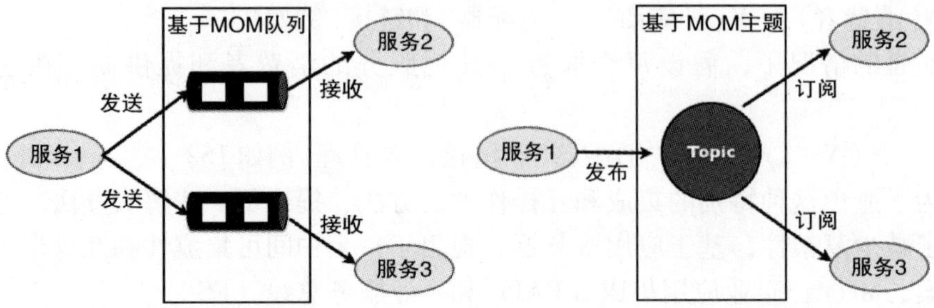

图 2.15　基于 MOM 的集成

消息代理和 XML 来集成应用程序，但它们通常实现专有的技术，可以增加不同 EAI 产品供应商之间的互操作性的复杂度。此外，EAI 解决方案的实现通常基于一个服务器作为中心，提供一个通用的 API 的应用程序集成。服务器还实现了所需的专有链接与非标准的第三方解决方案。EAI 实现架构模型定义为“中心辐射型”。EAI 的主要缺点是依赖于中心（即潜在的可伸缩性问题造成的瓶颈或全球系统故障的风险）。EAI 被认为是 ESB 进化过程的一个步骤。图 2.16 显示了 EAI 降低了管理的连接数，每个角色都有连接到中央代理，然而这个中央代理为每个异构的消费者和提供商维护一个复制适配器。根据图 2.16 可知，添加一个新的消费者意味着添加三个适配器来允许这种消费者与提供商进行交互。

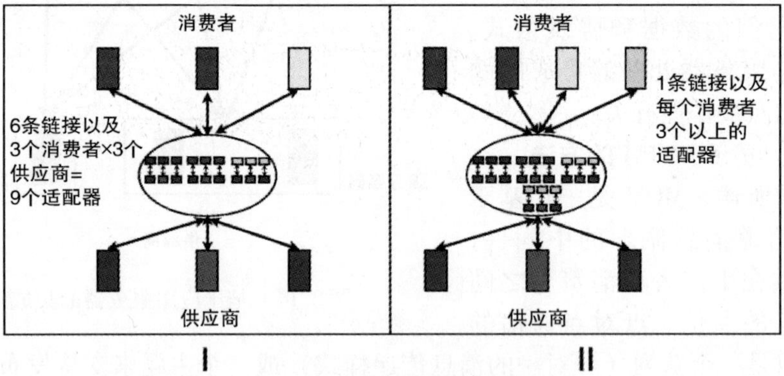

图 2.16　基于 EAI 的集成

2.1.3.4　企业服务总线

SOA 通过 Web 服务（WS）技术，提出了中间件技术，使互操作性和集成异构应用程序使用基于标准的接口、服务和灵活的沟通模式。使用 SOA 集成应用程序是松散耦合的，可以很容易地交换数据，可以参与动态组成服务的业务流程，从而可以支持重用性［ORT 07］。在 SOA 集成异构组件中，提出了 ESB 的中间件解决方案。ESB 是一个整合的 EAI 先驱。ESB 产品的主要功能是在应用程序、消息转换、可靠的消息传递机制、中间件和组合应用程序中进行消息传递。

在SOA范式中，ESB作为一个中介促进服务的供应和消费。与集中的EAI解决方案相比，ESB的使用增加了可用性、可靠性、性能、可伸缩性、便于维护（例如，包括性能更好或者更适应服务）和演化（例如，通过包括新服务或修改编排逻辑）[CHA 04] 的特点。为了应对EAI的缺点，提出了ESB模式。为了应对EAI的可扩展性和容错性限制，ESB可以聚集或联盟。同样，ESB是基于共同的规范化消息传递方法，从而可以应对EAI的互操作性的局限性。服务消费者和供应商之间的中介是通过ESB提供的消息路由功能来实现的。图2.17显示了分布式ESB和SOA所扮演的角色。

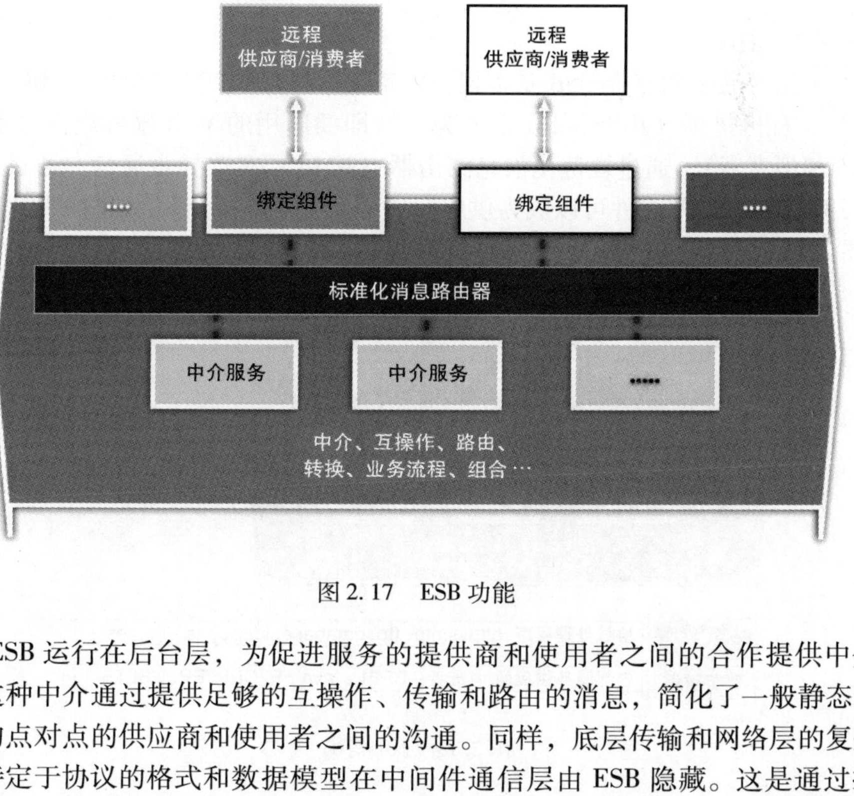

图2.17　ESB功能

ESB运行在后台层，为促进服务的提供商和使用者之间的合作提供中介服务。这种中介通过提供足够的互操作、传输和路由的消息，简化了一般静态的和复杂的点对点的供应商和使用者之间的沟通。同样，底层传输和网络层的复杂性以及特定于协议的格式和数据模型在中间件通信层由ESB隐藏。这是通过提供一个统一的标准规范的Web服务的API和数据模型来实现的。

图2.18显示了ESB是如何减少EAI的复杂度的。连接管理的数量是相同的，每个角色都有连接到中心总线。中心总线为每个角色维护一个组件。角色使用的组件连接到总线［在图2.18中称为绑定组件（BC）］。适配器使用一个被所有的消费者共享的服务供应商。

一个主要的开放标准已经指定了提供设计和开发ESB解决方案体系架构的指南：Java业务集成（JBI）规范。

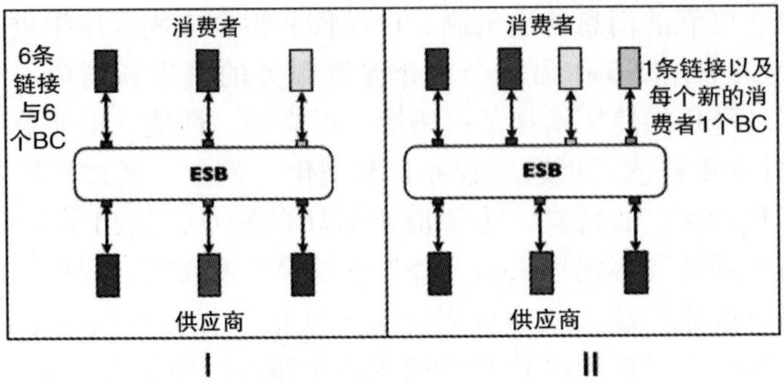

图 2.18　基于 ESB 的集成

2.1.3.4.1　JBI

为了促进通用和兼容 ESB 基本架构的实现，在 JSR 208 规范中［JBI 13］提出了 Java 社区进程（JCP）。JBI 定义为一组即插即用的 Web 服务组件（服务的供应商和消费者），通过规范化消息路由器（NMR）实现异步通信。通过 BC 连接到 JBI 容器，外部组件可以成为供应商或消费者。内部组件为了提供中介服务（见图 2.19），通过服务引擎（SE）可以承载 JBI 容器。

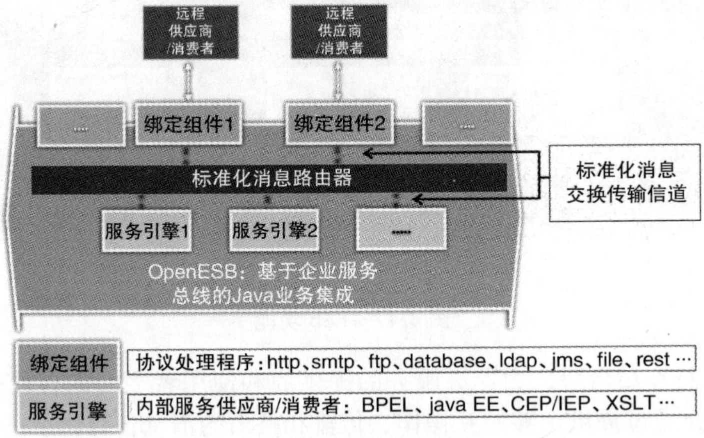

图 2.19　JBI 架构

JSR 208 规范定义了 BC 作为实体能够提供传输协议独立性以允许 JBI 组件和其他取决于协议组件之间的通信。例如，在 ESB 中，为了能够连接到外部文件传输协议（FTP）库服务来发送或检索文件并提供一个 Web 服务接口（WSDL），可以实现一个 BC。为了独立地与外部 FTP 服务通信，这样的 FTP 绑定组件将被其他 JBI 组件使用。BC 实现的例子有 FTP、SSH 文件传输协议（SFTP）、电子邮件或简单邮件传输协议（SMTP）、JDBC、JMS、文件、HTTP / SOAP、REST、SMPP（通过 SMS）、XMPP（即时通信）、RSS（feed）、SIP 等。

JSR 208 规范定义了作为容器的 SE，允许实例化服务单元来实现具体的业务逻辑。服务单位的目的是通过使用 Web 服务接口（WSDL）与其他 JBI 组件进行联合。SE 的例子有 BPEL 、Java EE、XSLT、SQL 和 Data mashup（数据糅合）、IEP、ETL 等。

图 2. 20 展示了通过标准的 ESB 实现的 JBI 体系结构的语义模型。

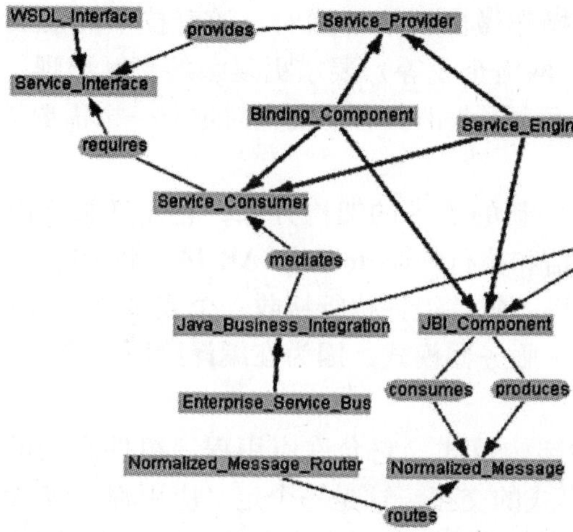

图 2. 20　JBI 参考模型

在 JBI 规范下一些 ESB 已经实现了：Open ESB、Petals ESB、Apache Service Mix、FUSE、Mule 等。JBI / JSR 208 技术兼容性工具包（TCK）认证了 Open ESB 和 Petals ESB。在本书中，Open ESB 的实现之所以被选中，是由于就 JBI 的一致性、平稳安装、配置以及一个集成的 IDE 提供的环境支持而言，它有自身的优势。

2. 1. 4　SSOAPaaS 1. 0 手册

SSOAPaaS 1. 0 手册将会在第 4 章中进行说明，还有几个旨在说明这些不同实体和概念是如何在 SOA 平台上发挥自己的角色的手册内容将会被讨论。一组用于安装和配置 Open ESB 及其组件的内容以及旨在实现 ESBay 系统的集成异构分布式服务都将会被呈现。这一手册将讲解可集成性、交互性和可扩展性等非功能性需求。

2. 2　企业集成与事件驱动架构的演变

本节旨在验证 EDA 技术满足分布式系统的可用性和主动性的非功能性需求。耦合 SOA 和 EDA 的优点也将被讨论。

2.2.1 EDA模式

通过使用WS标准SOA范式，越来越多的在异构分布式系统中的交互性问题得到了解决。即使SOA给出了在服务使用者和提供商间的松散耦合，它们之间仍存在一个“依赖”关系：当消费者有一个请求时，服务提供商会对给予的一些信息或执行的一些操作做出反应。然而，随着技术的发展，新的通信系统（机器对机器、物联网、网络企业等）要求更复杂的交互出现。例如，在没有调用一个服务请求的情况下，服务消费者需要实时地对一个需要被了解的特定的事件做出反应。

EDA是一种处理这些新的需求的架构方法，它允许组件以基于消息和事件交换的异步方式进行通信和执行。Gartner [GAR 14] 将EDA方法定义为“一个设计范式，在这个范式里，软件组件执行接收一个或多个事件通知的响应。EDA更是松散耦合的客户端-服务器模式，因为在编译阶段，发送通知的组件不知道接收组件的身份”。

总之，EDA是一种架构范式，它允许应用程序组件之间的通信和基于异步消息和事件发布/订阅模式的交互。这是一个定义应用程序或系统的组件的方法，这些组件可以使用事件流，检测和应对发生在其他应用程序组件或它们的应用环境里的变化。

EDA软件架构是基于以下关键概念建立的 [ETZ 10, MIC 11]：

-事件：一个发生在系统内部或外部，或者是过程中的迹象或信号。它代表了一个状态的改变，可以翻译成一个异常的状态、机会、问题、偏差、趋势等。为了让事件变得相关联和有用，所有的信息需要封装在事件（例如ID、描述、时间戳和生产者）里。

-事件生成器：事件通过一个通道来发布或接收实体，这就是实体的来源。它可能是使用一个队列或主要通道的任何一个分布式组件。

-事件消费者：实体订阅接收事件。它处理事件，如果需要还会做出反应。消费者可以是单个或一组用户，这些应用可以是人、应用、活跃的业务流程、数据仓库、性能指示板和/或自动代理。

-事件通道：事件通道管理传输在生产者和消费者之间的事件。它可以被看作是中介或消息代理。当它从生产者接收到一个事件通知时，它负责交付给消费者。

-事件处理：事件处理包括跟踪和分析事件。事件相关的信息（内容和上下文）过滤、转换、聚合、关联检测模式或事件之间的关系。中间组件作为一个监视应用程序，在一般情况下是用户事件处理的规则。规则可以应用于单个事件（简单事件处理）或大量的事件（事件流处理和CEP）。

事件通道通常是基于 MOM 技术（见 2. 1. 1. 5 节）。基于这些技术，EDA 允许两种生产者和消费者之间的交互和绑定模型（见图 2. 15）：

-基于队列：事件生成器直接推动消费者的事件队列。在这种情况下，生产者必须知道消费者，并且如果有一个以上的消费者，生产者要多次发送相同的事件。库解决方案可以用来避免有感兴趣的消费者列表的生产者的静态配置。

-基于主题：事件生产者通过一个事件代理作为中介发布事件。事件代理将事件转发给感兴趣的消费者。这样，生产者必须发送的事件只有一次，它只需要知道这个话题，由代理来管理感兴趣的消费者的列表。

图 2. 21 说明了 EDA 的语义模型范例。

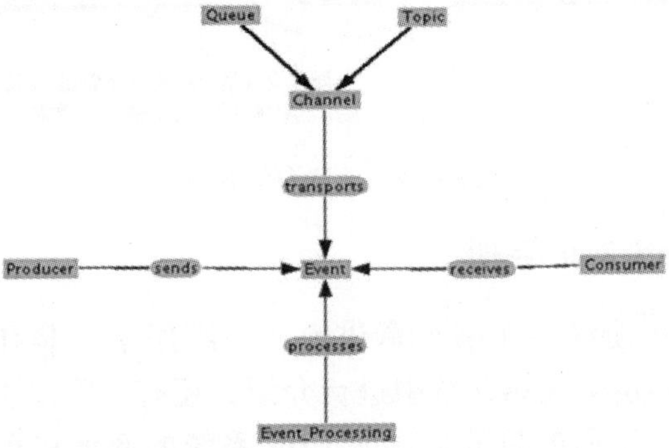

图 2. 21　EDA 语义模型

即使它的可扩展性需要检查，EDA 的真正好处是它允许大量的生产者和消费者实时交换数据。这就是为什么在集成的大型企业中，这种结合 SOA 范式的模式在不断增长。

2. 2. 2　EDSOA

SOA［SOA 06］是一个范式，它基于服务的基本概念以增加它们的灵活性、可扩展性和适应性来设计分布式系统。EDA 是基于组件的反应来响应事件通知以设计分布式系统的参考模型。结合 SOA 和 EDA 技术委员会应该遵循的 OASIS Web 服务通知［OAS 06a，OAS 06b，OAS 06c］来扩展 WS 的著名需求/响应消息交互。

这些标准引入了一个新的模式：使用 WS EDA 的基础。这种模式允许使用 WS 交互事件。EDSOA 是 SOA 范式和 EDA 的组合模型，允许基于 SOA 的系统在实时和异步方面互操作性变得更强。这是定义面向服务的应用程序的方法，在这些应用程序里，需求/响应消息和发布/订阅事件可以在分布式和异构组件之间交换。例如，在整个业务流程里，需要由服务提供的组成特性，都可以由事件来驱动（见图 2.22）。一个事件可以引发全部或部分业务流程。

综合这两种方法使新系统智能化并具有主动性，但需要应对重要的挑战［TEC 10］。

实施 EDSOA 的主要建议包括［ETZ10］：

－通过使用面向服务和事件驱动的方法实现分布式组件。通过这种方式，组件可以使用需求/响应、发布/订阅模式（见图 2.22）。

－把一个实体放入内部组件之间的 SOA 平台里，这些组件能够调解需求和事件（如 ESB 的消息格式转换为它提供了解决方案和协议桥接）。

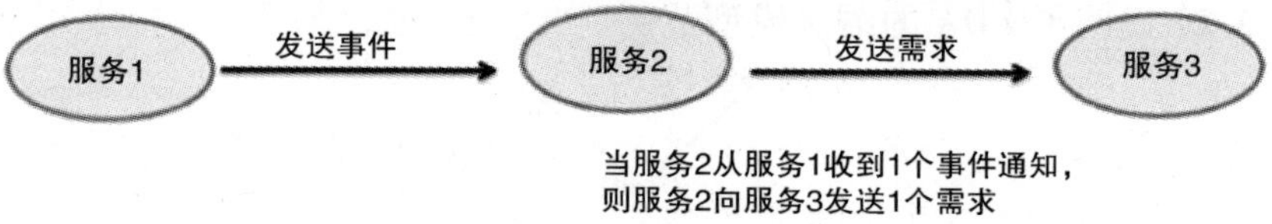

图 2.22　EDSOA 示例

2.2.3　SSOAPaaS 2.0 手册

SSOAPaaS 2.0 手册将会在第 5 章讲解，一组用于安装和配置 MOM 和互连 OpenESB 的菜单内容也会在第 5 章中进行介绍，还有一些说明事件处理系统是如何运作的菜单。这一手册的目的是说明 EDA 系统的部署和实施有助于保证分布式系统和应用程序的可用性和主动性等非功能性需求。

2.3　SOA 平台的性能与可伸缩性

本节说明的机制可以应用于 SOA 和 EDA 平台，能够满足分布式系统的可管理性和可伸缩性的非功能性需求。重点将策略应用于 ESB 可伸缩性管理以应对普适系统的集成。

2.3.1　ESB 机制的可伸缩性和性能管理

ESB 的关键元素是 SOA 平台，因为它给出了集成任何类型的异构分布式服务和流程的信息通信技术解决方案。鉴于它的作用和重要性，给了人们一个巨大的挑战：为了保证可靠和有效的请求中介和路由，必须达到高可伸缩性和性能的要求。保障和改善 ESB 提供的性能和可靠性是允许人们在预期的 QoS 水平上保持系统部署运行的重要条件。

ESB 提供了远程服务消费者和生产者之间的连接层。此外，它是由一组容器组成的，主机中介引擎实现了不同的内部交流的功能。由于这些原因，当大量的事务需要交换时，ESB 可能就成为了一个瓶颈，并且变得拥挤或饱和。由于要处理的请求数量的增加，拥堵可能就会出现，但也与 ESB IT 基础架构上运行着有限的资源（CPU /线程、内存、网络资源等）有关。通过一些客观评估，也做了相应的文献研究，演示了 ESB 在主机系统 CPU 和内存的使用上负载的影响[UEN 06]。这些研究的主要结果是，当吞吐量很大并存有大量 ESB 中间流程时，ESB 的响应时间、CPU 使用率和内存使用量都会增加。同样，ESB 实现的局限性表现在它使用主机系统的所有资源。在这种情况下，由于物理或虚拟 IT 资源的缺乏，它变成了一个瓶颈。

例如，当主机上所有的资源发布时，它可以是无法分配更多资源的 Java 虚拟机（JVM），在 JVM 上，单一的 ESB 实例在运行。即使有更多的资源在主机上，也很难动态地重新配置 JVM。在这种情况下，需要执行分布式和多实例 ESB 部署。这样，通过拓扑和部署 ESB 的模型实例，就可以很好地管理 ESB 的可伸缩性。通过集群中的几个实例或分布在多个相互关联的组件和联盟 ESB 实例，分布式 ESB 的功能可以被开发利用。

ESB 集群部署模型由一组分布在一个或多个计算机上的 ESB 实例组成，相当于一个虚拟的资源。通常与一个负载平衡器组件结合起来使用，把传入的负载分配到各实例。ESB 集群能够确保良好的可伸缩性（高可靠性和低延迟）。例如，可以同时处理传入的请求和事务的一个实例（见图 2.23）。也可以应用一个故障转移机制，如果一个节点变得不可用，其他节点将继续处理请求。

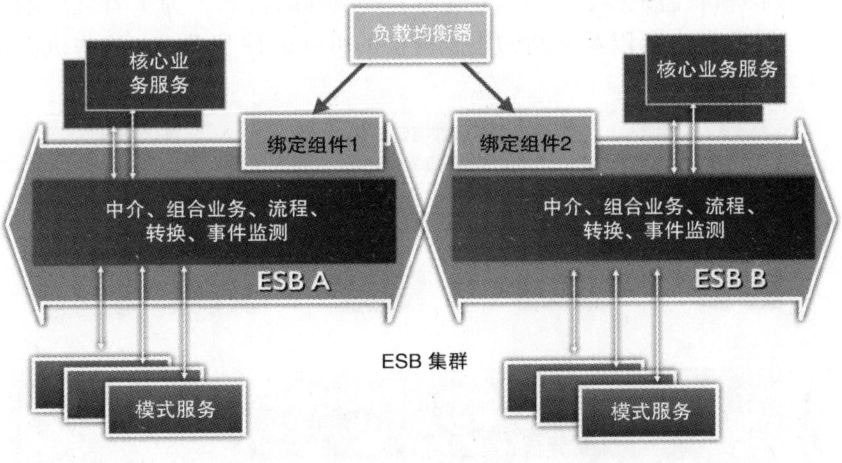

图 2.23　ESB 集群

这种部署方式有一个很大的约束：在不同的实例里，一切事物都是重复的，不同的实例需要同步一致状态的托管流程和服务，因为这些实例必须以同样的方式处理平衡负载。

另一个有趣的方法是可以利用分布式应用方面的 ESB 联盟分布式实例来解

决这个问题（见图2.24）。联盟正越来越多地被用于大型企业集成中，它可以把整个系统细分成几个领域。涉及系统和每个域的服务的联盟由一个ESB实例相互连接在一起，而且不同的ESB实例不需要有相同的配置和内容。通过这种方式，可以分布流程和服务，其中一些流程和服务可以根据它们的表现从一个实例迁移到另一个实例。这种方法的挑战是如何实现不同实例之间可靠的和智能的“桥梁”，以及不同的系统和服务中每个实例的可见性。

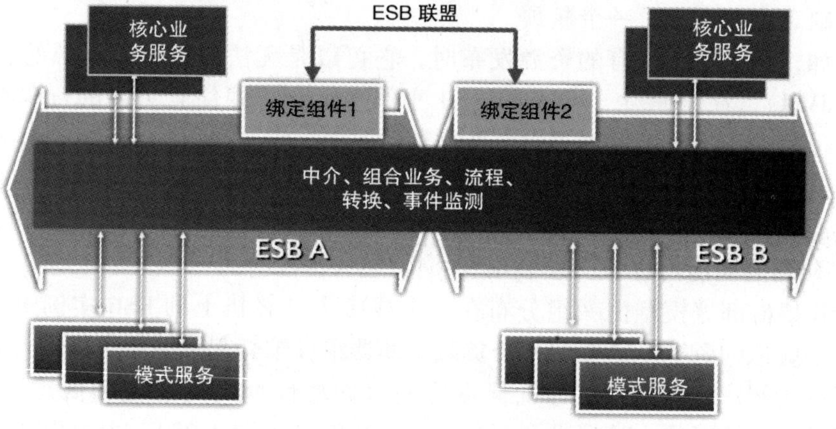

图2.24　ESB联盟

除了集群和联盟机制，图2.25概述了一系列的机制，为了管理后端不同的应用程序、服务和内部以及域间的集成提供的可伸缩性和QoS，这些机制都可以应用ESB实例实现。

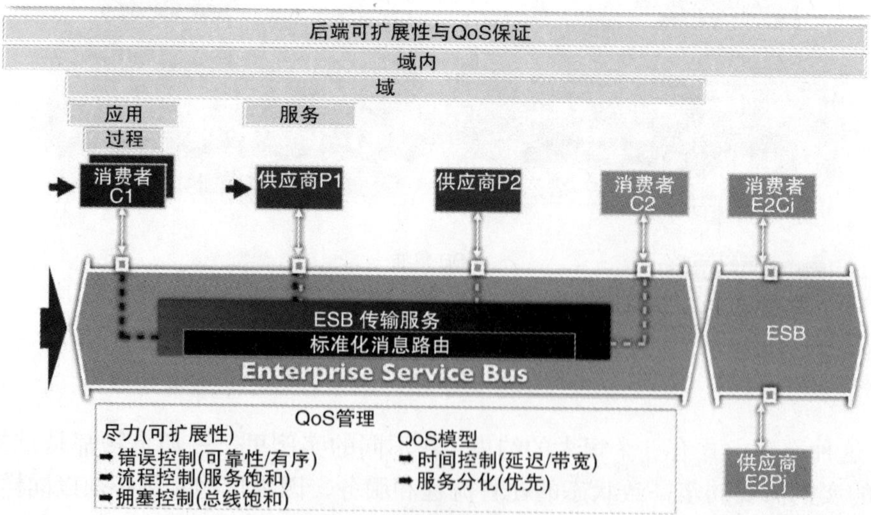

图2.25　ESB QoS管理总览

2.4　SOA 平台的智能管理

本节介绍云计算和自主计算范例，旨在提供几乎无限的资源和智能 SOA 平台的自主管理能力。

2.4.1　云计算

作为其主要的前驱或相关技术（主机、工作站、网格计算、效用计算等），云计算是一个范例，云计算技术风格是旨在通过硬件或软件计算资源服务来提供一个灵活的和更简单的方法。云计算由 Gartner（高德纳）公司定义为“一种利用互联网技术，能够使计算的可伸缩性和弹性能力作为服务进行交付的方式”[GAR 14]。

下面会介绍不同的参考架构、模型和框架来提供云计算的分类与蓝图：

-文献 [DMT 10] 提出了一种通用架构和一组配置文件，定义了云消费者和提供商者的不同角色和规则。几个用例和体系结构方面的考虑清晰地概述了这两个云角色的能力和它们建立的它们之间的功能接口。

-文献 [KHA 14] 给出了 IETF 参考架构，旨在解决使用不同的云软件栈/构建平台和多个提供商所提供的云解决方案的互操作性。框架是基于六个水平层 [用户/客户端功能和资源层、访问/交付层、云服务层、资源控制（组合和编排）层、资源抽象、虚拟化层和物理资源层]，在不同的水平上来管理包括必要的基于云的系统的运营。提供垂直层来确保云计算的配置、管理、监控和安全管理。

-文献 [LUI 11] 介绍了云计算的概念模型以及它的参考体系结构和分类。它能够识别不同的活动和不同云角色（供应商、消费者审计、代理、载体等）的功能以及不同的基础云服务模型和部署模型。

-文献 [WIL 11] 提出了一种广义和统一的框架形式主义，旨在帮助“保证云计算有意义”。这个框架是基于各种元素、不同的体系结构、模型和框架的整合来提出的 [DMT 11, LUI 11, KRE 11, KHA 14, CIS 11]。

可用的更多与参考架构相关的信息可以在 NIST 实施的一项调查中发现 [NIS 11]。

云计算提供了一套现成的资源访问，从客户端 Web 浏览器或从命令行控制台访问。根据类型的资源，有不同种类的服务。以下是 NIST 的基本服务层定义 [LUI 11]：

- 软件即服务（SaaS）：它可以提供云消费者应用程序和/或软件过程的业务功能；

• 平台即服务（PaaS）：它可以提供云消费者平台，允许开发、部署和托管自己的应用程序和软件；

• 架构即服务（IaaS）：它可以提供云消费者架构资源（存储、计算和网络）用于部署和运行自己的平台、应用程序和软件。

云计算允许软件系统高度灵活、可用和可靠，并提供机制和解决方案让新一代的SOA平台更有效率。在SaaS级别，可以开发SOA应用程序。PaaS的发展水平给出了部署粘合剂来连接所有这些SaaS分布式服务的敏捷性。IaaS越来越多地提供所需的架构性能。对于所有这些不同的水平，消费者不需要管理和控制所需的基本资源，这些都由供应方来提供服务。

云计算模式的两个关键概念：

－对所有资源进行虚拟化的能力（架构、平台和应用程序）以便为它们提供服务；

－自动化，在最少人工干预的情况下，使所有的云操作以高效和可扩展的方式运行［PET 11］。

云操作是一组机制和策略，用来保证云计算的五个基本特征，这五个特征是在NIST分类法中提出的［LUI 11］：

－按需自助服务：云消费者可以根据其需求规定，使用和发布资源，这些操作在供应商端不需要干预。这为云用户提供了更多的灵活性。

－广泛的网络访问：消费者使用任何类型的设备（智能手机、平板计算机、便携式计算机等）连接到互联网，都可以访问云提供商的资源和服务。

－资源池：一个云供应商多租户模型把资源放入“池”中，可以为多个云服务消费者提供服务。此操作允许供应商更好地利用他们的资源，也需要对消费者保证公开透明。

－快速弹性：消费者可以在任何时间访问服务，因为他们有无限的能力。在供应商方面，根据负载和消费者的数量，这需要一个适应的底层资源和以此来进行的动态分配。

－测量服务：通过利用计量的功能，云系统自动控制和优化资源的使用，在某种抽象的程度上，是适合服务（如存储、处理、带宽和活跃的用户账户）的类型的。资源的使用可以被监测、控制和报告，对使用服务的供应商和消费者保证透明性。

虽然云计算涉及重要的挑战（安全、隐私、弹性、能源等），但是它带来了使新一代SOA平台更有效的机制和解决方案。在SaaS级别，可以开发SOA应用程序。PaaS的发展可以通过利用IT基础设施的直接优势资源或IaaS提供商的中介，来提供部署连接所有这些SaaS分布式服务的敏捷性。云计算基于支持自助服务和弹性等操作使软件系统高度灵活、可用和可靠。在实际环境中即大规模地采用范式，这些操作的复杂性使自动化成为云计算的一个关键概念。以下部分介绍了针对这一挑战的自主计算框架。

2.4.2　自主计算

对于大型和复杂的系统，如果只是基于人工干预，确保非功能性属性几乎是不可能的。这意味着挑战包括这种系统的自适应能力。自主计算是一个自我管理的计算模型，由 IBM [KEP 03] 公司提出，使系统自动地管理和维护自己，就像人类的免疫系统一样。为了实现这种自主行为，该框架提出了“自主管理”的概念，作为一个整体能够管理一个组件或一组系统组件，这些组件或系统组件被命名为“有管理的元素”。这样做的管理是基于一组在设计时或者运行时学到的预定义的政策。

自主计算的实例化范例意味着控制回路的实现，被命名为监控、分析、计划和执行（MAPE）。这个控制回路意味着：

- 监控过程使人们能够获得整个系统在不同的水平上的相关信息。信息需要聚合、过滤及相关检测和识别症状（例如性能和可伸缩性问题）。

- 分析过程使人们在管理系统上能够确定需要做出改变。接下来的一组推理或预测的方法，例如机器学习技术或概率模型可以应用于识别发现症状的原因。一个好的诊断分析过程将指导执行所需的行为。

- 计划过程允许检查一系列策略应对必要的改变。例如，这个计划将使应用程序能够处理性能问题。

- 执行过程，一步一步地执行相关操作定义的计划。

此外，自主计算范式也意味着：

- 一个“接触点”的实现接口允许自主管理器和管理要素之间进行通信：自主管理器所使用的“传感器”是为了得到与管理元素相关的信息，“执行机构”是用来指示和/或应用适应的行动来管理元素的。

- 知识库的实现：这个基础可以包括行为实施管理组件或一个系统。同样，所有使用该知识库的 MAPE 循环实体执行各自的功能。管理运行时的系统是根据一套策略定义为共享的知识库的一部分，包含数据提供的系统语法和语义的描述，而且应用信息的规则来触发行动，实现自我管理功能和自主行为。

2.4.3　SSOAPaaS 3.0 手册

SSOAPaaS 3.0 手册将在第 6 章介绍，手册将说明如何引入可伸缩性管理来实现这些策略。相关手册内容介绍了监测和观察 ESB 实例状态和其部署环境的方法。通过应用自主计算策略，可以根据全球负载和预期性能，通过动态添加或删除 ESB 实例集群或联盟实现云计算的水平扩展模式。

2.4.4 SPaaS 手册

在第3章中给出的SPaaS手册将介绍如何开发一个部署在智能SOA平台的智能虚拟化IT架构。通过应用自主计算和利用快速的可伸缩性和弹性云计算的概念，在IT架构级操作调用相关的资源分配给虚拟机的不同系统平台级（垂直和水平扩展）。例如，根据ESB的流量来提供或发布有ESB实例的虚拟机主机的CPU或存储器。此外，基于预期性能和动态要求，新的虚拟容器可以自动部署（或解除）。

2.5 小结

企业网络应用程序越来越多地用异构方法设计，包括程序、对象、消息、组件、资源或服务。已经提出了这些方法作为促进分布式系统设计和开发的解决方案。当前基于本地或全球网络的分布式系统，包括现代云计算架构，遵循这些不同的方法。此外，大型异构性是今天IT架构的自然状态。

这种多样性和异质性提高了集成和互操作性的需求。本书介绍了一些集成方法和通信中间件框架来解决集成问题。通信中间件框架的主要目标如下：

－通过隐藏通信基础设施的分布连接到网络组件来解决集成问题，并允许它们交换数据；

－通过隐藏异质性以及提供机制处理不同的技术、协议和数据格式来解决互操作性问题。

当前的国际经济和工业环境对合作企业动态网络开发的敏捷和高效提出了要求。这些合作涉及高度的分布式系统，越来越多的设计遵循基于基本的可互操作服务的SOA方法，例如WS。同样，为了高效、主动，能够执行实时事件处理，这些系统需要结合EDA来进行工作。

在这些方法中，应用程序是基于独立、分布式和异构服务的，需要集成来实现复杂的组合业务流程（BPEL）。为了将这些服务集成来处理它们的多样性和异质性，并隐藏它们的分布，本书介绍了一些中介体系结构和技术：AS、MOM、EAI以及最新的ESB技术。

这里提出了ESB作为最有效的解决方案，以确保可集成性和异构SOA中的角色之间的互操作性。它们通过实现开放的、基于标准的中介策略和分布式集成，例如服务发现和调用等消息转换、协议桥接、监控和路由，允许各种需求者或消费者通过网络共享数据和资源等，给服务通信提供解决方案。以标准的方式提出了框架，如JB参考体系结构来实现ESB及其组件（BC和SE）。

基于这个分布式系统的现状，将对确定的功能性和非功能性需求提供解决方案。接下来的各章将集中阐述所需的手册和方法，以构建一个智能 SOA 平台（见图 2.26）。

SPaaS 平台提供了基本虚拟化、云计算和自治功能所需的所有其他平台。出于这个原因，SPaaS 手册将在第 3 章中开始展示，然后扩展和丰富 SSOAPaaS 手册（第 4 ~6 章）。

图 2.26　智能 SOA 平台即服务设计

表 2.1 总结了在 yPBL 初始阶段确定的 ESBay 系统的非功能性需求，这些需求将通过本章提出的各种 SOA 平台、云计算和自主计算解决方案来进行解决。

表 2.1　非功能需求矩阵驱动手册开发

yPBL 项目：ESBay	（*）1. 需求（F：功能性，NF：非 - 功能性，P：过程，等）									
ID	NF - 01	NF - 02	NF - 03	NF - 04	NF - 05	NF - 06	NF - 07	NF - 08	NF - 09	NF - 10
优先级	H	H	H	H	H	H	H	H	H	H
（*）2. 标识方案：手册	便携性	扩展性	管理性	伸缩性	安全性	自主管理	集成性	交互性	可用性	主动性
（*）3. 进展状态	满足	满足	满足	满足	满足	满足	满足	满足	满足	满足
SPaaS 1.0	×	×	×	×	×	×				
虚拟化环境	×	×	×	×	×					
自主计算架构			×	×		×				
SSOAPaaS 1.0		×			×		×	×		
ESB		×			×		×			

（续）

yPBL 项目：ESBay	（*）1. 需求（F：功能性，NF：非－功能性，P：过程，等）									
应用与传统服务					×			×		
SSOAPaaS 2.0					×				×	×
面向消息中间件					×				×	
复杂事件处理										×
SSOAPaaS 3.0			×	×		×				
Java 管理扩展			×							
平台拓扑				×						
自主计算架构			×	×		×				

在表 2.1 中，矩阵的列显示了非功能性需求。行显示模式和由各种平台处理的解决方案。

行和列的交叉点代表满足各种版本平台的非功能性需求。这个矩阵为了满足特定的需求，由一个或几个范例和/或解决方案（内容）组成。

下面的内容将讨论 yPBL 方法的精化阶段，为实现不同的手册设计相应的方法内容。

第 3 章　SPaaS 1.0 手册

第一个手册是为了应用 yPBL 精化阶段的方法以满足 ESBay 用例非功能性需求的第一子集。表 3.1 给出了 yPBL 矩阵，由第一组的六个非功能性需求组成，包括可移植性、可扩展性、可管理性、可伸缩性、安全性和自主管理性。这些需求将由五个主要菜单组成智能平台即服务（SPaaS）1.0 手册。

表 3.1　非功能需求矩阵驱动 SPaaS 1.0 平台

yPBL 项目：ESBay	（*）1. 需求（F：功能性，NF：非 - 功能性，P：过程，等）					
ID	NF - 01	NF - 02	NF - 03	NF - 04	NF - 05	NF - 06
优先级	H	H	H	H	H	H
（*）2. 标识方案：手册	便携性	扩展性	管理性	伸缩性	安全性	自主管理
（*）3. 进展状态	满足	满足	满足	满足	满足	满足
SPaaS 1.0	×	×	×	×	×	×
创建虚拟化 IT 架构	×	×			×	
扩展平台		×				
管理平台			×			
伸缩平台				×		
自主管理平台			×	×		×
	关于这一矩阵的更多信息可以访问 http：//docs. spaas. r1. ypbl. net					

3.1　SPaaS 1.0 概述

在本章中，将会介绍旨在开发一个能够提供智能、便携、可伸缩、可管理和可扩展功能的云平台 SPaaS 产品。为了满足这些非功能性需求，所有的技术要求和相应菜单的子集已经被确定（见表 3.2）。以下部分将展示 SPaaS 1.0 手册的菜单。

表 3.2　SPaaS 1.0 手册的菜单概览

技术需求	描述	目标 NFR	菜单
SPaaS 1.0/R1：虚拟化 IT 架构	虚拟化技术需要用于满足平台的可移植性需求	可移植性 可伸缩性 安全性	创建虚拟化 IT 架构
SPaaS 1.0/R2：平台伸缩性	架构需要能够为平台延展包括新的虚拟化应用提供相应功能	可伸缩性	平台延展

（续）

技术需求	描述	目标 NFR	菜单
SPaaS 1.0/R3：平台管理	架构需要提供可管理性功能	可管理性	管理平台
SPaaS 1.0/R4：平台扩展性	架构能够提供灵活的可接受的性能	可扩展性	扩展平台
SPaaS 1.0/R5：平台自主管理	架构能够提供自主管理能力以便基于监测性能进行可扩展性配置	可管理性 可扩展性 自主管理	平台自主管理

3.2　创建虚拟化 IT 架构

本菜单描述创建一个虚拟化 IT 架构，它基于在一个便携式虚拟机中安装 Proxmox 虚拟化环境，虚拟机安装使用了 VMWare 虚拟化环境（见表 3.3）。目标架构（见图 3.1）是一个虚拟化服务器，使得它可以部署一套旨在为分布式应用程序托管所有需要的平台系统虚拟机。

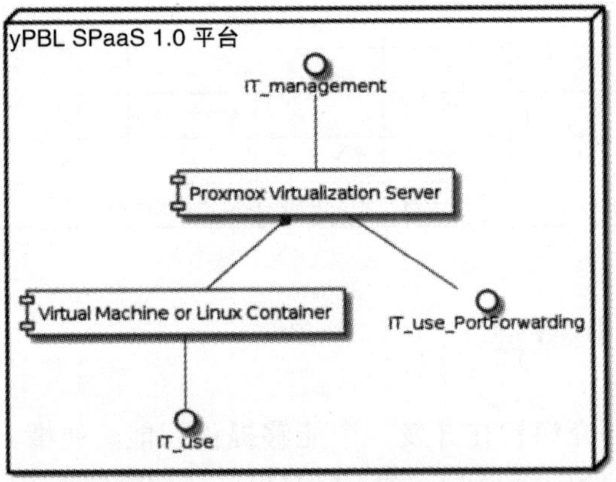

图 3.1　SPaaS 1.0 目标架构

表 3.3　创建虚拟化 IT 架构的步骤

第1步：创建一个配置有 Proxmox 虚拟化环境的虚拟机 将会创建并配置好一个虚拟机以便搭建Proxmox 虚拟化环境	参见: 创建承载Proxmox的虚拟机

（续）

第2步：Proxmox的安装 启动虚拟机，启动完成后安装Proxmox	参见：在VMWare虚拟机上安装Proxmox
第3步：测试安装 测试Proxmox 虚拟化环境的搭建	参见：测试和浏览Proxmox的安装
第4步：为IT架构组件创建虚拟机 将用Proxmox，结合着虚拟机和/或容器，开始移植IT架构	参见：创建Proxmox虚拟化组件
第5步：平台的维护 如果不需要，可以移走虚拟容器和模板	参见：平台的维护

3.2.1　创建 Proxmox 虚拟机

表 3.4 中给出的步骤是为了描述创建一个承载 Proxmox 虚拟化解决方案的 VMWare 虚拟机。

表 3.4　创建 Proxmox 虚拟机的步骤

第1步：为Proxmox创建一个新的虚拟机 在Mac上使用VMware Fusion(或者如果使用Windows或Linux操作系统，则使用VMware工作站)，为Proxmox虚拟服务器创建一个新的虚拟机。在这个步骤中将会使用到VMware Fusion 5.0	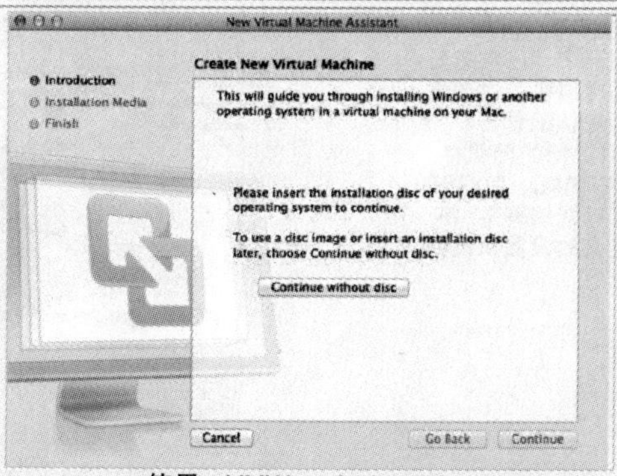 使用：VMWare fusion 5.0

（续）

第2步：选择Proxmox.iso镜像文件
选择“继续不使用磁盘”，将使用.iso Proxmox 镜像文件安装向导。在这个步骤中，Proxmox 3.1版本将会被使用

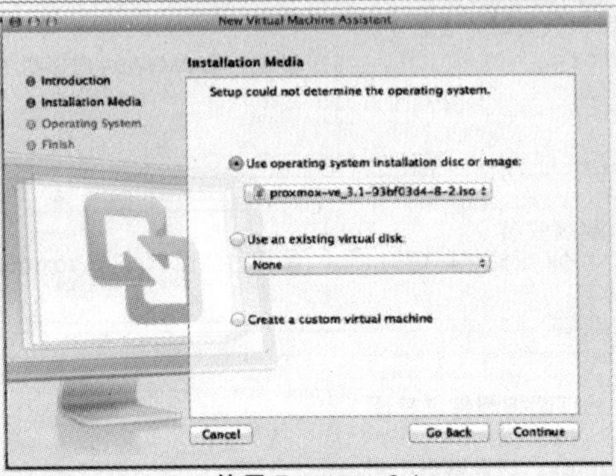

使用:Proxmox 3.1

第3步：Linux或者Debian操作系统会自动识别.iso Proxmox 镜像文件
Vmware虚拟机应该自动识别Linux或者Debian操作系统，选择“继续”

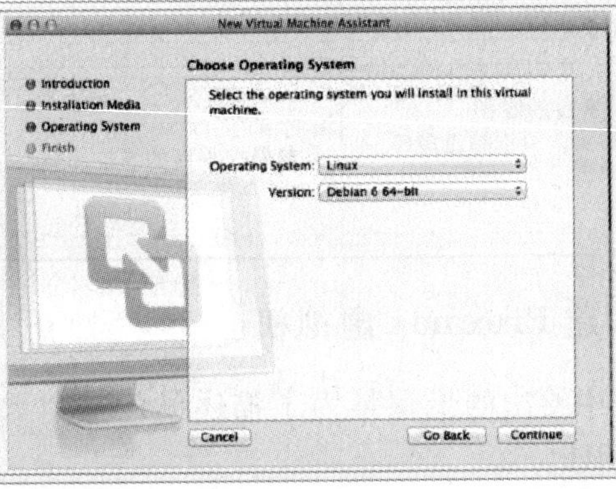

第4步：默认配置
应该得到一个“已准备好使用”的虚拟机，这个虚拟机已经默认配置好了，[比如，512MB的随机存取存储器(RAM)、20GB的硬盘、NAT网络等]。将选择自定义的设置来改变基本的配置

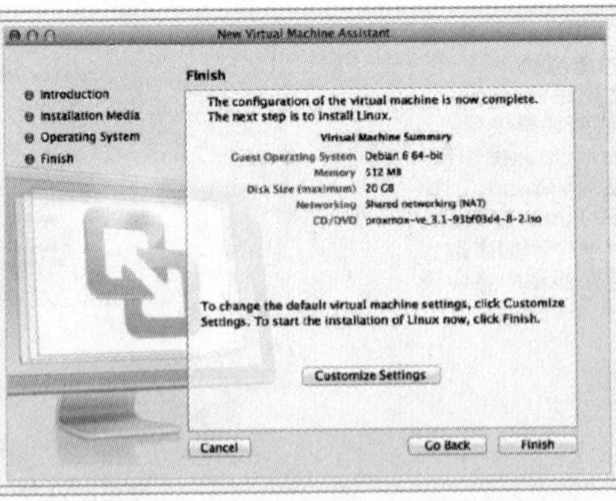

（续）

<table>
<tr><td>第5步：指定虚拟机的名字
为虚拟机指定名字</td><td>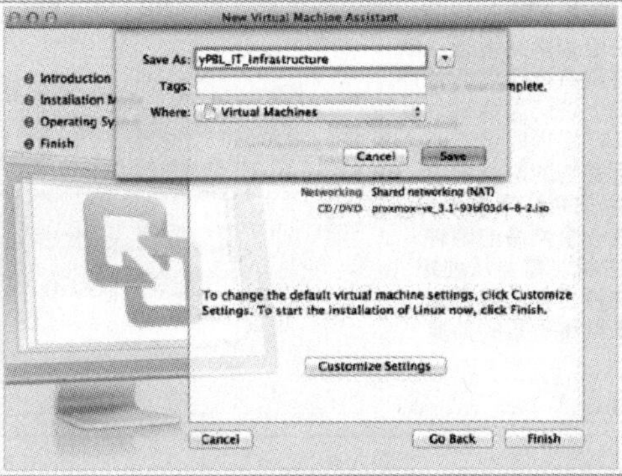
</td></tr>
<tr><td>第6步：VM系统设置
从系统设置窗口可以改变默认的设置</td><td>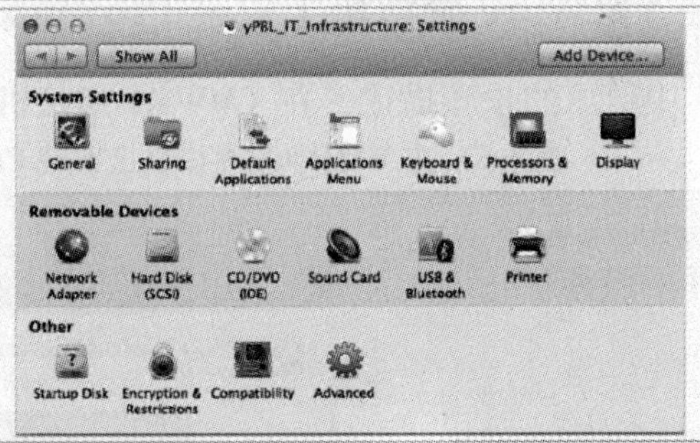
</td></tr>
<tr><td>第7步：进程和存储器设置
选择进程和存储器选项来添加RAM的配置，将指定最低一个处理器和2048MB的存储器（如果系统支持，也可以指定更高的配置）</td><td>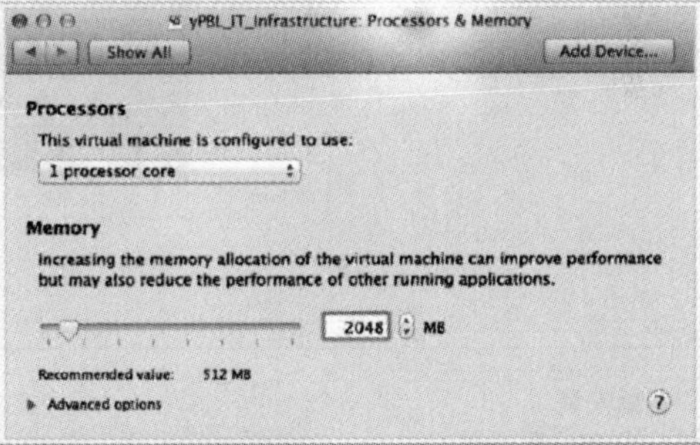
</td></tr>
<tr><td>第8步：硬盘设置
选择“显示所有”回到综合设置，选择硬盘选项来指定硬盘设置。为了操纵虚拟机中仅有的一个硬盘，可以选择不激活子选项。然而，如果虚拟机硬盘变大了，当需要把它复制到另一个系统中去时（比如，平台的移植），操纵硬盘的碎片会变得更简单</td><td>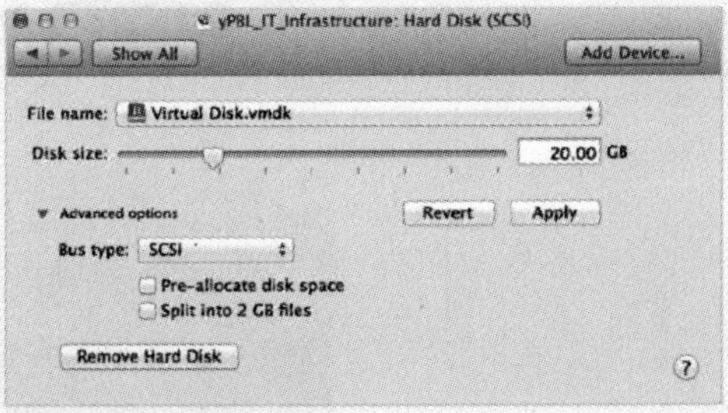
</td></tr>
</table>

（续）

第9步：网络设置 最后，将检查网络配置。默认的因特网共享选项会允许从计算机上访问虚拟机，并且通过NAT提供网络访问。可以指定其他的网络设置，比如网桥(把两个或多个局域网连成一个网络的硬件设备)或主机。需要从虚拟化产品文件资料中得到更多的关于网络设置的信息	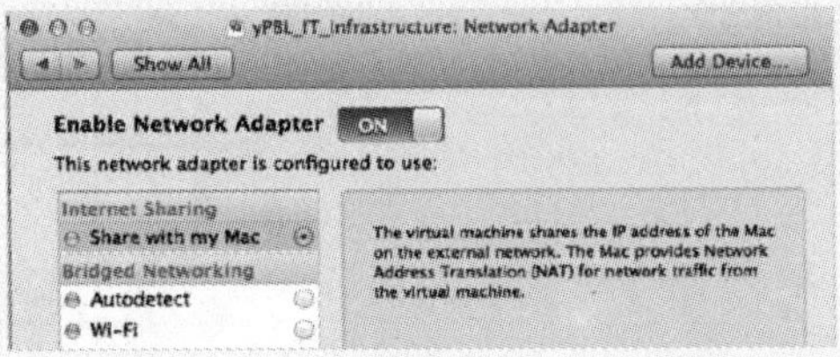

3.2.2 在 VMWare 虚拟机上安装 Proxmox

表 3.5 中给出的步骤描述了在 VMWare 虚拟机上如何安装 Proxmox。

表 3.5 在 VMWare 虚拟机上安装 Proxmox 的步骤

第1步：启动虚拟机 从程序库列表中启动虚拟机	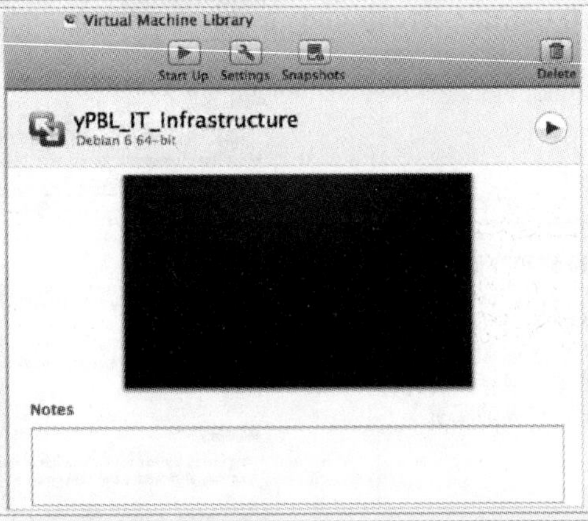
第2步：开始安装 点击VM，从.iso镜像文件中接受引导安装	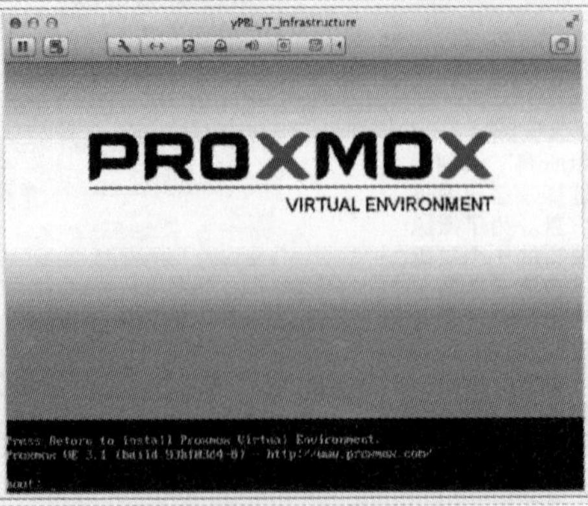

（续）

第3步：接受许可证 几分钟后，.iso镜像文件将会被加载完成，之后通过接受许可证协议，就可以启动安装了	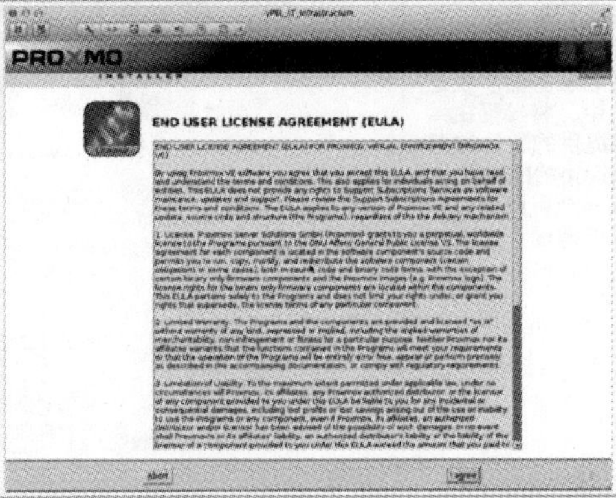
第4步：局部设置 需要指定局部的设置：国家、时区和键盘布局	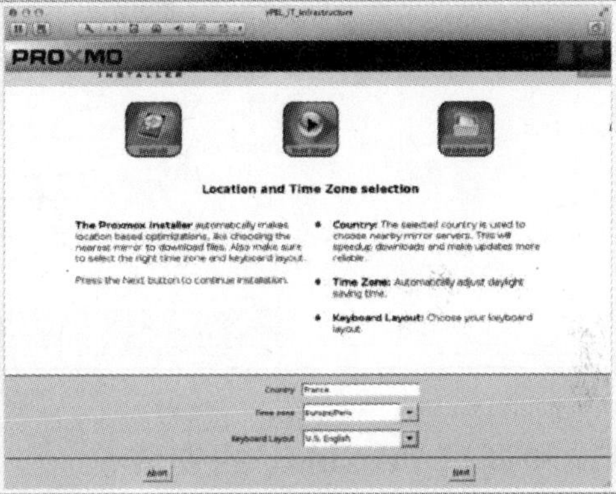
第5步：管理设置 需要指定管理设置：密码和邮件	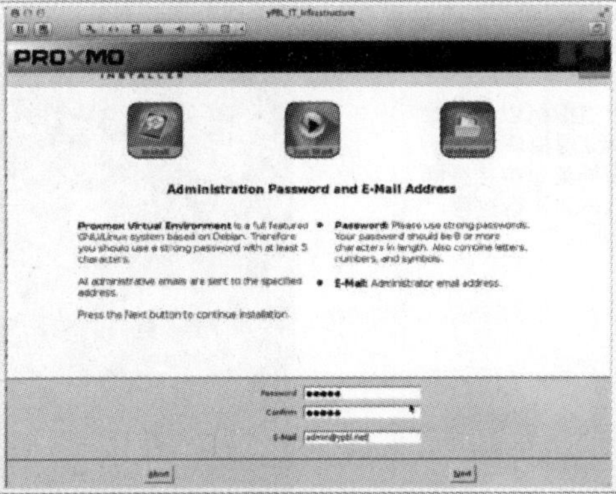

（续）

第6步：网络设置 网络设置也需要指定：主机名、IP地址、网络掩码、网关和域名服务器。在这里的案例中，将接受由VMWare提供的默认的配置。VMWare的NAT配置应该提供一个可以访问主机系统的IP地址	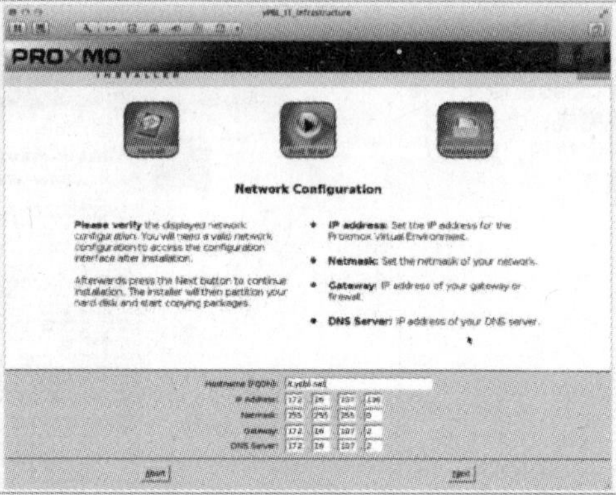
第7步：安装成功 如果安装成功了，应该会看到屏幕显示（见右图）	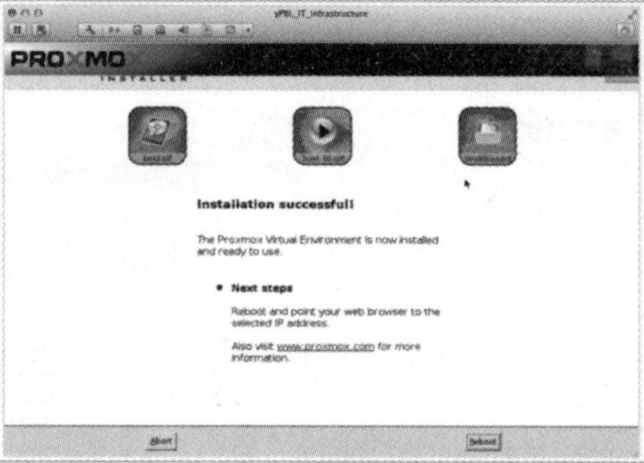

3.2.3　测试和浏览 Proxmox 的安装

表 3.6 中给出的步骤描述了如何在 VMWare 虚拟机上测试安装 Proxmox。

表 3.6　测试 Proxmox 安装的步骤

第1步：启动Proxmox VE的安装 可以重启虚拟机以便初始化Proxmox虚拟环境。从最初的引导菜单中接受标准的Proxmox执行过程	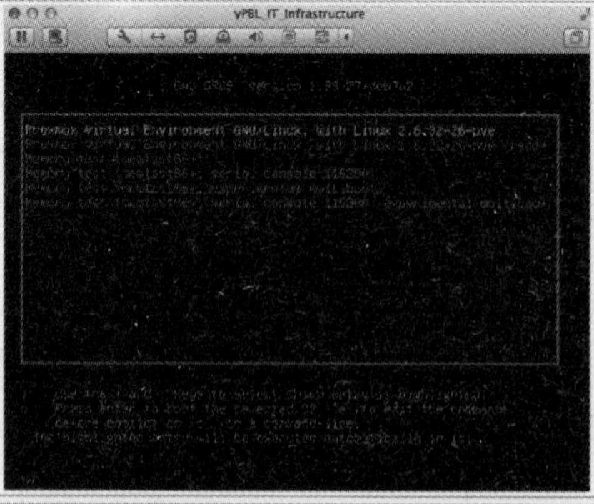

（续）

第2步：登录系统 可以使用在安装过程中设置的用户名（比如根或者是管理员）和密码来登录系统	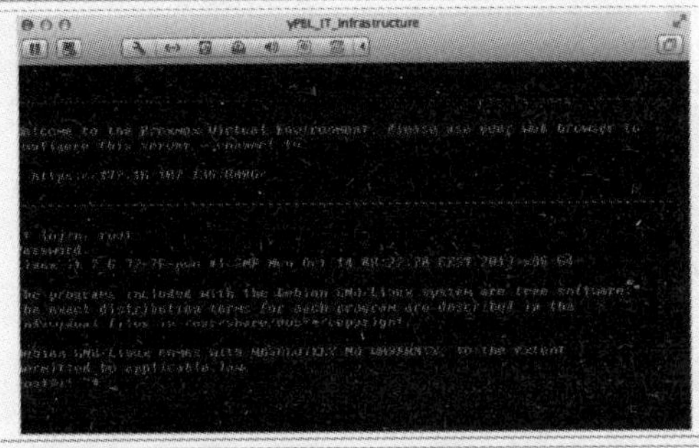
第3步：登录Proxmox管理网站控制台 现在，从任何网站的浏览器上，都可以指定在最初Proxmox屏幕上显示的URL，比如，http://vm_address:8006	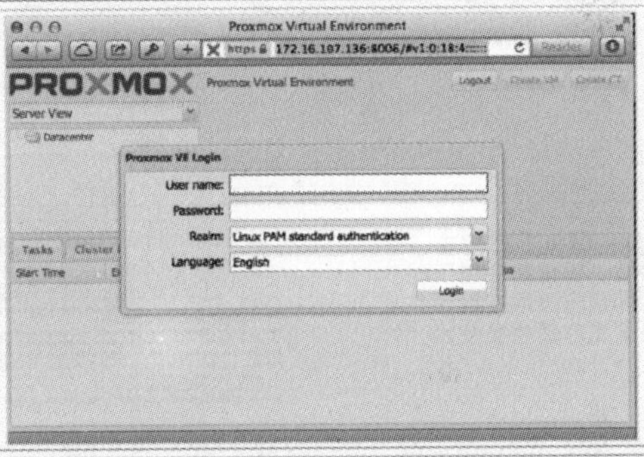
第4步：Proxmox VE的管理控制台 可以指定管理员的用户名和密码以便开始测试和管理Proxmox VE。从这个屏幕中，可以开始浏览IT架构，它由一个称作“it”的虚拟服务器构成，包含一个默认的磁盘存储，并且可以支持虚拟机或者Linux容器	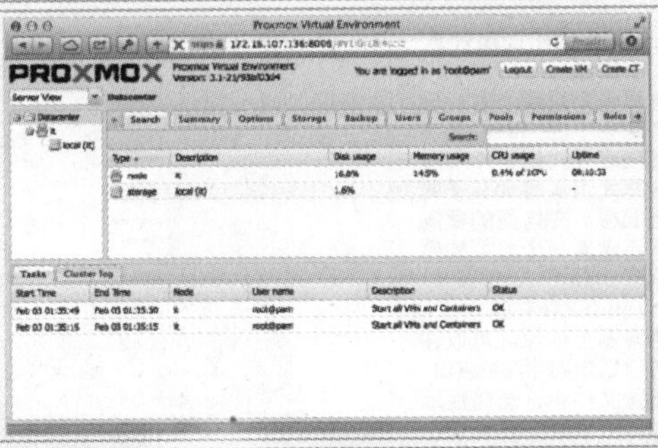

3.2.4　创建 Proxmox 虚拟化组件

表 3.7 给出了描述创建一个 Proxmox 虚拟容器的步骤。

表 3.7 测试 Proxmox 安装的步骤

第1步：下载模板 创建IT架构分布式组件的最简单的方法是使用可用的模板或.iso镜像文件。在这里的案例中，将基于虚拟应用模板来创建一个Linux容器。Proxmox允许通过选择内容标记和模板选项，简单地把模板下载到任何本地的存储空间中	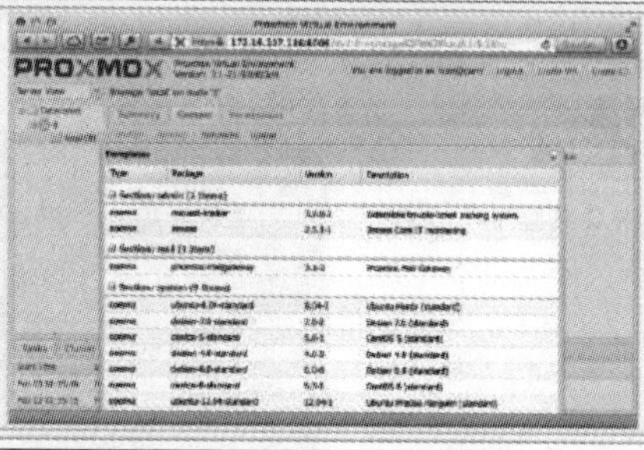
第2步：下载Mediawild转钥式模板 例如，让人们下载转钥式Mediawild模板	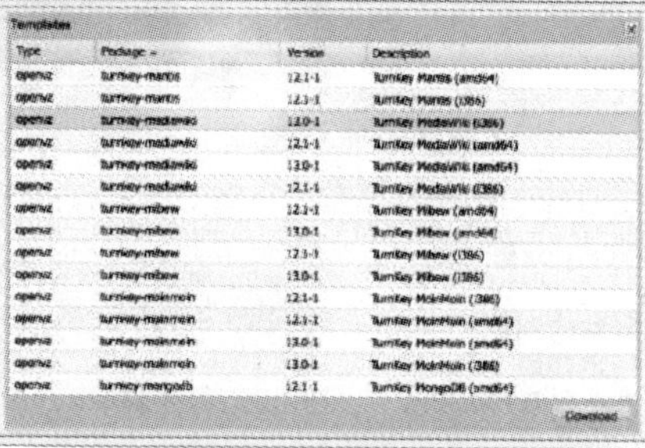
第3步：模板下载完成 几秒后，模板将会被下载好，并且已经准备好了在创建虚拟容器中被使用	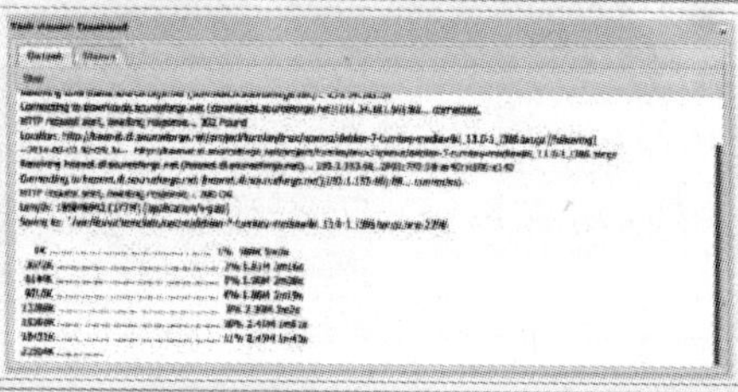

第4步：为分布式组件准备IT子网络
在创建一个容器之前，应该创建一个虚拟的桥接器以便创建子网络，IT架构的分布式组件将会在子网络上部署。在这里的案例中，将定义一个虚拟的桥接器“vmbr1”，子网络192.168.0.X将在这个虚拟的桥接器上创建。可以在电子电话电路/网络/接口的配置文件中，选择性地增加以下说明，以便于在192.168.0.X子网络内，可以允许虚拟机通过Proxmox VE访问到网络
	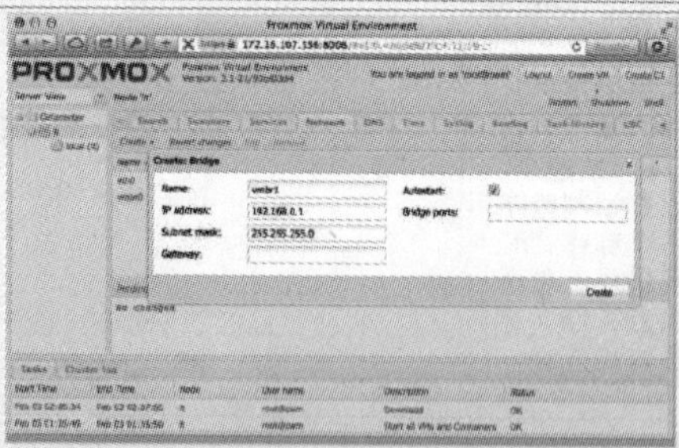
	`// to activate IP forwarding in your Proxmox VE`
	`// add the following lines within the`
	`// /etc/network/interfaces configuration`
	`// file of your Proxmox VE`
	`// right after the definitions of the vmbr1 bridge`
	`post-up echo 1 > /proc/sys/net/ipv4/ip_forward`
	`// To define forwarding rules`
	`// when network is activated/deactivated`
	`post-up iptables -t nat -A POSTROUTING`
	`   -s '192.168.0.0/24' -o vmbr0 -j MASQUERADE`
	`post-down iptables -t nat -D POSTROUTING`
	`   -s '192.168.0.0/24' -o vmbr0 -j MASQUERADE`

（续）

第5步：重启IT架构
考虑到网络的配置，在继续创建虚拟容器之前，应该需要重启Proxmox VE

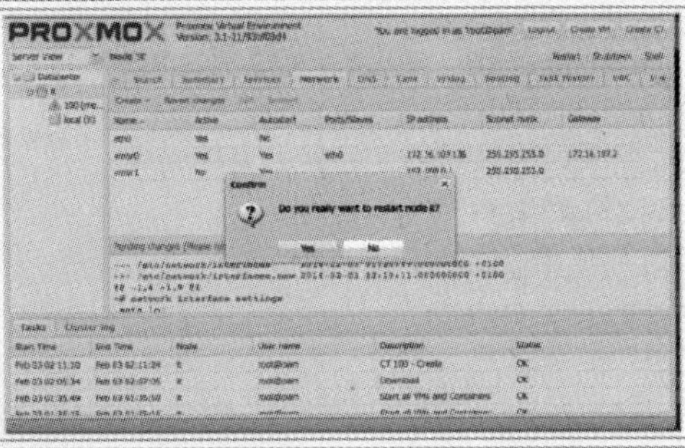

第6步：创建容器：主机名和根目录
现在可以创建一个容器了，还有它的主机名以及根目录，密码也需要指定

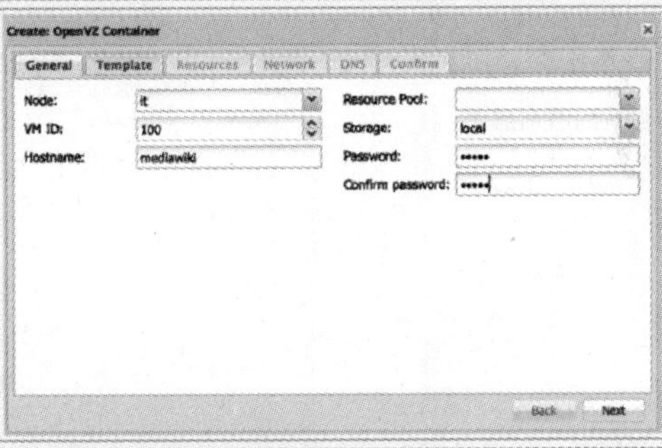

第7步：创建容器：指定模板
需要指定使用的模板，在这里的案例中使用的是Mediawild转钥式虚拟应用模板

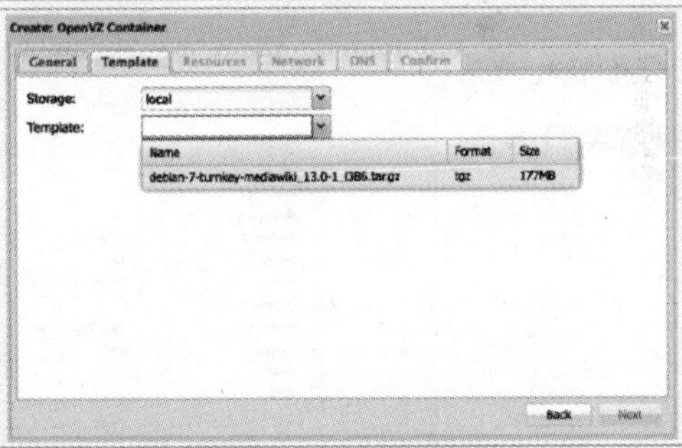

第8步：创建容器：资源设置
需要指定容器的资源设置：存储器、硬盘容量和CPU的数目

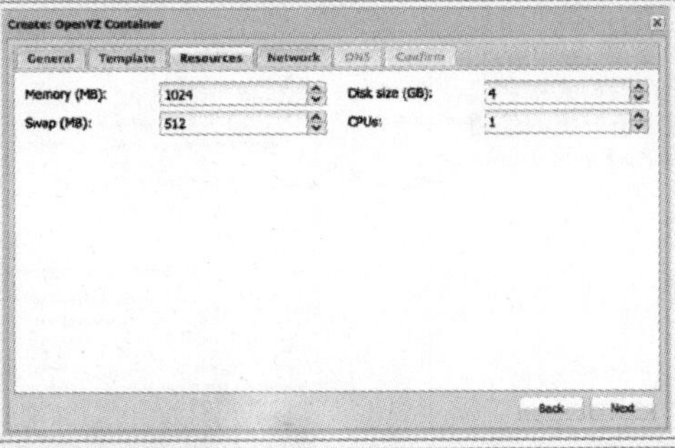

（续）

<table>
<tr><td>第9步：创建容器：网络设置
接下来，需要指定网络设置，在这里的案例中，将会用到之前创建的虚拟的桥接器。创建的虚拟的桥接器目前还不可用，应该需要重启Proxmox以便考虑到之前指定的桥接器的定义，并且再次开始创建容器</td><td>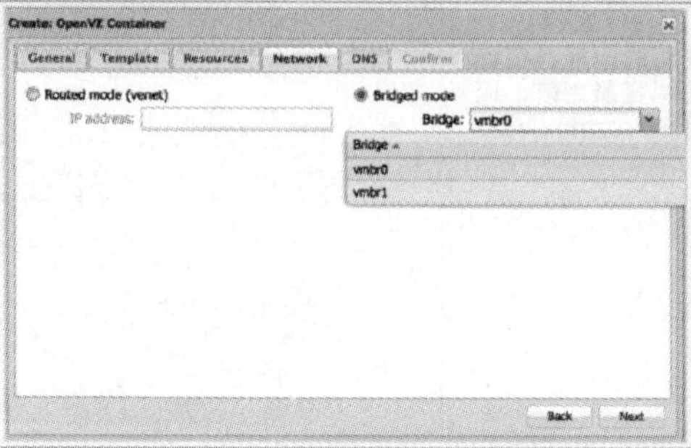
</td></tr>
<tr><td>第10步：创建容器：DNS的设置
可以保持默认的域名服务器设置</td><td>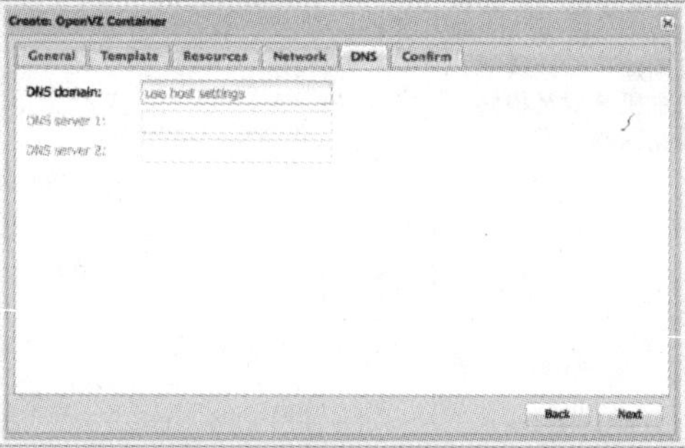
</td></tr>
<tr><td>第11步：创建容器：接受配置
回顾整体的配置并且接受容器的创建</td><td>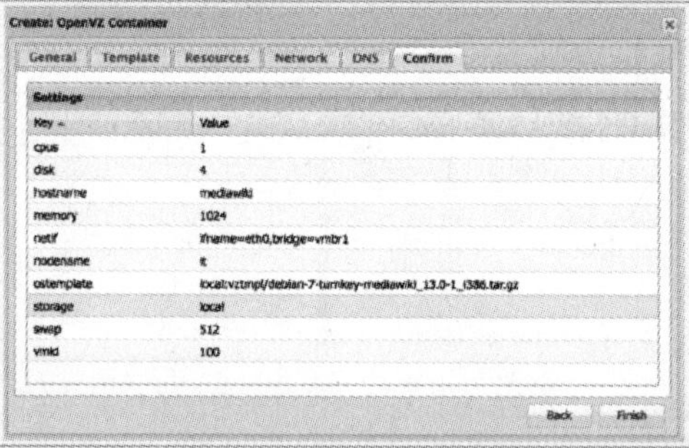
</td></tr>
<tr><td>第12步：容器创建成功
几秒后，容器将会被创建，并且已经准备好投入使用了</td><td>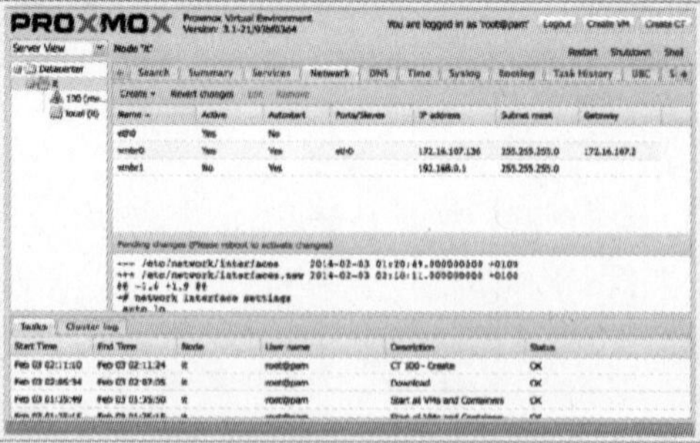
</td></tr>
</table>

（续）

第13步：容器网络配置

在启动容器之前，需要在内部网络中分配一个可用的IP地址。选择新的虚拟容器的网络标记，并且增加一个IP地址

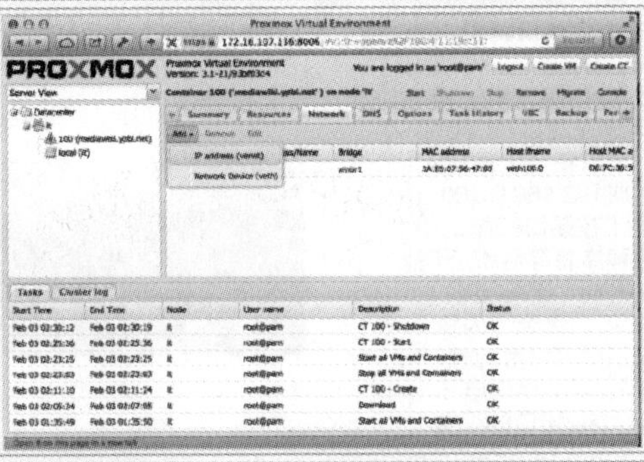

第14步：指定内部子网IP地址

例如，指定下列地址

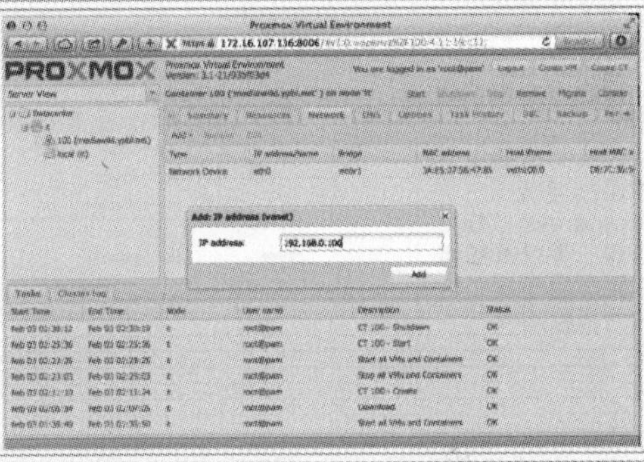

第15步：启动容器

现在，可以启动网站容器了

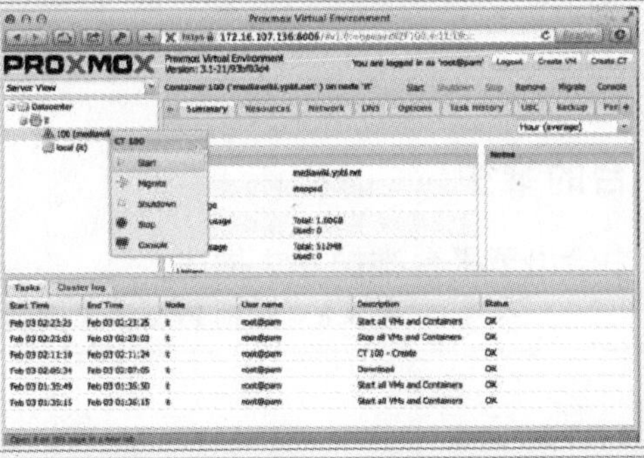

第16步：准备网络访问容器

容器现在正在运行并且可以被使用。为了访问容器正在运行的内部网络，需要指定一个端口转发规则，就像下列展示的一样

```
iptables -t nat -A PREROUTING
     -i vmbr0 -p tcp --dport 10080
      -j DNAT --to 192.168.0.100:80
```

（续）

第17步：指定端口转发规则 这个转发意味着当Proxmox VE的IP地址在端口10080可访问时，请求将会被重定向到内部容器192.168.0.100端口80处（在端口80处，网站应用程序将等待Web请求）。这些指令都需要在Proxmox VE的命令行内执行。这些规则可以暂时性地存储在Proxmox VE电子电话电路/网络/接口的配置文件中	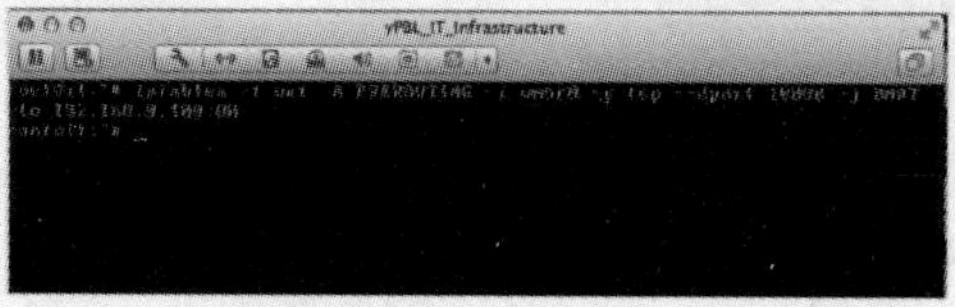
第18步：通过Web浏览器访问容器 现在，从Web浏览器中，应该能够通过指定http://vm_address:10080来访问容器。可以遵循相似的过程来创建任何IT架构的分布式虚拟组件	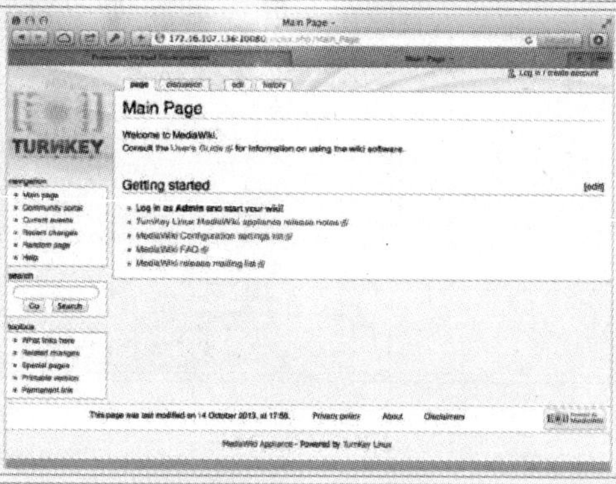

3.2.5 平台的维护

表 3.8 中给出了平台维护方法描述。

表 3.8 维护 Proxmox 安装的步骤

第1步：清理平台：移走容器 可以移走不需要的容器。可以选择要移走的容器，如果容器现在已经启动了，可以选择关机，然后等待几秒钟。最后就可以选择移走了	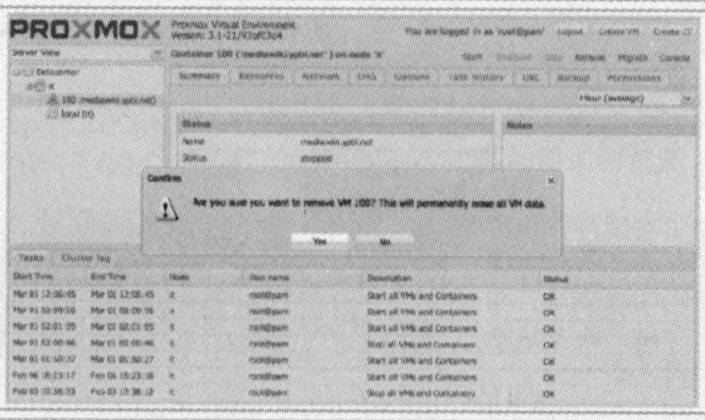

（续）

第2步：清理平台：移走模板 也可以移走不需要的模板。需要从存储空间里选择模板。然后，可以选择移走模板	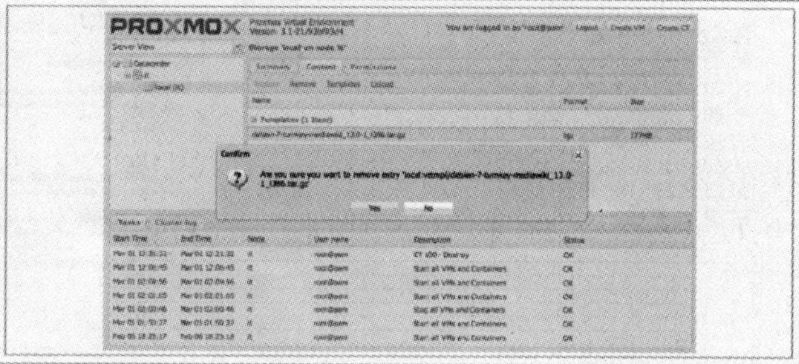

3.3　扩展平台

表 3.9 描述了如何扩展 SPaaS 平台的步骤，特别是通过克隆平台和添加新的虚拟设备模板来扩展 SPaaS 平台。

表 3.9　扩展 SPaaS 平台的步骤

第1步：复制平台 遵循指示的方法复制SPaaS平台	参见：复制平台
第2步：扩展SPaaS平台 遵循指定的方法增加虚拟应用模板	参见：扩展Proxmox虚拟设备模板

3.3.1　克隆平台

表 3.10 给出了基于虚拟机磁盘的一个副本（VMDK）来进行虚拟机克隆的方法。

表 3.10　克隆 SPaaS 平台的步骤

第1步：检索磁盘 需要检索VMDK(虚拟机磁盘)，虚拟机磁盘将会被用来复制虚拟机。在这个方法中，将会使用到SPaaS1.0	使用：SPaaS1.0

（续）

第2步：一个新的虚拟机的创建 使用虚拟化平台创建一个新的虚拟机。在这个方法中，将会使用到VMware Fusion 5.0。可以选择“继续不使用磁盘”选项	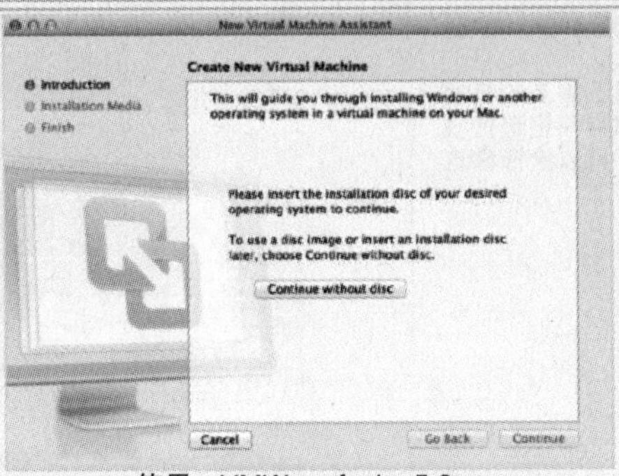 使用：VMWare fusion5.0
第3步：复制磁盘 选择之前下载好的VMDK磁盘	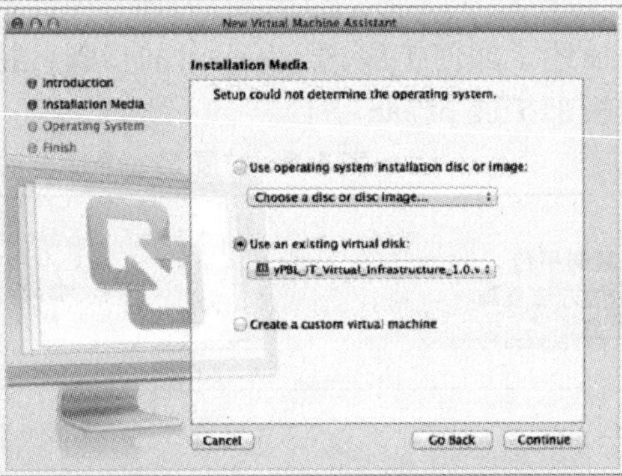
第4步：虚拟机设置 对于一个新的虚拟机来说，默认的设置已经指定了。操作系统应该自动地进行选择。在这个案例中，检测了Linux Debian 64位。应该选择自定义选项以便提供指定的设置。在提供机器设置前，需要给新的虚拟机命名。然后，可以增加RAM的大小（例如，至少2048MB）、增加处理器的数目（例如，两个或四个）、配置网络设置（例如，NAT的配置）等	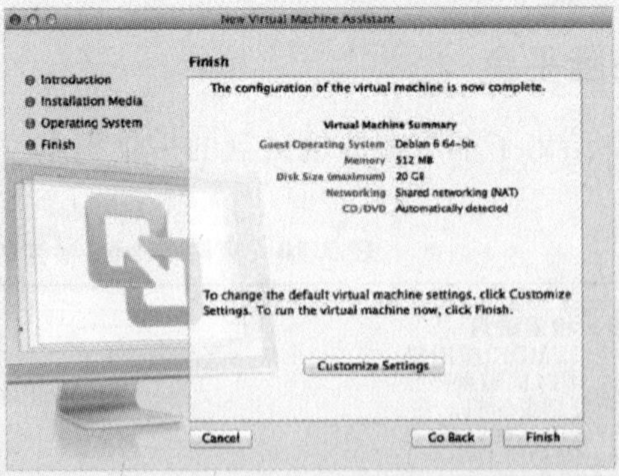

（续）

第5步：启动新的虚拟机

可以启动新的虚拟机，并登录到命令行界面（使用根或管理员身份验证）。可以检查网络配置以及特定的IP地址（使用ipconfig命令）。接下来，可以从另一个主机系统上测试其连通性

```
// check network configuration
ifconfig -a
// testing connection from the host system
// to the ip address allocated to the vmbr1 interface
ping IP_ADDRESS_VIRTUAL_MACHINE
```

第6步：选项:重新配置网络

如果不能从主机系统上访问到Proxmox的安装，可以通过编辑电子电话电路、网络或者接口配置文件重新配置网络设置。需要改变vmbr0的接口，并且用DHCP动态获取IP地址来代替静态获取IP地址。

可以再次重启虚拟机，然后检测由虚拟机参与者提供的IP地址。通过IP地址，应该能够访问到Proxmox的安装

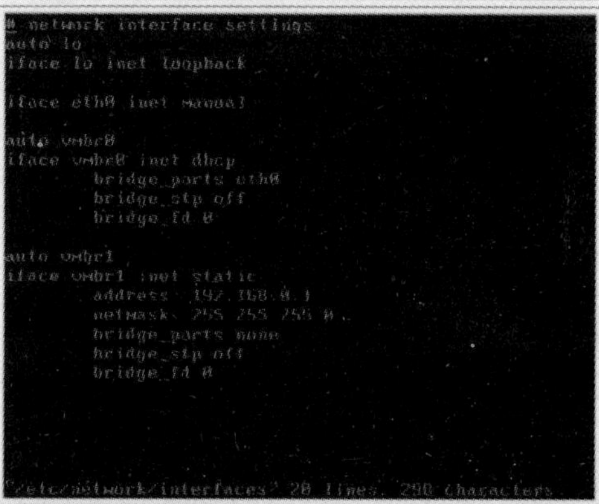


```
//edit the network configuration file
vi /etc/network/interfaces
```

3.3.2　扩展 Proxmox 虚拟设备模板

表 3.11 给出了如何扩展 Proxmox 的安装以包含新的虚拟设备模板的步骤说明。

表 3.11　扩展 SPaaS 平台的步骤

第1步：连接到Proxmox

通过SSH远端登入协定或者使用由虚拟机参与者提供的虚拟机命令台来连接Proxmox安装

```
// via ssh
ssh root@IP_PROXMOX_VIRTUALMACHINE
```

第2步：检测虚拟应用模板文件库

访问虚拟应用模板文件库并且检测其内容。在/var/lib/vz/template/cache文件夹里，可以看到安装过程中缓存的模板

```
ls /var/lib/vz/template/cache
```

（续）

第3步：通过网站管理控制台添加新的模板 可以使用Proxmox的网站管理控制台下载模板。这些模板应该存储在缓存的文件夹里	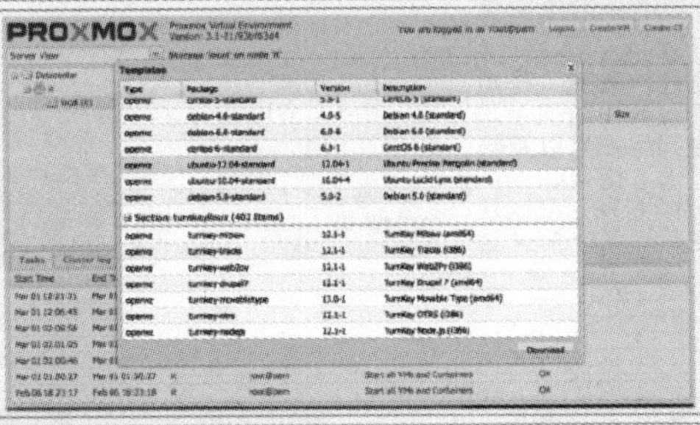
第4步：通过命令行增加新的模板 可以通过使用命令行或者wget命令来缓存任何其他的模板。 例如，可以在OpenVZ，Proxmox或转钥式网站（见外部链接）上选择任何可用的模板。当选择了想要缓存的模板时，可以使用wget命令把它下载到缓存文件夹中。在这个案例中，将下载Ubuntu13.10模板，包括32位（ubuntu-13.10-x86.tar.gz）和64位的（ubuntu-13.10-x86_64.tar.gz）	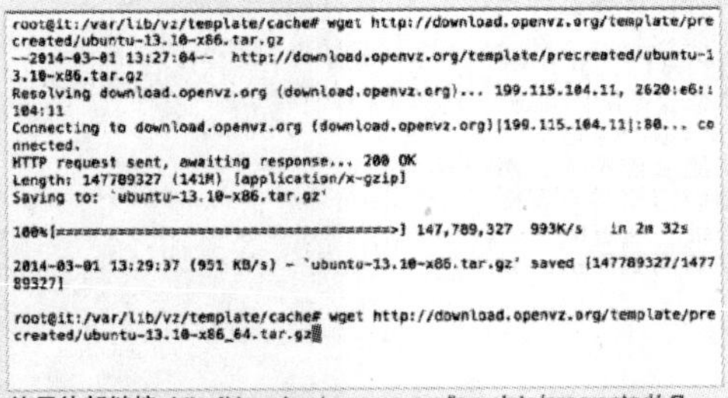 使用外部链接：http://download.openvz.org/template/precreated/，http://download.proxmox.com/appliances/，http://www.turnkeylinux.org/
第5步：使用模板 当使用网站管理控制台创建新的Proxmox虚拟容器时，可以使用缓存的模板	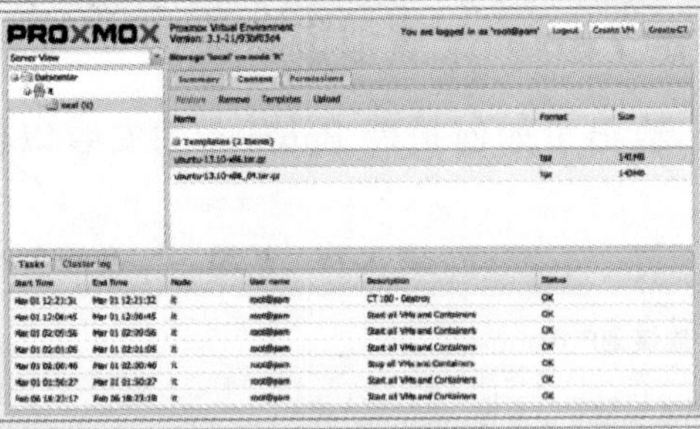

3.4 管理平台

表3.12展示了如何用Proxmox API来监控Proxmox虚拟服务器和容器的步骤。

表 3.12　管理 SPaaS 平台的步骤

第1步：网站管理监测 通过网站管理监测控制台，遵循指示的步骤来监测虚拟服务器和容器	参见：使用Web-GUI监测Proxmox服务器和虚拟容器
第2步：Proxmox API监测 通过使用Proxmox API，遵循指示的步骤来监测虚拟服务器和容器	参见：使用Proxmox API监测Proxmox服务器和虚拟容器

3.4.1　使用 PVE Web - GUI 监测 Proxmox 服务器和虚拟容器

表 3.13 中给出的步骤是为了演示如何通过使用电子监控 Web - GUI 创建 Proxmox 服务器和虚拟容器。

表 3.13　通过 PVE Web - GUI 监测 SPaaS 平台的步骤

第1步：连接到中心管理控制台 使用web浏览器以及登录名和密码，连接到中心管理控制台。在这个地址下（见右图），管理控制台是可用的	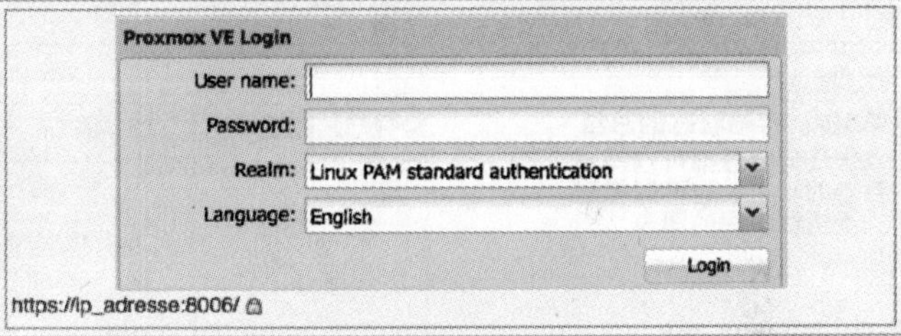
第2步：信息概览 点击数据中心可以得到服务器以及所创建的容器的相关信息（磁盘、存储器、CPU使用率）	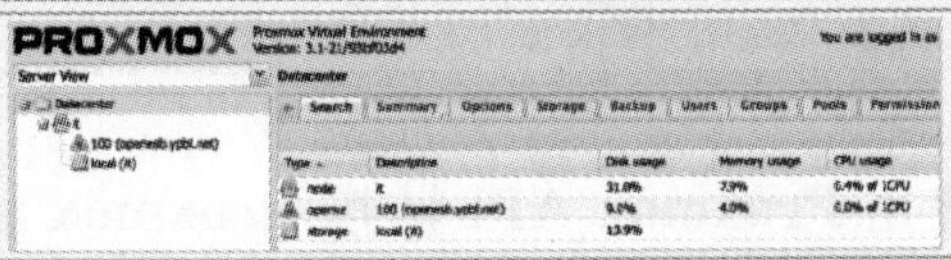
第3步：服务器状态的总结 点击服务器，可以获得关于服务器状态的总结	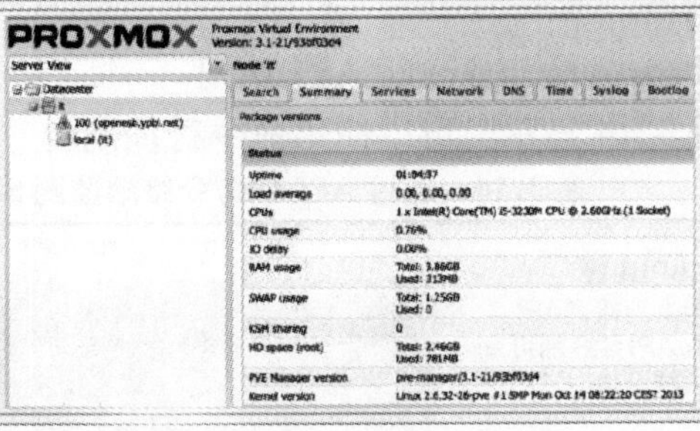

（续）

第4步：服务器状态的图表 可以看到一组关于资源（CPU利用率、服务器负载）使用变化的图表	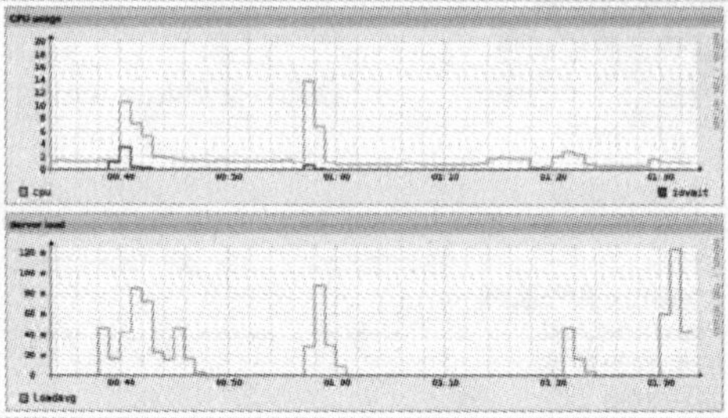
第5步：服务器存储器使用和网络流量 可以看到与存储器使用和网络流量相关的图表	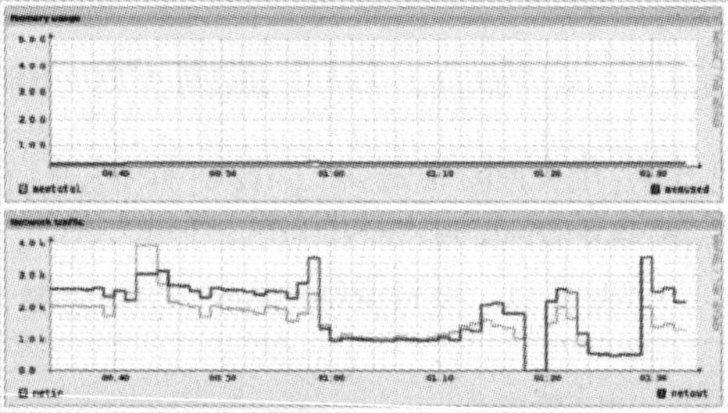
第6步：容器状态的总结 点击任何容器都可以得到容器的状态。也可以得到关于资源使用的图表	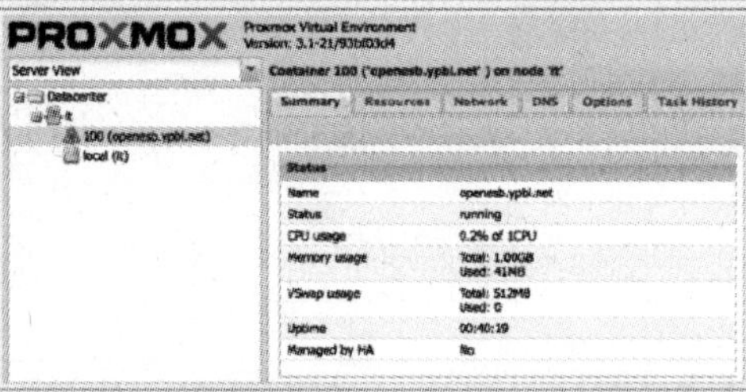

3.4.2 使用 Proxmox API 监控 Proxmox 服务器和虚拟容器

以下菜单的目的是展示如何使用 Proxmox API 监控创建 Proxmox 服务器和虚拟容器。

3.4.2.1 Proxmox 与命令行 API 访问

菜单表 3.14 显示了可以使用命令行控制台“pvesh”访问 API。

表 3.14 通过 API 和命令终端监测 SPaaS 平台的步骤

第1步：API连接 从服务器上连接到API。Proxmox API客户端可以实现远程连接	root@it:~# pvesh entering PVE shell - type 'help' for help pve:/>

（续）

第2步：服务器目录 列出服务器的目录	pve:/> ls Dr--- access Dr--- cluster Dr--- nodes Dr-c- pools Dr-c- storage -r--- version pve:/>
第3步：列出服务器的节点 列出可以从这个API访问到的服务器的节点	pve:/> cd nodes pve:/nodes> ls Dr--- it pve:/nodes>
第4步：列出节点的资源和相关指令	pve:/nodes> cd node pve:/nodes/node> ls -r-c- apiinfo Dr--- apt -r--- bootlog -rw-- dns -r--- netstat Dr-cd network Dr-c- openvz Dr-c- qemu -r--- rrd ... ... pve:/nodes/node>

第5步：节点状态
得到节点的状态
	pve:/nodes/it> get status
	200 OK
	{
	  "cpu" : 0,
	  "cpuinfo" : {
	    "cpus" : 1,
	    "mhz" : "2608.720",
	    "model" : "Intel(R) Core(TM) i5-3230M CPU @ 2.60GHz",
	    "sockets" : 1,
	    "user_hz" : 100
	  },
	  "idle" : 0,
	  "ksm" : {
	    "shared" : 0
	  },
	  "kversion" : "Linux 2.6.32-26-pve #1 SMP Mon Oct 14 08:22:20 CEST 2013",
	  "loadavg" : [
	    "0.00",
	    "0.00",
	    "0.00"
	  ],
	  "memory" : {
	    "free" : 3832684544,
	    "total" : 4141572096,
	    "used" : 308887552
	  },
	...
	...
	}
	pve:/nodes/it>

（续）

第6步：容器列表 移到OpenVZ文件夹以得到所创建容器的列表	pve:/nodes/it> cd openvz pve:/nodes/it/openvz> ls Dr--d 100 pve:/nodes/it/openvz>
第7步：容器文件夹 列出容器的目录和命令	pve:/nodes/it/openvz> cd 100 pve:/nodes/it/openvz/100> ls -rw-- config -r--- initlog ---c- migrate -r--- rrd -r--- rrddata Dr--- status ---c- vncproxy pve:/nodes/it/openvz/100>
第8步：容器状态 得到容器命令的列表来管理容器的状态	pve:/nodes/it/openvz/100> cd status pve:/nodes/it/openvz/100/status> ls -r--- current ---c- start ---c- stop -r--- ubc pve:/nodes/it/openvz/100/status>

第9步：容器的当前状态
得到容器的当前状态
	pve:/nodes/it/openvz/100/status> get current
	200 OK
	{
	"cpu" : 0.000508946093747084,
	"cpus" : 1,
	"disk" : 387207168,
	"diskread" : 0,
	"diskwrite" : 0,
	"failcnt" : 0,
	"ha" : 0,
	"ip" : "-",
	"maxdisk" : 4294967296,
	"maxmem" : 1073741824,
	"maxswap" : 536870912,
	"mem" : 35467264,
	"name" : "openesb.ypbl.net",
	"netin" : 0,
	"netout" : 0,
	"nproc" : "17",
	"status" : "running",
	"swap" : 0,
	"type" : "openvz",
	"uptime" : 1758
	}
	pve:/nodes/it/openvz/100/status>

3.4.2.2　Proxmox API 访问

表 3.15 提供了一个步骤说明，旨在展示如何用 Web 浏览器访问 Proxmox API。

表 3.15　通过 API 和 Web 浏览器监测 SPaaS 平台的步骤

第1步：连接API与Web浏览器 使用Web浏览器连接到API。使用右侧的URL	{"data":[{"subdir":"version"}, {"subdir":"cluster"},{"subdir":"nodes"}, {"subdir":"storage"},{"subdir":"access"}, {"subdir":"pools"}]} https://proxmox_server:8006/api2/json
第2步：节点状态 移到节点文件夹得到节点的状态	{"data": [{"disk":819916800,"cpu":0.00498135121555519," maxdisk":2642198528,"maxmem":4141572096,"node" :"it","maxcpu":1,"level":"","uptime":1778,"id" :"node/it","type":"node","mem":354197504}]} https://proxmox_server:8006/api2/json/nodes

3.5　伸缩平台

表 3.16 中的步骤是为了说明基于集群的使用如何横向扩展平台。Proxmox 的集群功能将通过添加新的虚拟化服务器来允许重新配置 SPaaS 平台。通过这种方式，可以使用集群资源创建新的容器以应对日益增长的系统需求，同时保持全球用户的性能。

表 3.16　通过 API 和 Web 浏览器扩展 SPaaS 平台的步骤

第1步：创建一个集群 这个步骤描述了如何使用两个在相同的网络中安装好的Proxmox虚拟服务器创建一个集群	参见：创建集群
第2步：虚拟组件迁移 这个方法描述了两个虚拟组件如何在虚拟服务器之间进行迁移	参见：虚拟化组件迁移

3.5.1　创建集群

表 3.17 中给出的步骤是为了说明如何使用 Proxmox 的集群功能以允许动态重新配置 SPaaS 平台的组件。

表 3.17 Proxmox 服务器集群的步骤

第1步：配置第一个服务器

为了展现这个方法，需要事先在相同的网络中安装两个Proxmox服务器。例如，对于第一个服务器，已经指定好了下列网络配置

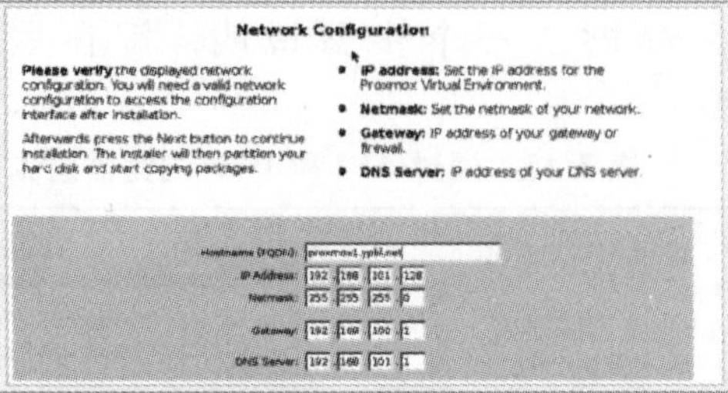

第2步：配置第二个服务器

对于第二个PFE服务器，指定的网络配置如下所示（见右图）

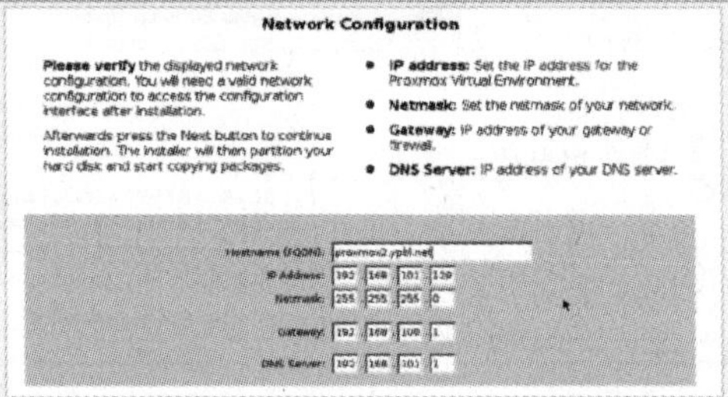

第3步：集群的创建

既然在相同的本地网络中有了两个PFE服务器，准备使用SSH登录到其中的一个服务器（控制者）中，以便于创建集群。登录到第一个服务器中，创建一个名叫YPBL-cluster的集群。接下来，可以登录到其他的服务器，把它们添加到创建好的集群中（使用第一个PEE服务器的地址，在我们的案例中是192.168.101.128）。

注：添加到集群中的节点不应该有容器或者是虚拟机（为了避免ID冲突）

```
// creating the cluster in the first server
// e.g. at the server 192.168.101.128
pvecm create YPBL-cluster

// log to the other server e.g. 192.168.101.129
// and add it to the cluster
pvecm add 192.168.101.128
```

第4步：验证创建

现在，可以通过执行“pvecm status”命令，在任何一个PFE服务器上核查集群的状态。已经从第二个PVE服务器上执行了这条命令，可以观察到集群的名字(YPBL-cluster)、节点数（2）以及节点的名字、ID和当前节点的地址（Proxmox2,2,192.168.101.129），还有旨在允许集群节点之间进行通信的多路传送地址。也可以使用“precm”节点命令来获取集群的描述列表

（续）

第5步：集群网站管理 从任何节点的网站管理页中，都能浏览、管理属于集群的节点	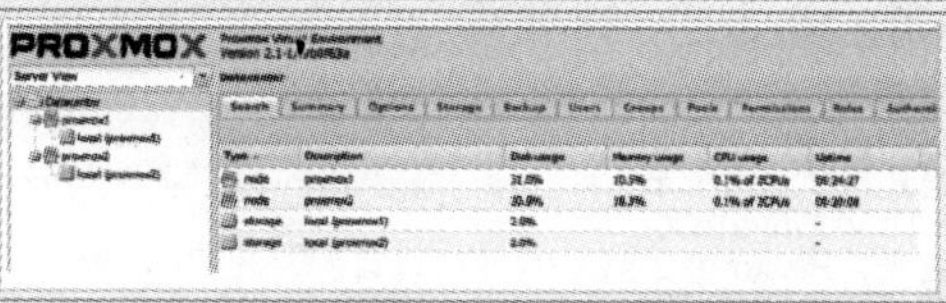

3.5.2　虚拟化组件迁移

集群所提供的最有趣的和最有用的功能，是基于性能或维护的要求允许容器或虚拟机在节点之间进行迁移。基于表 3.18 中给出的步骤，将进行动态迁移集群的两个节点之间的一个容器。现场或在线迁移意味着容器或虚拟机在迁移的过程中可用。

表 3.18　虚拟化组件迁移的步骤

第1步：创建示例容器 首先，需要在适当的网络配置中，在第一个节点内（Proxmox1），创建和启动一个容器或虚拟机。在这里的案例中，已经从可用的web浏览器（192.168.101.101:8080）中配置好了一个LAMP服务器（Linux Apache MySQL和PHP）	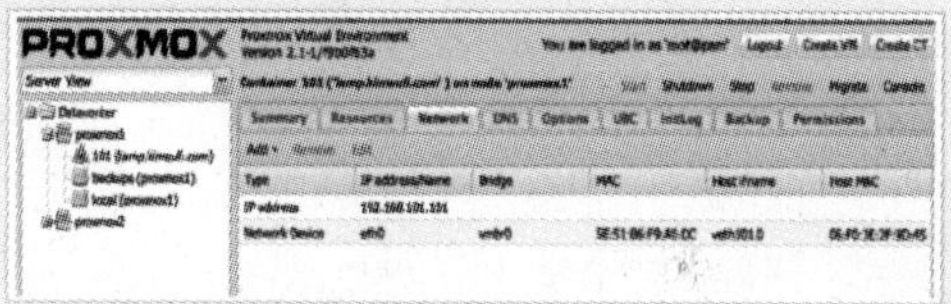
第2步：迁移 选择容器和迁移选项。在选择目标节点（Proxmox2）和迁移类型（在线迁移或非在线迁移）的地方，将会得到下列对话框（见右图）	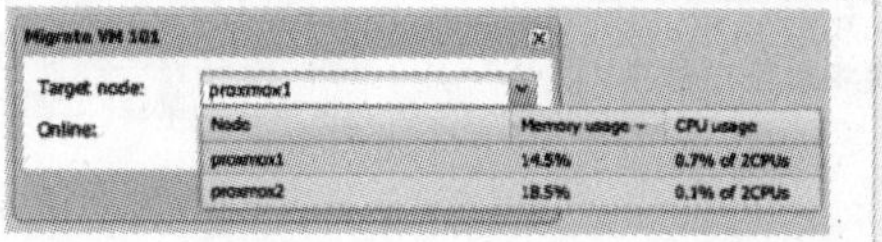
第3步：检查迁移 检查每个节点之间容器的迁移时，将会看到任务查看对话框	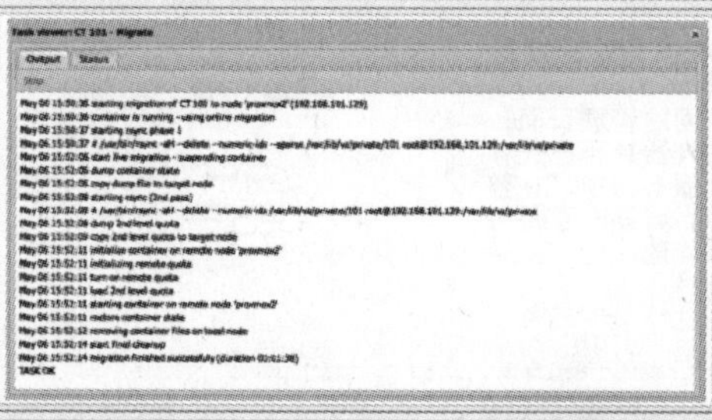

（续）

第4步：浏览服务器1的虚拟容器磁盘 在完成这个过程前，可以检查（通过FPT）两个节点的/var/lib/vz/private文件夹。首先，Proxmox2中不会有任何的容器或虚拟机，Proxmox1中有101容器	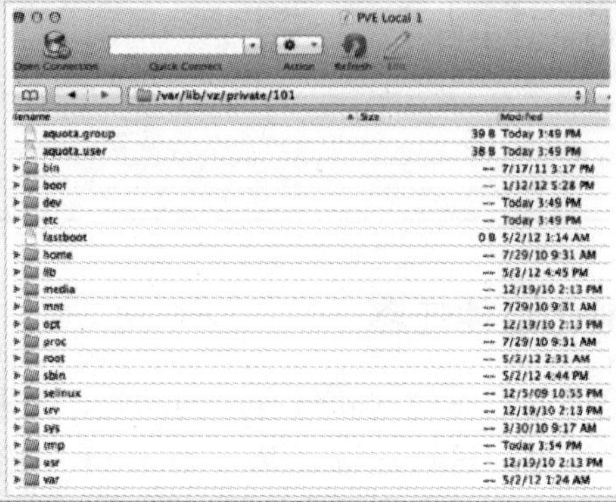
第5步：浏览服务器2的虚拟容器磁盘 几秒钟后，将会看到一个新的容器文件夹（101）被创建了，并且存在于第二个Proxmox服务器中	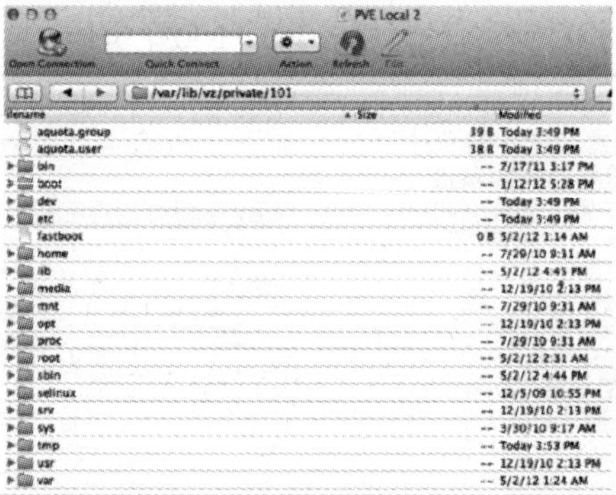
第6步：再次浏览服务器1 在迁移的最后，Proxmox1的文件夹将是空文件夹	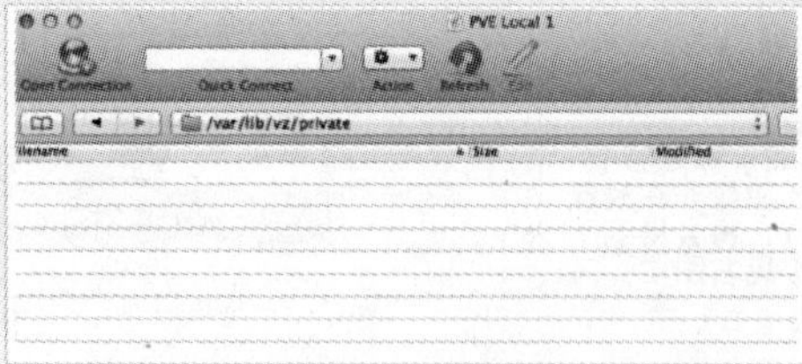
第7步：在网站管理控制台上迁移 最后，从网站管理页面，可以核查容器是否已迁移到第二个服务器中。在整个过程中，容器一直是可用和可操作的	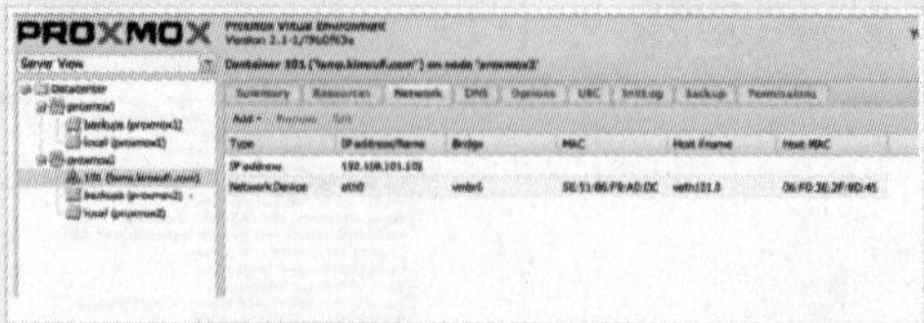

3.6　自动管理平台

表3.19 中的菜单提出了一个通用的算法以实现自动管理循环（监控、分析、计划和执行），旨在提供自主管理能力。

表 3.19　自动管理阶段

第1步：监测
监测实体观察着平台（使用监测API），并且与预定义的实体的值（存储在自动的知识库中）进行对比。基于这些观察，可以监测到特定的症状，并将其送往分析实体中

```
// Compute KeyPerformanceIndicators
// (e.g. average, max, min, etc.)
if (KeyPerformanceIndicator < or > THRESHOLD)
   // a symptom is detected
   // using the knowledge base
   SYMPTOM = MonitoringKnowledgeBase
         (KeyPerformanceIndicator)
endif
```

参见：监测平台

第2步：分析
分析阶段检索由检测实体提供的症状，以便确定改变系统的需要。例如，当需求变低时，基于更高的需求或者减少储备来增加有限的资源。基于这个分析，需要定义一个改变的请求。如果需要更好地指导计划实施，也可以定义改变请求的原因

```
   // symptom provided by the monitoring
   // is used to identify the change request
   CHANGE_REQUEST = DiagnosisKnowledgeBase (SYMPTOM)
   // optionally, the cause could also be identified
   CAUSE = DiagnosisKnowledgeBase (SYMPTOM)
```

第3步：计划
计划实体在改变请求上工作，改变请求由分析实体提供以便建议一组指令的实施。为了确定这些指令是否基于这个原因，可以使用知识库

```
   // the set of actions plan is retrieved
   // from the knowledge base among a set
   // of available strategies
   PLAN = PlaningKnowledgeBase
       (CHANGE_REQUEST,CAUSE)
```

第4步：执行
基于由计划实体建议的一组操作，执行实体需要与平台进行交流以便实施需要的指令。这些操作的例子包括了水平或者垂直方向的可伸缩性

```
   // a symptom is detected
   // using the knowledge base
    Action[] ACTIONS=
        ExecutionKnowledgeBase (PLAN)
```

参见：扩展平台

3.7 小结

在这个手册中，已经提出了如何开发 SPaaS 解决方案的菜单。图 3.2 给出了详尽的菜单以使其能够满足平台的所有需求。

这个平台可以从 http://docs. spaas. r1. ypbl. net 网站下载。附加的文档可以在 http://docs. spaas. r1. ypbl. net 网站上找到。

接下来的内容将为这个平台精心设计各种增强功能，从而集成智能面向服务架构的基本支柱。

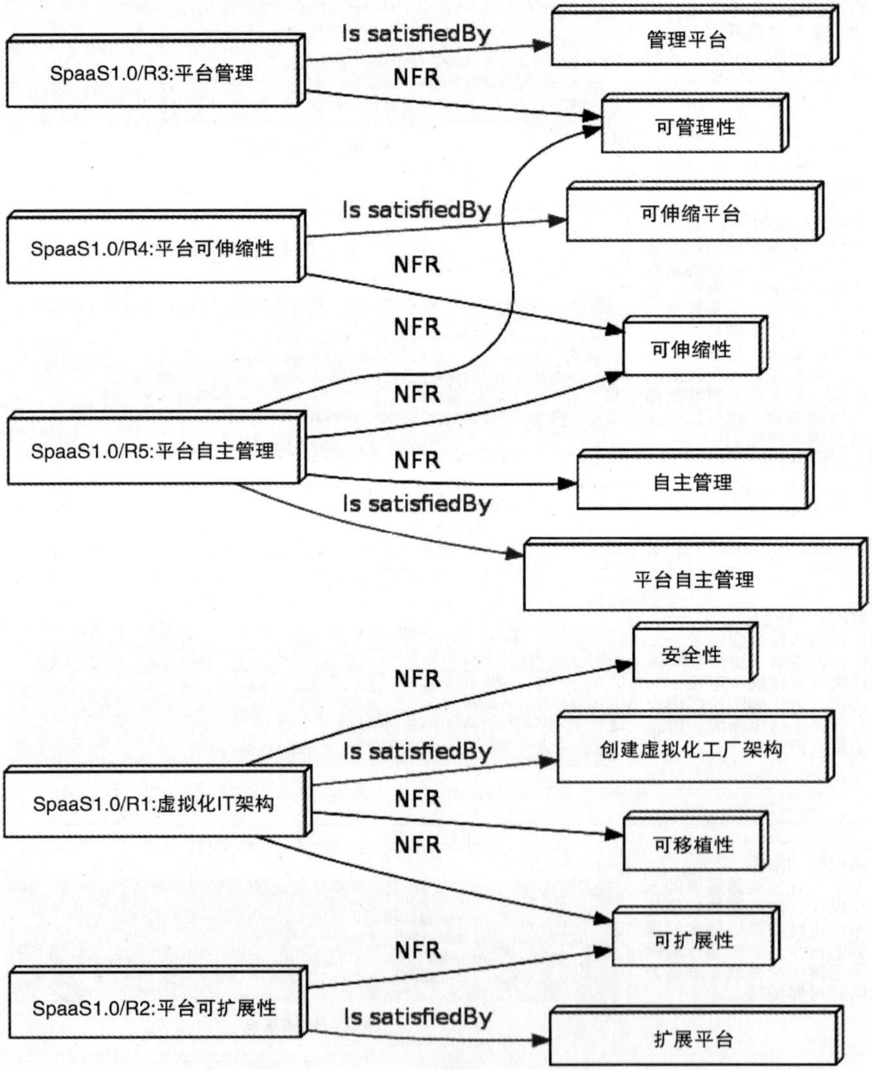

图 3.2 SPaaS 1.0 平台的需求满意度

第 4 章 SSOAPaaS 1.0 手册

智能 SOA 平台（SSOAPaaS）旨在提供一种便携式、可伸缩的、可管理的、安全的和可扩展的 SOA 平台。第一个版本 SSOAPaaS 1.0，为了保证集成和互操作性需求（见表 4.1）需要提供一组基本组件。本手册收集了构建第一个发布版本的基本方法。

表 4.1 非功能需求矩阵驱动 SSOAPaaS 1.0 平台

A	F	I	K	L
yPBL 项目：ESBay	（*）1. 需求（F：功能性，NF：非-功能性，P：过程，等）			
ID	NF-02	NF-05	NF-07	NF-08
优先级	H	H	H	H
（*）2. 标识方案：手册	扩展性	安全性	集成性	交互性
（*）3. 进展状态	满足	满足	满足	满足
SSOAPaaS 1.0	×	×	×	×
ESB	×	×	×	
应用与传统服务		×		×

注：关于这一矩阵的更多信息可以访问 http：//docs. ssopaas. r1. ypbl. net。

4.1 SSOAPaaS 1.0 概述

本手册中，SSOAPaaS 1.0 产品的开发为了满足目标非功能性需求（见表 4.2），技术需求的子集和相应的方法已经被确定。首先，在 4.3 节中，一组菜单将展示如何创建、安装和部署平台组件以及分布式 SOA 应用程序所需的服务器。随后，在 4.4 节中，一组菜单将演示如何集成和制作保证平台互操作性的组件。

表 4.2 SSOAPaaS 1.0 手册的菜单概览

A	B	C	D
技术需求	描述	目标 NFR	菜单
SSOAPaaS 1.0/R1：智能平台即服务	虚拟化技术需要用于满足平台的可移植性需求	可移植性 可扩展性 可管理性 可伸缩性	SPaaS 1.0/CB

（续）

A	B	C	D
技术需求	描述	目标 NFR	菜单
SSOAPaaS 1.0/R2： 集成性与交互性支持	平台需要具有 ESB 以便满足集成性与交互性需求。分布式异构组件所提供的服务需要集成到 ESB 中，ESB 的功能必须确保所集成的组件间的可交互性	集成性 交互性	增加集成性与交互性支持 展示 ESB 的集成性与交互性支持

4.2　SPaaS 1.0 的使用

在第 3 章中开发的智能平台即服务（SPaaS）解决方案，将用于应对可移植性、可扩展性、可管理性、安全性和可伸缩性等 SSOAPaaS 1.0 的非功能性需求。SPaaS 将创建必要的虚拟容器部署平台系统以覆盖可集成性和互操作性需求。

SPaaS 平台可以从 http：//docs. spaas. r1. ypbl. net 网站下载。附加的文档可以在 http：//docs. spaas. r1. ypbl. net 网站上找到。在表 4.3 以及第 3 章中描述的手册，包括了平台创建和复制的方法。

表 4.3　创建 SPaaS 平台的步骤

步骤1：基础智能PaaS平台 遵循指示的方法建立SPaaS平台的基础	参见：创建虚拟化IT架构
步骤2：克隆、扩展平台 遵循指示的方法克隆、扩展平台	参见：克隆平台

4.3　添加集成性和互操作性支持

本菜单描述了分布式和异构服务器的创建及其企业服务总线（ESB）的集成。ESB 组件将允许支持可集成性和互操作能力。之后展示的一套手册将阐明 ESB 虚拟容器、虚拟容器应用程序服务器、数据库服务器虚拟容器和邮件服务器虚拟容器的创建，也将给出管理 ESB 绑定组件（BC）和服务引擎（SE）的方法。

4.3.1　创建 ESB 虚拟容器

本菜单描述了为了满足平台的集成和互操作性需求，创建和部署一个虚拟容器包括 OpenESB 的方法步骤。这个容器将被部署在基于 Proxmox 解决方案的虚拟化 IT 架构上。图 4.1 给出了目标架构，包括部署在虚拟化服务器（Proxmox）上的 ESB（OpenESB）虚拟容器，表 4.4 描述了如何开发这个架构。

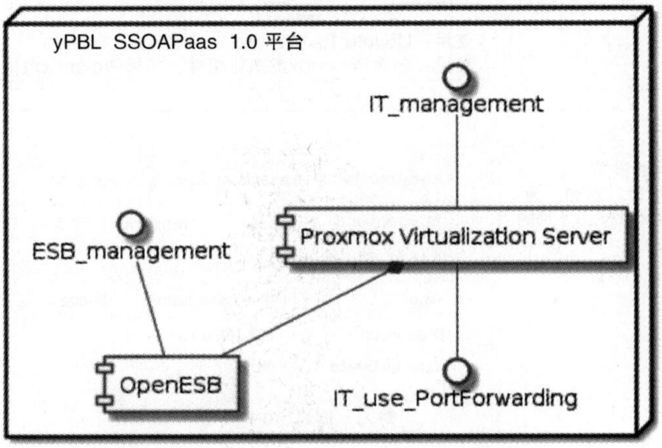

图 4.1　在 SSOAPaaS 1.0 平台上创建 ESB

表 4.4　创建 ESB 虚拟化容器的步骤

步骤1：检索基础平台 需要检索基础平台，这里将会使用到SPaaS 1.0平台	使用：SPaaS 1.0
步骤2：克隆平台 需要使用已经下载好的平台创建一个新的虚拟机，并且使用适当的设置（存储器、磁盘、网络等）来配置它	参见：克隆平台
步骤3：准备平台：移去容器和模板 可以移走不需要的容器和模板	参见：平台的维护

（续）

步骤4：创建一个Linux容器

遵循指示的方法检索一个Ubuntu Linux容器模板，将会使用Ubuntu Linux容器模板来安装ESB解决方案。在这个方法中，将会使用到Ubuntu 13.10 32位的模板

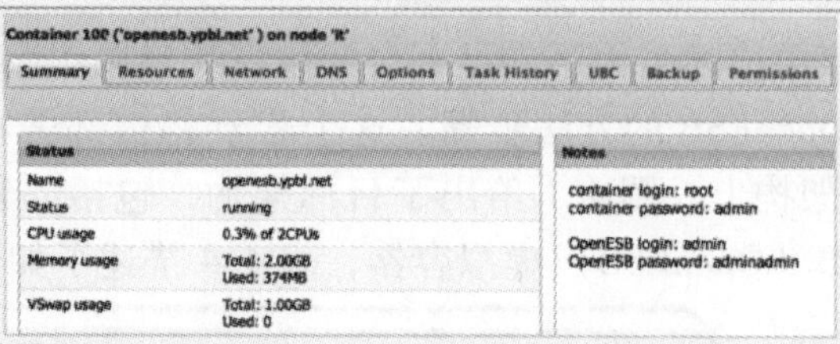

使用：Ubuntu 13.10

参见：创建Proxmox虚拟化组件，扩展Proxmox虚拟设备模板

步骤5：网络设置

配置网络接口。例如，为容器设置192.168.0.100的地址

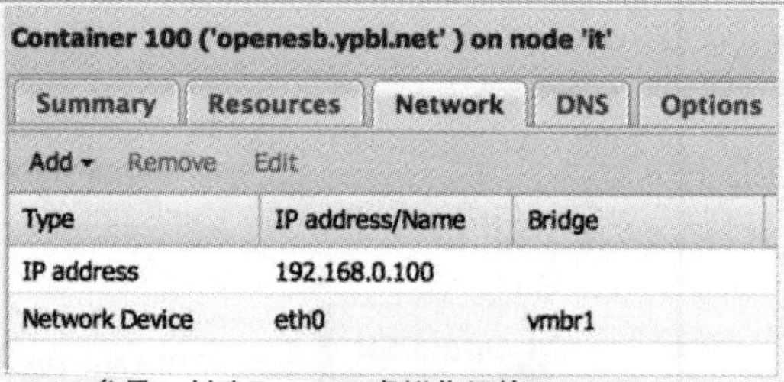

参见：创建Proxmox虚拟化组件

步骤6：通过SSH连接到容器

使用SSH连接到容器。可能需要配置路由表，以便能够直接访问到虚拟容器

```
// to add the route in your host system
//  to access your guest system
// via the proxmox your container from
sudo route add -net 192.168.0.0 -netmask 255.255.255.0
   -gateway IP_PROXMOX_VM

// test the connection to the container from your host
ping 192.168.0.100

// connect to the container
// use the same login/password specified
// during the installation, e.g. root/admin

ssh root@192.168.0.100
```

步骤7：安装Java开发工具集JDK

遵循指示的方法安装Java开发工具集JDK。在这个方法中，我们将会使用到JDK 6.0版本以便满足Open ESB解决方案的需求

使用：JDK6.0　参见：JDK6.0的安装

（续）

步骤8：安装OpenESB 遵循指示的方法安装OpenESB解决方案。在这个方法中，将使用到OpenESB 2.3.1的版本	使用：OpenESB2.3.1 参见：OpenESB2.X的安装
步骤9：测试安装 连接到OpenESB容器的8080和4848接口，以便能够访问到Web服务器接口和Open ESB管理控制台，当然这些操作需要使用一定的管理员凭证（例如，登录：用户名/密码：adminadmin）	

4.3.1.1　JDK 6.X 的安装

OpenESB 需要在 JDK 6.X（6.X 版本）上安装一个系统。表 4.5 描述了在 Ubuntu 上安装 JDK 6 的步骤。

表 4.5　安装 JDK6 的步骤

步骤1：安装
如果正在一个远程主机上安装JDK，可能需要在系统中下载安装文件，因为需要通过Web接口接收Oracle的许可证协议，然后，在安装JDK的时候，通过使用SSH文件传送协定（SFTP）或者是FTP，把安装程序转移到系统。
之后需要转移安装文件到一个适当的目录，这个目录是为Java安装以及JDK的安装已经创建好的目录
	`// create a folder your JDK installation, for instance`
	`[sudo] mkdir /usr/java`
	
	`// now you can tranfer your JDK installation file`
	`// for instance via sftp or wget.`
	`// then, you can launch the installation:`
	`[sudo] sh jdk-6XXXX-linux-i586.bin`
	
	使用：JDK6.X，Ubuntu 13.10

步骤2：选择：32位或者64位
如果安装的JDK和操作系统不兼容（例如，32位或者64位），可能会得到这个错误信息" ./install.sfx: not found"。在这种情况下，可能需要在一个64位的操作系统上安装32位兼容程序来安装JDK 32位（反之亦然）
	`// For instance to install a 32 bits JDK`
	`// over a 64 bits OS you can specifiy:`
	`[sudo] apt-get install ia32-libs`
	
	`// In the case you are using Ubuntu 13`
	`//  you need to install:`
	`[sudo] apt-get install lib32z1`

（续）

步骤3：环境变量
需要配置路径、JAVA_HOME和JDK_HOME环境变量。
可以在/ect/profile配置文件中包含这些配置，以便于进行永久配置
	`// configure the environment variables`
	`// within the /etc/profile configuration file`
	`vi /etc/profile`
	
	`// define the rigth values for the variables`
	`// based on your JDK installation, for instance:`
	`export PATH=$PATH:/usr/java/jdk1.6.XXX/bin/`
	`export JAVA_HOME=/usr/java/jdk1.6.XXX/`
	`export JDK_HOME=$JAVA_HOME`
	
	`// Update your environment variables`
	`// and test the jdk installation:`
	`source /etc/profile`

步骤4：测试安装
可以通过发送请求已安装版本来测试JDK的安装
	`// request the installed java verson`
	`java -version`
	
	`// you should obtain a message similar to:`
	`java version "1.6.0_45"`
	`Java(TM) SE Runtime Environment (build 1.6.0_45-b06)`
	`Java HotSpot(TM) Server VM (build 20.45-b01, mixed mode)`

4.3.1.2 OpenESB的安装

表4.6描述了在Linux服务器上安装OpenESB的步骤。

表4.6 安装OpenESB的步骤

步骤1：安装
需要上传OpenESB安装程序，并且通过SSH连接到要安装OpenESB的主机上
	`// to install openesb on linux`
	`// (similar to the other OS), launch:`
	`sh openesb-v231-installer-linux.sh --silent`
	
	使用：OpenESB2.3.1

步骤2：启动OpenESB
可以从openesbXXX/glashfish/bin文件夹中，使用管理员命令来启动和管理ESB。需要启动一个glassfish域，在这个域里，ESB(JBI)已经安装配置好了，并且可以准备投入使用了
	`// launch the default domain named domain1`
	`// using the asadmin command from`
	`// the glassfish/bin folder:`
	`openesb-2.3.1/glassfish/bin/asadmin`
	`    start-domain domain1`

（续）

<table>
<tr><td>步骤3：测试安装
使用Web浏览器进入glassfish 网络服务主页：http://192.168.0.100:8080。如果安装成功了，应该会看到glassfish的欢迎界面</td><td>
</td></tr>
<tr><td>步骤4：测试Web管理控制台
使用Web浏览器进入glassfish 网络管理控制台：http://192.168.0.100:4848。
如果安装成功了，会接收到glassfish 网络管理控制台的消息。
可以使用管理员许可证来进行连接</td><td>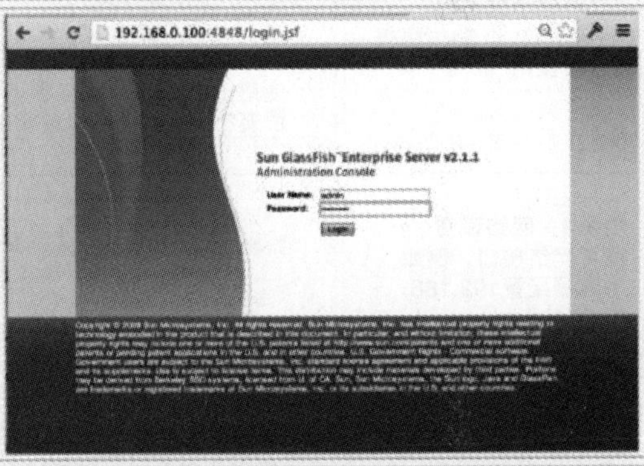
</td></tr>
</table>

4.3.2　创建应用程序服务器虚拟容器

该菜单是用来描述创建和部署一个虚拟容器包括 Glassfish Java EE 应用服务器（AS）的方法。这个容器是为了满足平台的互操作性需求来部署 Web 服务消费者和提供者的。这个容器将部署在基于 Proxmox 解决方案的虚拟化 IT 架构上。图 4.2 展示了目标架构，包括一个部署在虚拟化服务器（Proxmox）上的应用程序服务器（Glassfish）虚拟容器，另外，表 4.7 描述了如何开发这个架构。

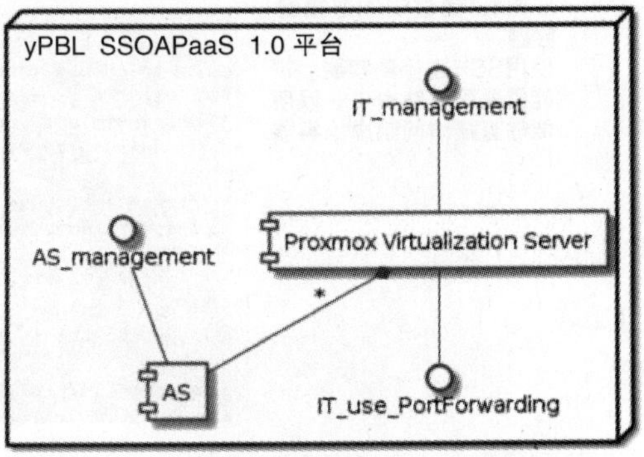

图 4.2　在 SSOAPaaS 1.0 平台上创建 AS

表 4.7 创建应用服务器虚拟化容器的步骤

步骤1：检索基本虚拟化IT架构

需要检索基本虚拟化IT架构。在这个方法中，将会使用SPaaS 1.0平台。同时，要遵循克隆和准备架构的指示说明

使用：SPaaS 1.0 参见：克隆平台

步骤2：创建一个Linux容器

遵循指示的方法检索一个Ubuntu Linux容器模板，将使用Ubuntu Linux容器模板来安装AS解决方案。在这个方法中，Ubuntu 13.10 64位模板将会被使用

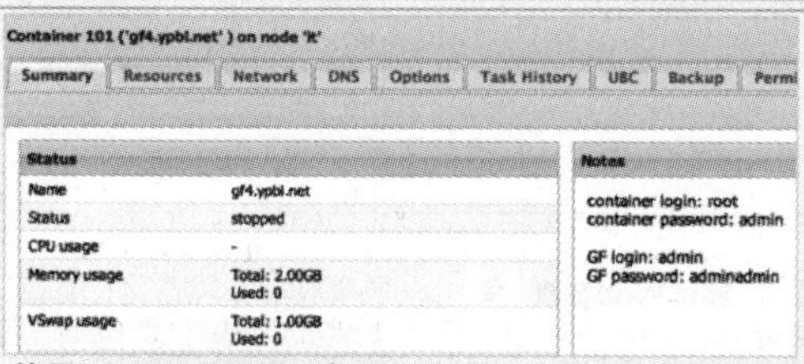

使用：Ubuntu 13.10 参见：创建Proxmox虚拟化组件，扩展Proxmox虚拟设备模板

步骤3：网络设置

配置网络接口，例如，为容器配置192.168.0.101的地址

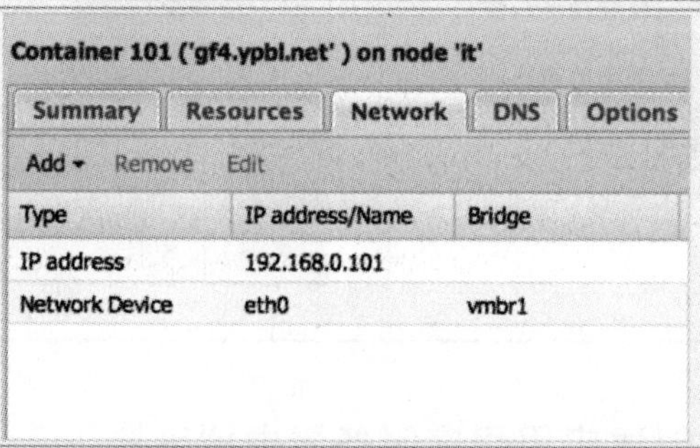

步骤4：通过SSH连接到容器

使用SSH连接到容器。可能需要配置路由表，以便能够直接访问到虚拟容器

```
// to add the route in your host system
//  to access your guest system
// via the proxmox your container from
sudo route add -net 192.168.0.0 -netmask 255.255.255.0
   -gateway IP_PROXMOX_VM

// test the connection to the container from your host
ping 192.168.0.101

// connect to the container
// use the same login/password specified
// during the installation, e.g. root/admin

ssh root@192.168.0.101
```

（续）

步骤5：安装Java开发工具集JDK 遵循指示的方法安装Java开发工具集JDK。在这个方法中，将会使用到JDK 7.0版本以便满足Glassfish 4.X解决方案的需求	使用：JDK7.X 参见：JDK7.X的安装
步骤6：安装AS 遵循指示的方法安装Glassfish lava EE应用程序服务解决方案。在这个方法中，将会使用Glassfish 4.0版本	使用：Glassfish4.X 参见：Glassfish4.X的安装
步骤7：测试安装 连接到AS容器的8080和4848接口，以便能够访问到Web服务器接口和AS管理控制台，当然这些操作需要使用一定的管理员凭证（例如，登录：用户名/密码：adminadmin）	

4.3.2.1　JDK 7.X 的安装

使用 JDK 7 的版本是为了满足 Glassfish 4.X 的需求。表 4.8 描述了安装 JDK 7 主机系统所需的步骤。

表 4.8　安装 JDK 7 的步骤

步骤1：安装
首先需要下载和操作系统匹配的JDK安装程序（在这里的案例中是JDK 7.0 64位）。最近，Sun 公司的政策是，在接受许可证协议之后就可以下载JDK了。可以从Oracle的网站上下载完整的安装程序。
当正在安装一个远程服务时，可能需要在终端系统上下载安装程序文件（需要接受Oracle的协议），之后可以把安装程序文件转移到所要安装的主机上（通过使用SFTP或者是FTP）。接下来，需要转移安装文件到一个适当的目录，这个目录是为Jave安装以及JDK的安装已经创建好的目录
	`// create a folder your JDK installation, for instance`
	`[sudo] mkdir /usr/java`
	`cd /usr/java`
	
	`// now you can tranfer your JDK installation file`
	`// for instance via sftp or wget.`
	`// then, you can launch the installation:`
	`[sudo] tar -xvf  jdk-7u51-linux-x64.tar`
	
	使用：JDK7.X，Ubuntu13.10

（续）

步骤2：环境变量
需要配置路径、JAVA_HOME和JDK_HOME环境变量。
可以在/ect/profile配置文件中包含这些配置，以便于进行永久配置
	`// configure the environment variables`
	`// within the /etc/profile configuration file`
	`vi /etc/profile`
	
	`// define the rigth values for the variables`
	`// based on your JDK installation, for instance:`
	`export PATH=$PATH:/usr/java/jdk1.7.XXX/bin/`
	`export JAVA_HOME=/usr/java/jdk1.7.XXX/`
	`export JDK_HOME=$JAVA_HOME`
	
	`// Update your environment variables`
	`// and test the jdk installation:`
	`source /etc/profile`

步骤3：测试安装
可以通过发送请求已安装版本来测试JDK的安装
	`// request the installed java verson`
	`java -version`
	
	`// you should obtain a message similar to:`
	`java version "1.7.0_51"`
	`Java(TM) SE Runtime Environment`
	`(build 1.7.0_51-b13)`
	`Java HotSpot(™) 64-Bit Server`
	`VM (build 24.51-b03, mixed mode)`

4.3.2.2 Glassfish 4.X 的安装

表4.9描述了安装Glassfish 4.X所需的步骤（4.X是基于Linux服务器上的版本）。

表4.9 安装Glassfish 4.X的步骤

步骤1：安装
需要在适当的文件夹内（比如，/usr/local）上传和运行Java EE 应用服务安装程序。在这里的案例中将使用Glassfish 4.0
	`// launch the installer`
	`[sudo] sh glassfish-4.0-unix.sh`
	
	`//You should obtain a folder named`
	`//glassfish4 within the /usr/local folder`
	
	使用：Glassfish 4.X 应用程序服务器 参见：JDK 7.X的安装

步骤2：启动应用程序服务器 使用管理员命令（从Glassfish4/bin文件夹中）来启动应用服务程序默认的域（命名为domin 1）	`// launch the application server` `glassfish4/bin/asadmin start-domain domain1`

（续）

步骤3：测试安装 通过指定8080端口下的服务器地址：http://192.168.0.101:8080，可以从Web浏览器上访问应用服务程序	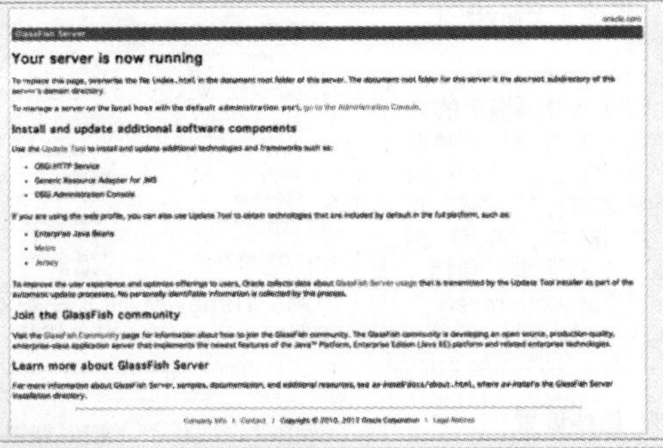

步骤4：从网络上使用应用服务程序
为了能从网络上访问Glassfish的安装，首先需要为管理员创建一个密码（默认登录用户名是“admin”，密码为空）。接下来，需要通过Web管理控制台启动安全访问
	`//create a password for the administrator`
	`//(default login "admin" and the password is empty)`
	`glassfish4/bin/asadmin --host localhost --port 4848`
	`    change-admin-password --domain_name domain1`
	
	`//activate the secure access via the web admin console`
	`glassfish4/bin/asadmin --host localhost`
	`    --port 4848 enable-secure-admin`

4.3.3 创建数据库服务器虚拟容器

该菜单描述了创建和部署一个虚拟容器包括 MySQL 数据库服务器的步骤。这个容器将部署在基于 Proxmox 解决方案的虚拟化 IT 架构上。图 4.3 给出了目标架构，包括部署在虚拟化服务器（Proxmox）上的数据库服务器（MySQL）虚拟容器，另外，表 4.10 描述了如何开发这个架构。

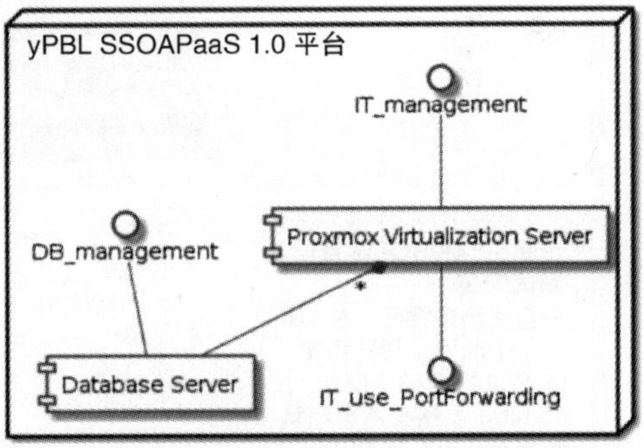

图 4.3 在 SSOAPaaS 1.0 平台上创建数据库服务器

表 4.10 创建数据库服务器虚拟容器的步骤

步骤1：检索基本虚拟化IT架构 需要检索基本虚拟化IT架构。在这个方法中，将会使用SPaaS 1.0平台。 同时，要遵循克隆和准备架构的指示说明	使用：SPaaS 1.0 参见：克隆平台

（续）

步骤2：创建一个MySQL虚拟容器

从http://www.turnkeylinux.org/mysql 网站上遵循指示的方法检索MySQL虚拟应用模板，将使用MySQL虚拟应用模板进行MySQL容器的安装。在这个方法中，将使用MySQL 5.5.31版本，包括debian-7-turnkey-mysql_13.0-1_amd64.tar.gz模板

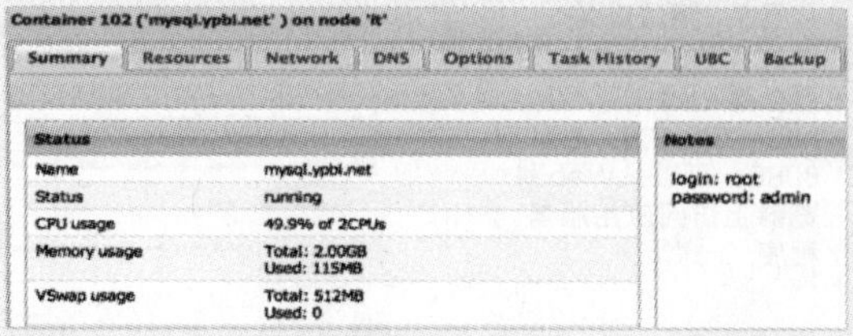

使用：Turney MySQL设备 参见：创建Proxmox虚拟化组件，扩展Proxmox虚拟设备模板

步骤3：网络设置

配置网络接口，例如，为容器配置192.168.0.102的地址

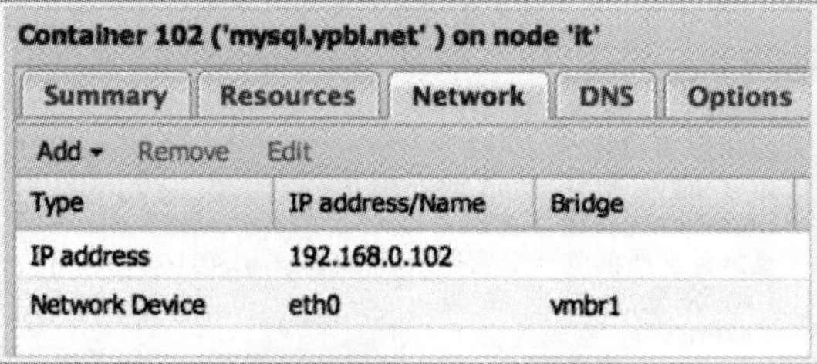

步骤4：通过SSH连接到容器

使用SSH连接到容器。可能需要配置路由表，以便能够直接访问到虚拟容器

```
// to add the route in your host system
//  to access your guest system
// via the proxmox your container from
sudo route add -net 192.168.0.0 -netmask 255.255.255.0
   -gateway IP_PROXMOX_VM
// test the connection to the container from your host
ping 192.168.0.102
// connect to the container
// use the same login/password specified
// during the installation, e.g. root/admin
ssh root@192.168.0.102
```

步骤5：MySQL设置以及测试安装

一旦连接到容器，就会执行一个向导，需要指定MySQL的密码（例如，admin）。接受所有默认的配置。一旦向导执行完成，会得到不同的管理容器的可用端口。尝试打开http://1168.0.102网站以便访问到phpMyAdmin控制台

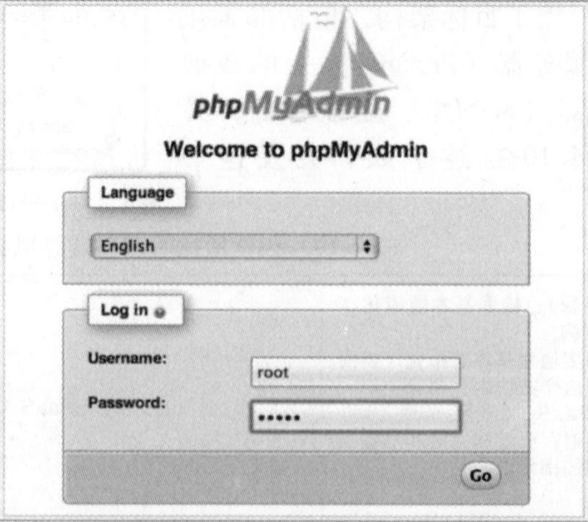

（续）

步骤6：创建一个数据库 可以使用phpMyAdmin控制台创建数据库或表。例如，创建TESTDB数据库	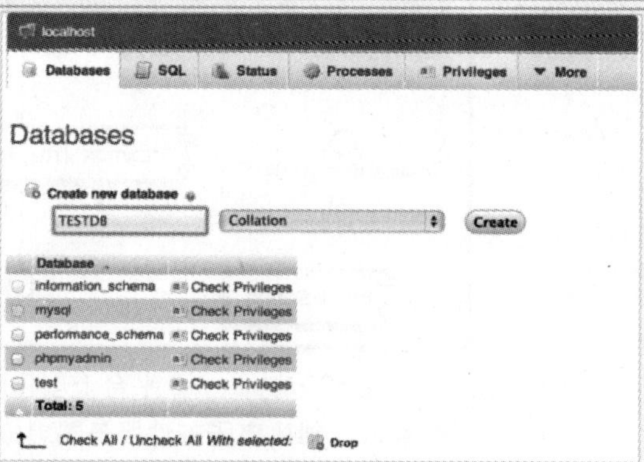
步骤7：创建一个表 在TESTDB数据库下，创建一个三列的数据库表TABLETEST	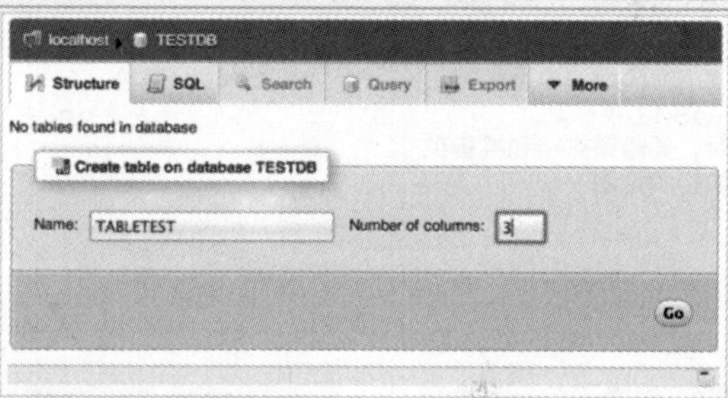
步骤8：增加列 定义TABLETEST表三个列的结构:用户名(int)、姓名（vaichar，50）和邮件（varchar，30，nullable）	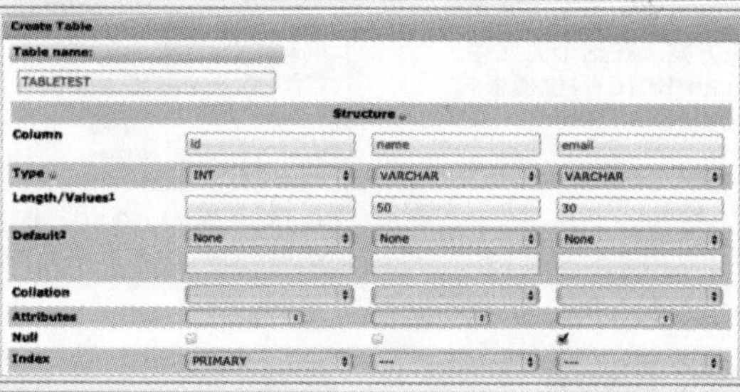

4.3.4　创建电子邮件服务器虚拟容器

本菜单描述了创建和部署一个虚拟容器包括 iRedMail 开源邮件服务器的步骤。这个容器将被部署在基于 Proxmox 解决方案的虚拟化 IT 架构上。图 4.4 给出了目标架构，包括一个部署在虚拟化服务器（Proxmox）上的邮件服务器（iRedMail）虚拟容器，另外，表 4.11 描述了如何开发这个架构。

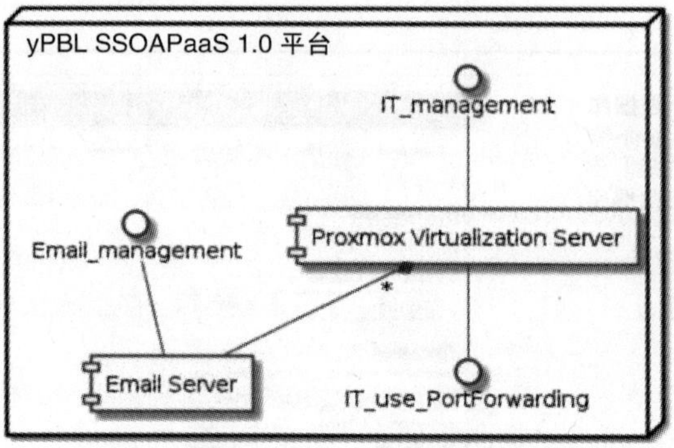

图 4.4　在 SSOAPaaS 1.0 平台上创建电子邮件服务器

表 4.11　创建电子邮件服务器虚拟容器的步骤

步骤1：检索基本虚拟化IT架构 需要检索基本虚拟化IT架构。在这个方法中，将会使用SPaaS 1.0平台。 同时，要遵循克隆和准备架构的指示说明	使用：SPaaS 1.0　参见：克隆平台
步骤2：创建一个Linux容器 遵循指示的方法检索一个Ubuntu Linux容器模板，将使用Ubuntu Linux容器模板来安装电子邮件服务解决方案。在这个方法中，Ubuntu 13.10 64位模板将会被使用	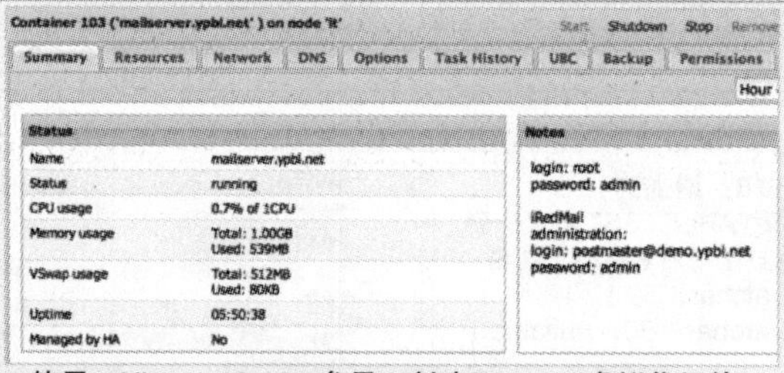 使用：Ubuntu13.10　参见：创建Proxmox虚拟化组件，扩展Proxmox虚拟设备模板
步骤3：网络设置 配置网络接口，例如，为容器配置192.168.0.103的地址	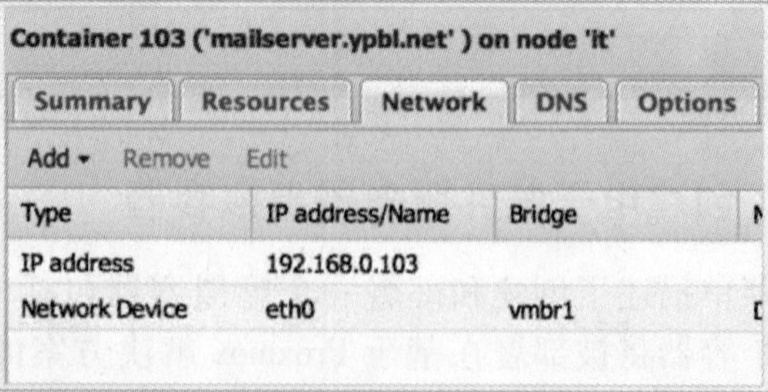

（续）

步骤4：通过SSH连接到容器
使用SSH接到容器。可能需要配置路由表，以便能够直接访问到虚拟容器
	// to add the route in your host system
	// to access your guest system
	// via the proxmox your container from
	sudo route add -net 192.168.0.0 -netmask 255.255.255.0
	   -gateway IP_PROXMOX_VM
	// test the connection to the container from your host
	ping 192.168.0.103
	// connect to the container
	// use the same login/password specified
	// during the installation, e.g. root/admin
	ssh root@192.168.0.103

步骤5：安装iRedMall服务解决方案 遵循指示的方法安装iRedMall服务解决方案。在这个方法中，将会使用到iRedMall 0.8.6版本	参见：IRedMail 0.8.6的安装
步骤6：测试安装 连接到邮件管理接口（http://192.168.0.103/iredadmin/）和用户网页邮件接口（http://192.168.0.103mail/）来验证安装	

4.3.4.1　IRedMail 0.8.6 的安装

表 4.12 中给出了安装 iRedMail 0.8.6 开源电子邮件服务器的步骤。

表 4.12　安装 iRedMail 0.8.6 电子邮件服务器的步骤

步骤1：准备操作系统
需要为这次安装准备好操作系统。在实例中，将使用Ubuntu13.10 64位。需要检查邮件服务器的主机名设置（我们将它命名为mailserver.ybl.net），并且升级操作系统
	// checking hostname
	$ hostname -f
	mailserver.ypbl.net
	// modify the /etc/hostname or /etc/hosts
	// if required to adjust the hostname and
	// domain. In our case:
	$cat /etc/hostname
	mailserver
	$cat /etc/hosts
	:::::
	192.168.0.103 mailserver.ypbl.net mailserver
	::::
	// Finally upgrade your OS
	$ sudo apt-get update
	// An install the uncompress tool bzip2
	# sudo apt-get install bzip2
	使用：Ubuntu13.10

（续）

步骤2：上传并且启动iRedMall安装程序

需要上传iRedMall安装程序（在这里的实例中是iRedMall 0.8.6版本），解压和启动安装程序

```
// uncompressing the installer
$ tar xjf iRedMail-x.y.z.tar.bz2
// launch the installer
$ cd /root/iRedMail-x.y.z/
$ bash iRedMail.sh
// a wizard will appear
// accept all the default values
// select a MySQL backend option
// specify the passwords (e.g. admin)
// and a first virtual domain
// e.g. demo.ypbl.net
// all the required packages
// will be installed
```

使用：iRedMall 0.8.6

步骤3：测试安装和管理接口

从Web浏览器上可以通过访问管理员接口（http://192.168.0.103/iredadmin/）来访问电子邮件服务的安装。可以使用管理员证书（例如，登录用户名：postmaster@demo.ypbl.net，密码：admin）。可以增加用户账号到默认的域中，通过选择域和账号/编辑域/选择用户/增加用户。创建至少两个用户

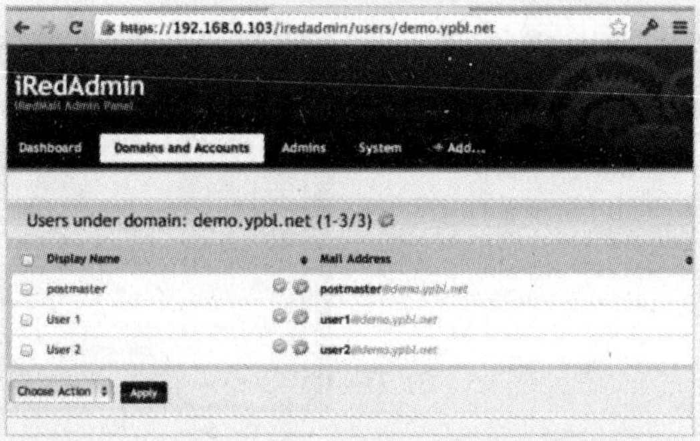

步骤4：测试网页邮件接口

从Web浏览器上可以通过访问网页邮件接口（http://192.168.0.103/mail/）来访问电子邮件服务的安装。可以使用创建好的用户的证书（例如，登录用户名：user1@demo.ypbl.net，密码：user1）

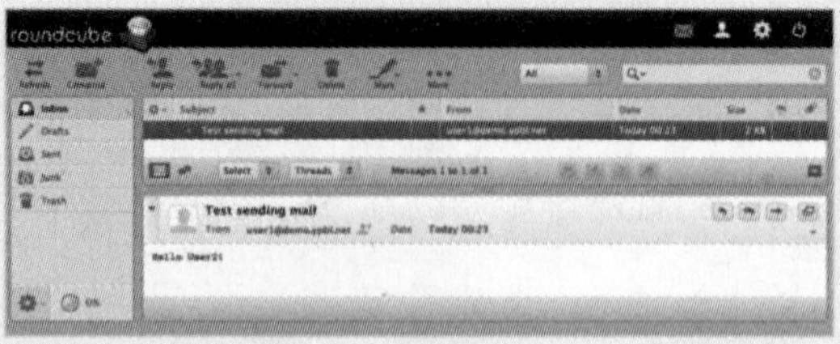

4.3.5 OpenESB 绑定组件管理

表 4.13 中给出的菜单是为了说明 OpenESB 上 BC 的管理（安装、启动、停止、关闭和卸载）。

Java 业务集成（JBI）BC 旨在连接外部消费者和/或 ESB 服务的提供者。BC 为了集成传统或标准的外部服务消费者和提供者，实现了特定的协议（例如 SMPT、JDBC、FTP、SOAP 和 REST）。在可用的 OpenESB BC 中可以找到以下协议：

- FTP BC：用来从/在一个使用 FTP 的 FTP 服务器上读或写资源。
- JDBC BC：旨在允许从外部关系数据库服务器上选择、插入、更新和删除资源。
- SMTP BC ：允许基于 SMTP 电子邮件的消费或生产。
- File BC：用于访问外部文件系统，以便于监听新文件或写文件数据。
- SOAP BC：允许使用 SOAP 访问外部服务。在访问外部服务时，SOAP BC 可以支持 RPC 文字、RPC 编码和文档文字编码方案。
- REST BC：能够使用 REST 协议来访问外部服务。
- JMS BC：这是为了允许使用面向消息的中间件（MOM）来进行通信。为了通过 JMS 消息队列或主题来实现异步消费或生产，采用了基于 Java 消息服务（JMS）的面向消息中间件（MOM）来实现通信。
- LDAP BC：旨在允许使用内部 LDAP 服务器来进行通信，LDAP 服务器通过使用 LDAP 来进行读或写资源。

在这个菜单中，下面的平台（见图 4.5），包括各种增加了 ESB（OpenESB）虚拟容器可集成性和互操作性属性的 BC，已经得到了实现。

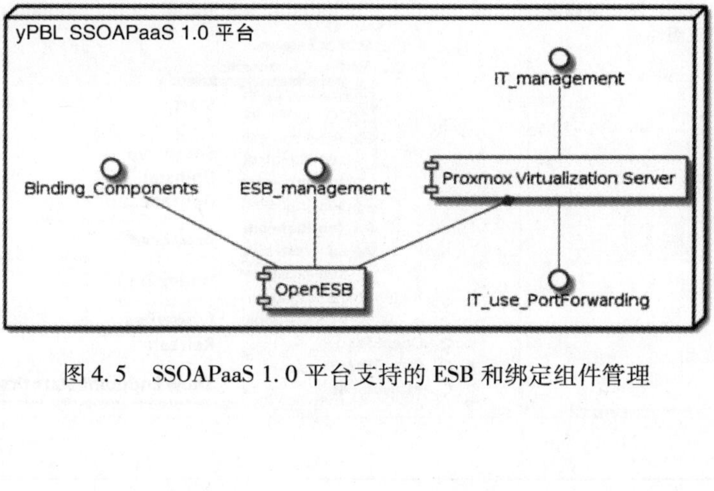

图 4.5 SSOAPaaS 1.0 平台支持的 ESB 和绑定组件管理

表 4.13 管理 OPenESB 绑定组件的步骤

<table>
<tr>
<td>步骤1：OpenESB束的安装和连接到ESB平台
遵循指示的方法以便在本机系统上安装OpenESB束，并且连接到包含在平台里的ESB的安装</td>
<td>参见：Netbeans IDE /连接OpenESB的安装</td>
</tr>
<tr>
<td>步骤2：检查OpenESB绑定组件
从Netbeans安装中，依次选择Services–OpenESB–JBI–Binding Cponentes 并且探测可得的组件</td>
<td>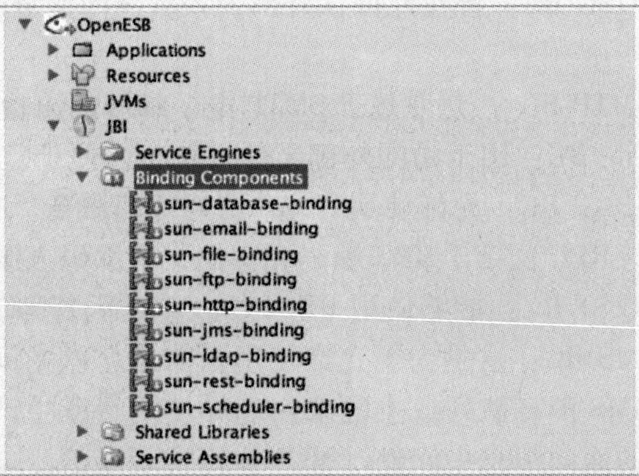
</td>
</tr>
<tr>
<td>步骤3：从Netbeans中管理绑定组件的生命周期
通过使用Netbeans，可以选择启动、停止、不安装或者不升级绑定组件</td>
<td>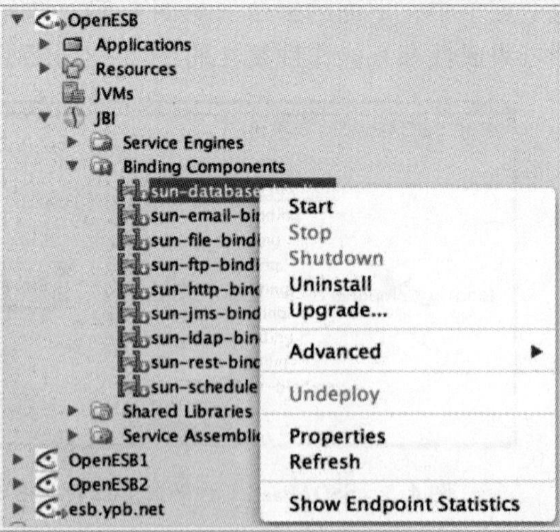
</td>
</tr>
</table>

（续）

步骤4：从命令行管理绑定组件的生命周期
也可以连接到OpenESB虚拟容器，使用管理员命令以便管理组件的生命周期
	`//Obtain the list of installed binding components`
	`asadmin list-jbi-binding-components`
	`//Show the state of an installed ftp binding component`
	`asadmin show-jbi-binding-component sun-ftp-binding`
	`//Start a binding component:`
	`asadmin start-jbi-binding-component sun-ftp-binding`
	`//Stop a binding component:`
	`asadmin stop-jbi-binding-component sun-ftp-binding`

步骤5：从Web管理控制台管理绑定组件的生命周期 通过使用Web管理控制台，可以选择启动、停止、不安装或者不升级绑定组件。也可以下载新的绑定组件（详见OpenESB资源），使用Netbeans IDE、Web管理控制台或者命令行来安装它	 使用外部链接：http://www.open-esb.net, https://bitbucket.org/openesb

4.3.6　OpenESB 服务引擎管理

表 4.14 中给出的菜单是为了说明在 OpenESB 上 SE 的管理（安装、启动、停止、关闭和卸载）。

JBI SE 旨在在 ESB 内实现互操作的中介服务。在可用的 OpenESB SE 中，可以找到：

- BPEL：这是用于使用商业流程执行语言（BPEL）来进行服务的编排的。一旦一个 BPEL 过程被设计和创建，就可以生成一个 . jar 服务单元，并且这个 . jar 服务单元可以被用来在 BPEL SE 内进行部署。

- JAVA EE：允许服务程序和基于 EJB 的 Web 服务通过 ESB 进行联合。这个引擎的使用是为了在通信期间增强性能，并且还能够在虚拟总线上提供事务和安全支持。

- SQL SE：旨在允许通过 ESB，SQL 语句可以在关系数据库上执行。

- IEP SE：智能/复杂事件处理的目的是在适当的格式下读取和处理数据，以用于识别事件模式和商业机会。

- XSLT SE：允许 XML 消息的基于 XSLT 转换的应用程序运行。

在这个菜单中，下面的平台（见图 4.6），包括各种增加了（OpenESB）虚拟容器的 ESB 中介属性，已经得到了实现。

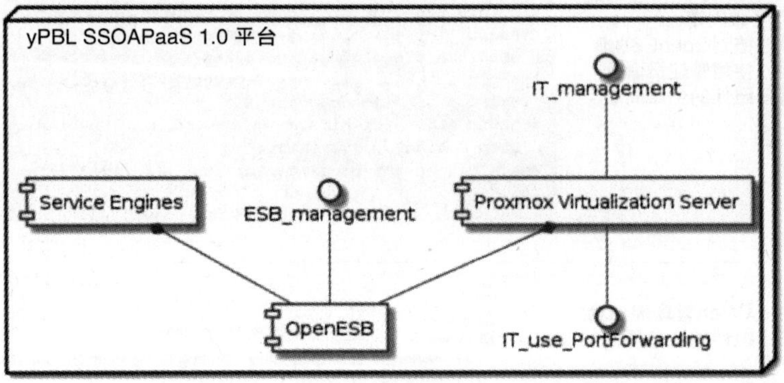

图 4.6　SSOAPaaS 1.0 平台支持的 ESB 和服务引擎管理

表 4.14　管理 OpenESB 服务引擎的步骤

<table>
<tr><td>步骤1：OpenESB包的安装和连接到ESB平台
遵循指示的方法以便在本机系统上安装OpenESB束，并且连接到包含在平台里的ESB的安装</td><td>参见：Netbeans IDE /连接OpenESB的安装</td></tr>
<tr><td>步骤2：检查OpenESB服务引擎
从Netbeans安装中，依次选择Services–OpenESB–JBI–Service Engines并且探测可得的组件</td><td>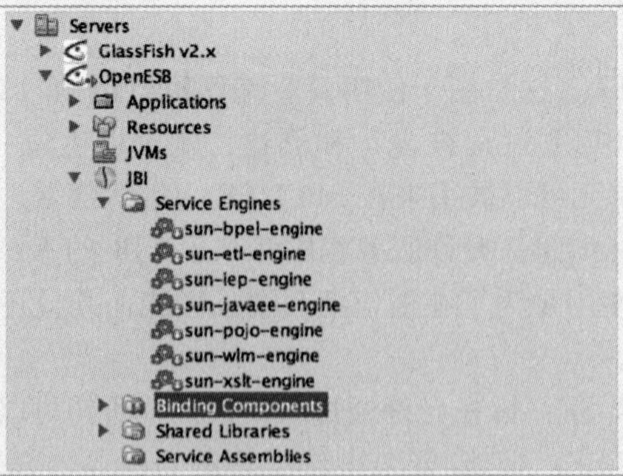
</td></tr>
</table>

（续）

<table>
<tr>
<td>步骤3：从Netbeans中管理服务引擎的生命周期
通过使用Netbeans，可以选择启动、停止、不安装或者不升级服务引擎</td>
<td>
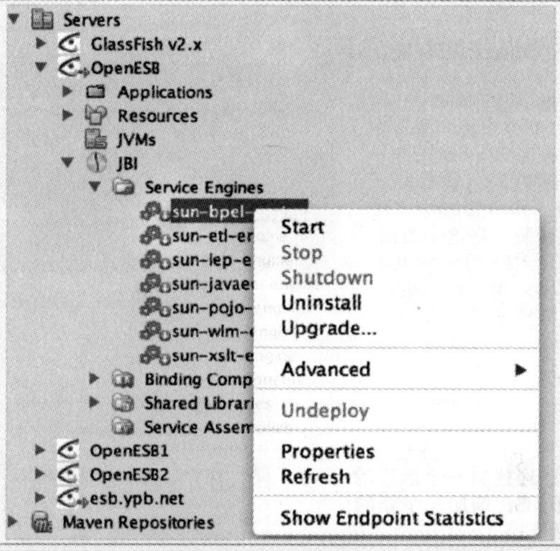

</td>
</tr>
<tr>
<td>步骤4：从命令行管理服务引擎的生命周期
也可以连接到OpenESB虚拟容器，使用管理员命令以便管理组件的生命周期</td>
<td>

```
//Obtain the list of installed service engines
asadmin list-jbi-service-engines
//Show the state of an installed BPEL SE
asadmin show-jbi-service-engine sun-bpel-engine
// Start a SE:
asadmin start-jbi-component sun-bpel-engine
// Stop a SE:
asadmin stop-jbi-component sun-bpel-engine
```

</td>
</tr>
<tr>
<td>步骤5：从Web管理控制台管理服务引擎的生命周期
通过使用Web管理控制台，可以选择启动、停止、不安装或者不升级服务引擎。也可以下载新的服务引擎（详见OpenESB资源），使用Netbeans IDE、Web管理控制台或者命令行来安装它</td>
<td>
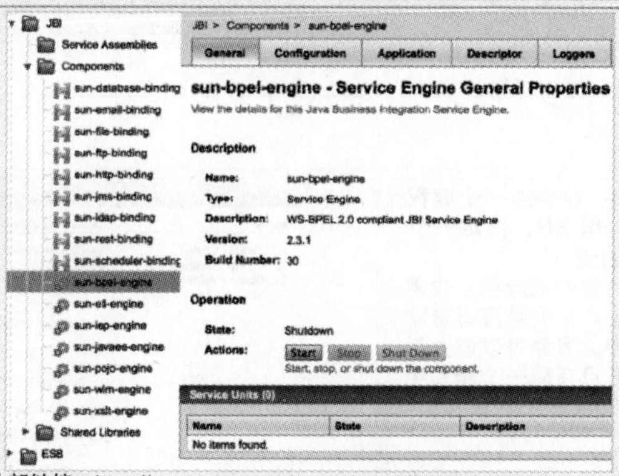

使用外部链接：http://www.open-esb.net, https://bitbucket.org/openesb
</td>
</tr>
</table>

4.3.7　Netbeans IDE / OpenESB 连接安装

管理 OpenESB BC 和 SE 可能需要连接 Netbeans IDE（包括在 OpenESB 包内）到 OpenESB 服务器。表 4.15 中给出了如何完成此连接的步骤描述。

表 4.15　连接 Netbeans IDE 到 OpenESB 的步骤

步骤1：OpenESB包的安装
为了能够连接到一个远程的OpenESB的安装，需要在本机上安装OpenESB包。在这个包内，OpenESB、Glassfish和Netbeans IDE将会被安装。在这个方法中，仅仅对Netbeans IDE的使用感兴趣。遵循指示的方法完成安装过程
	`// connect to your OpenESB virtual container`
	`// and be sure the ESB is running`
	`ssh root@192.168.0.100`
	`...`
	`// launching the ESB`
	`openesb-2.3.1/glassfish/bin/asadmin start-domain domain1`
	参见：OpenESB 2.X的安装

步骤2：连接到一个远程的OpenESB：增加一个新的服务器连接 选择服务标记栏来增加一个新的服务。选择服务器类型（比如，Glassfish V2.X），并且为连接指定一个名字	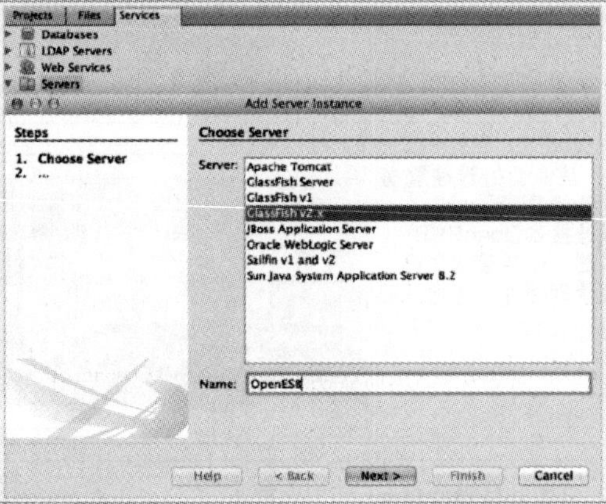
步骤3：连接到一个远程的OpenESB：指定一个远程的域 指定远程的域选项，也需要指定本机安装应该自动被找到。另外可以浏览系统，并且在前一个步骤中指定OpenESB的安装	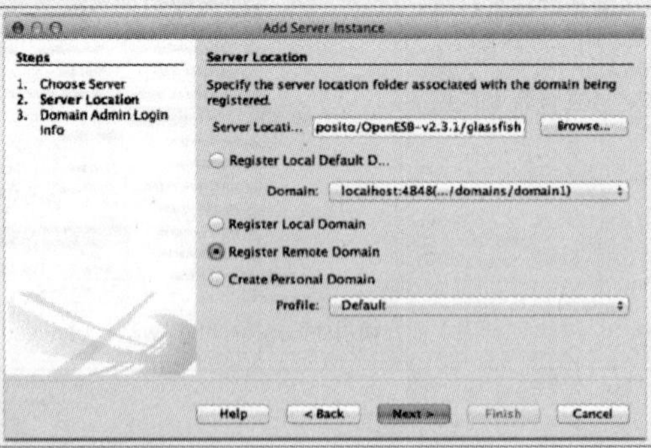

（续）

步骤4：连接到一个远程的OpenESB：指定一个远程的地址 为OpenESB的安装指定远程的地址和接口。在这里的实例中，将指定OpenESB虚拟组件的地址（192.168.0.100）和管理接口（4848）。也需要为OpenESB的安装指定管理证书（例如，admain或者adminadmin）	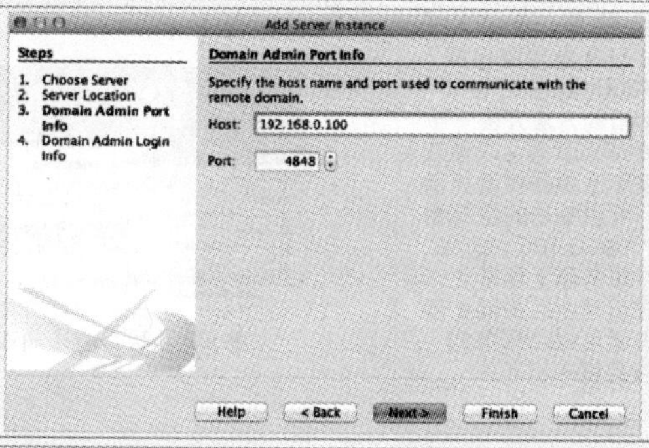

4.4　ESB 的集成性和交互性支持

本菜单说明了在面向服务架构中，ESB 如何实现可集成性和交互性支持。

4.4.1　集成应用程序服务器

表 4.16 中给出的菜单说明了在面向服务架构中，ESB 如何实现可集成性和交互性支持。

表 4.16　集成 ESB 与应用程序服务器的步骤

步骤1：OpenESB和应用程序服务器平台组件 OpenESB和应用程序服务器虚拟容器需要被安装好，并且准备好被使用	参见：创建数据库服务器虚拟容器，创建企业服务总线虚拟容器
步骤2：连接到OpenESB容器 遵循指示的方法以便在本机系统上安装OpenESB包，并且连接到包含在平台里的ESB的安装	参见：Netbeans IDE /连接OpenESB的安装

（续）

步骤3：开发一个Web服务，并且在应用程序服务器容器里部署它 遵循指示的方法开发一个基础的Web服务，以便在应用程序服务器容器里部署它。可以手动的在平台（192.168.0.100）的应用程序服务器上部署它，这个应用程序服务器必须和包含通用Web服务的Web应用程序相匹配	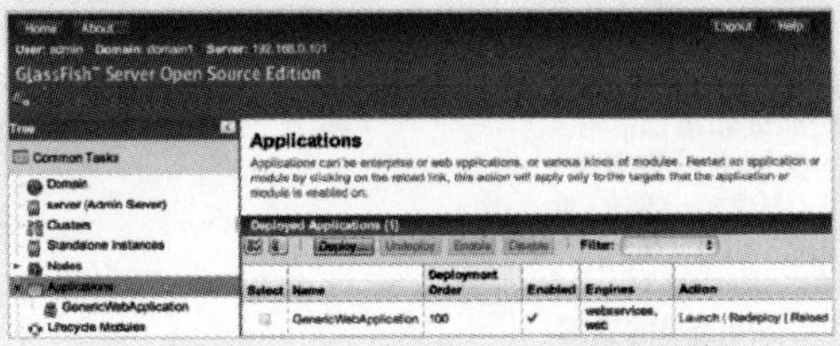 参见: 无状态的通用WebService创建与部署
步骤4：创建一个SOA复合应用程序 使用Netbeans IDE，创建一个SOA复合应用程序来设计、部署和测试绑定组件	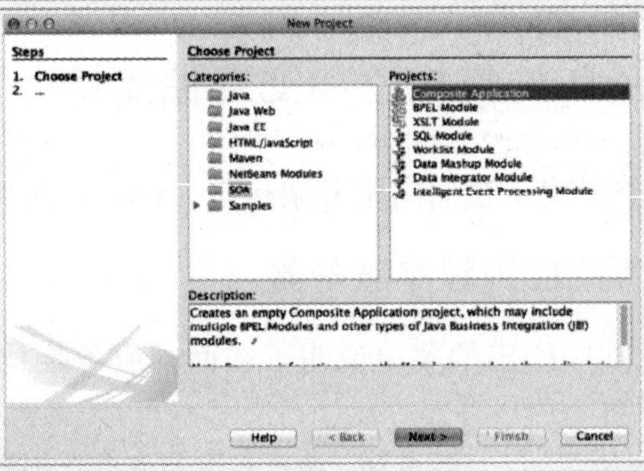
步骤5：SOA复合应用程序 为复合应用程序指定名称	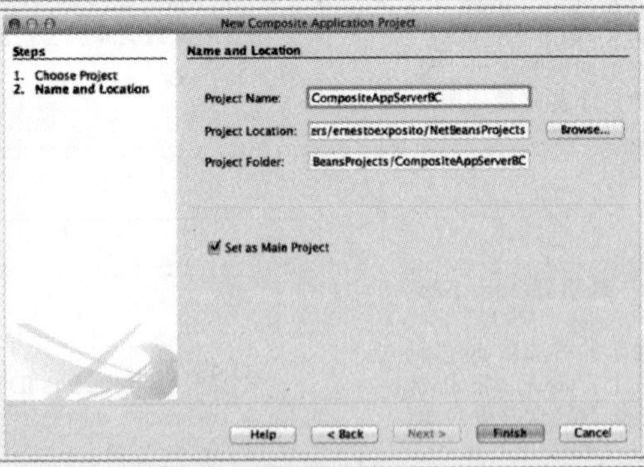

（续）

步骤6：通过一个外部的WSDL来增加新的绑定组件

选择增加一个新的外部WSDL文件

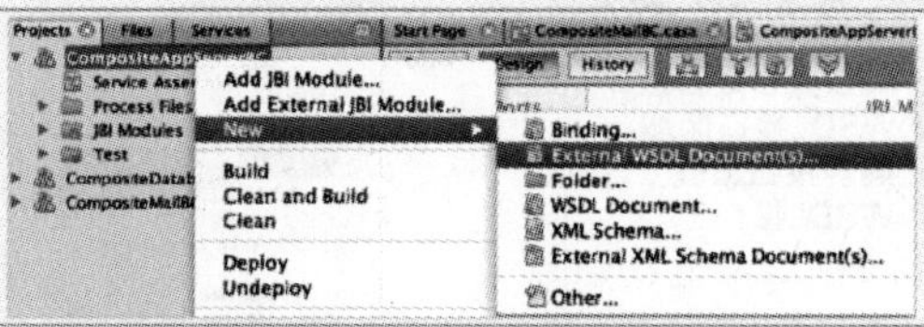

步骤7：指定外部的WSDL即服务描述语言（WebServices Description Language）

为了增加一个新的SOAP绑定，将从部署在应用程序服务器上的Web服务上，导入WSDL的说明描述。需要为通用Web服务的WSDL指定URL（Uniform Resource Locator统一资源定位符），可以从Web管理控制台上进行检索（URL的格式是：AppServerURL/WebApp/WebService?wsdl）。这个URL应该和下列链接中所指示的相似

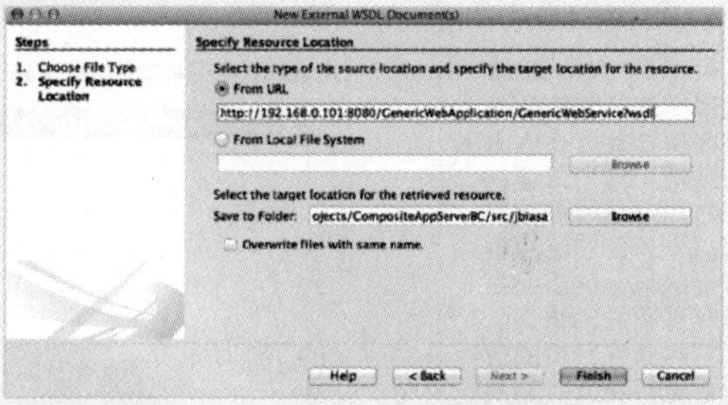

使用外部链接：http://192.168.0.101:8080/GenericWebApplication/GenericWebService?wsdl

步骤8：浏览生成的WSDL接口

浏览已经生成的WSDL文件。通过使用一个标准的Web服务接口连接到由Web服务提供的操作上，WSDL将允许满足互操作性需求，这个过程可以使用任何语言来实现。在这里的实例中，可以使用Java语言来实现服务，但是也可以遵循相同的指示说明和服务进行互联，这些服务也可以用.NET、PHP、C/C++等来实现

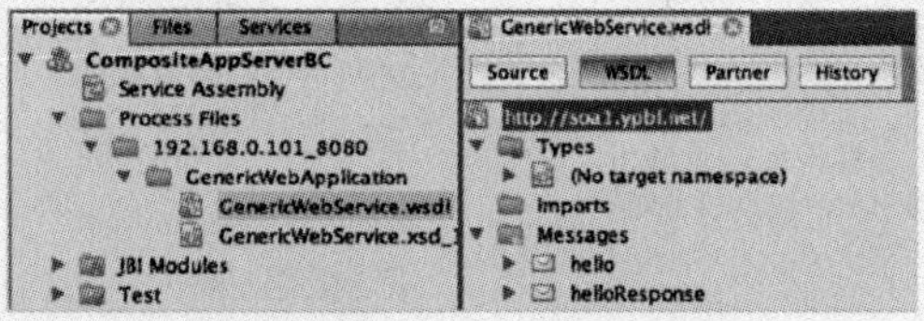

步骤9：浏览生成的XSD模式

也可以浏览生成的XSD模式，模式描述了为输入/输出消息提供的Web服务数据模型

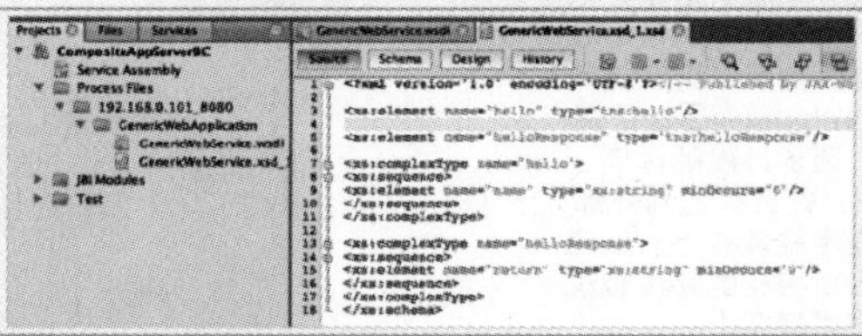

（续）

<table>
<tr><td>步骤10：加载SOAP绑定组件
现在，可以点击复合应用程序的WSDL接口区域，选择正确的按钮加载SOAP WSDL接口</td><td>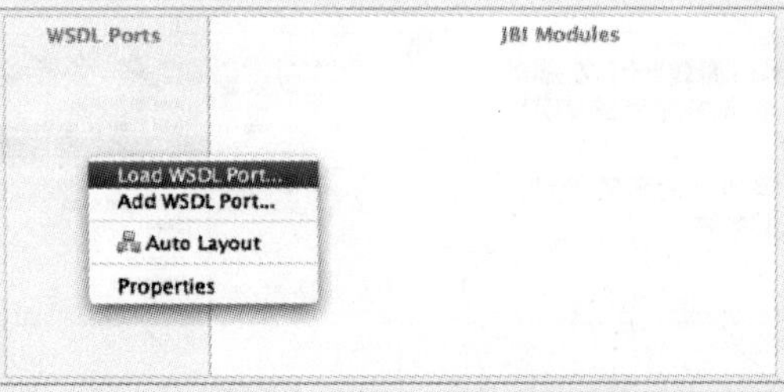
</td></tr>
<tr><td>步骤11：选择 SOAP绑定组件
需要从可得到的WSDL端口中选择SOAP绑定组件。端口将会自动放置在WSDL的端口区域。这个区域展示了JBI_ESB总线的范围，意味着对于外部的应用程序服务器来说，这将会是一个具有可积性的端口。同样，它将允许异构的应用服务器进行交流，它展示了一个具有互操作性的端口</td><td>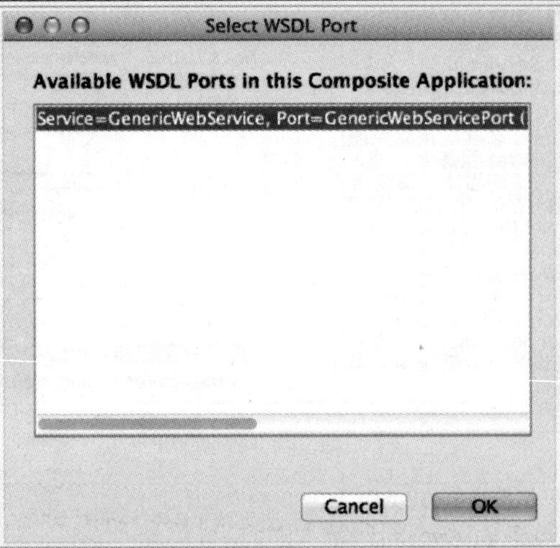
</td></tr>
<tr><td>步骤12：增加其他的绑定组件端口
为了测试可积性和互操作性支持，其他的绑定组件端口将会被增加到总线上。将选择SOAP和文件绑定组件</td><td>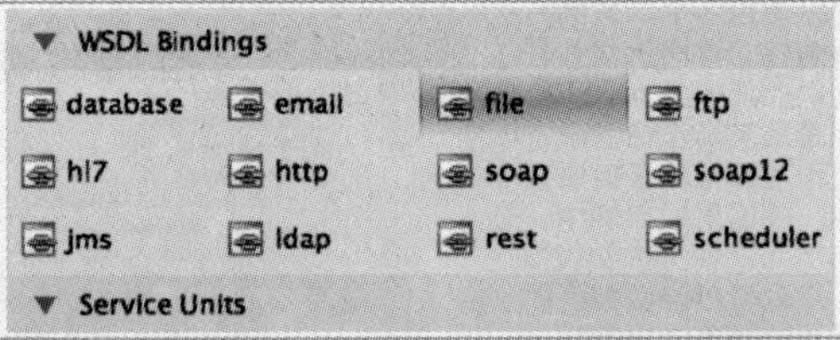
</td></tr>
<tr><td>步骤13：通过SOAP绑定组件端口进行连接
新的SOAP端口将会被连接到外部的Web服务SOAP端口上。这意味着新的SOAP端口将会使用SOAP来接收Web服务请求，请求将使用归一化的内部总线消息，按照路线发送到外部的Web服务SOAP端口上。请求将被翻译成SOAP，并且被送到外部应用程序服务器上。响应将会沿着相反的路线被送回到请求程序上</td><td>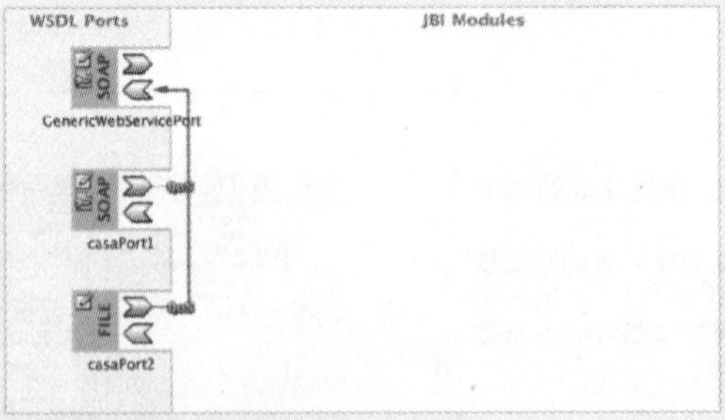
</td></tr>
</table>

（续）

步骤14：通过文件绑定组件进行连接

新的文件端口将会被连接到外部的Web服务SOAP端口上。这意味着新的文件端口将会使用磁盘文件系统来接收Web服务请求，请求将使用归一化的内部总线消息，按照路线发送到外部的Web服务SOAP端口上。请求将被翻译成SOAP，并且被发送到外部应用程序服务器上。响应将会沿着相反的路线被送回到请求程序上。当文件端口连接到SOAP端口上时，需要指定如何在文件系统上接收或者是产生输入/输出流。接下来开始为请求配置输入文件/文件夹

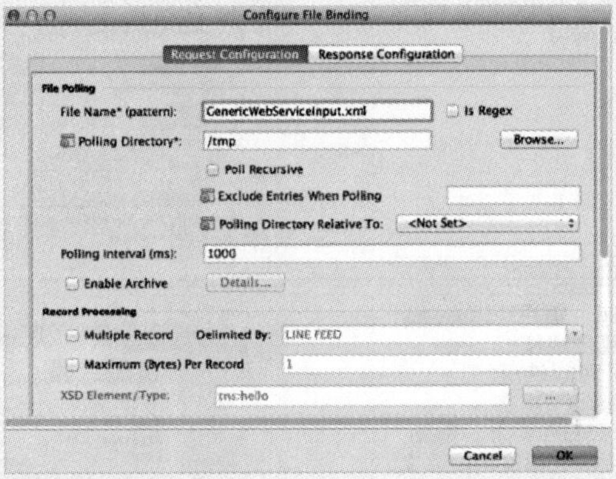

步骤15：指定文件绑定组件的输出

现在，开始为请求配置输出文件/文件夹

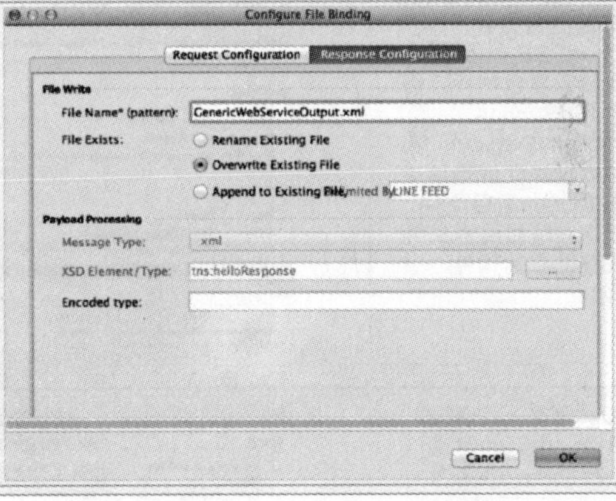

步骤16：创建工程

新建一个项目以便创建一个部署在总线上的构件

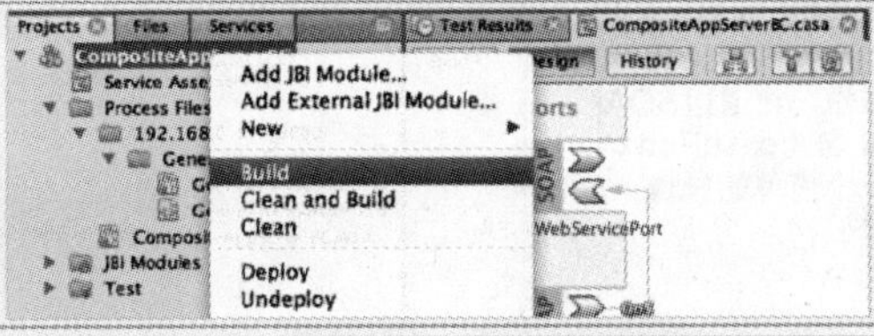

（续）

步骤17：创建结果集
在创建的过程中，将会为复合应用程序产生一个新的WSDL接口。这个新的接口包括SOAP和文件绑定组件接口

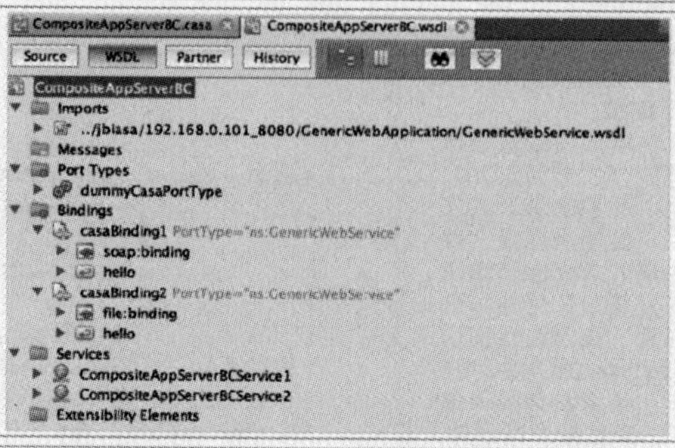

步骤18：使用Netbeans部署复合构件
现在，可以使用Netbeans IDE在OpenESB容器上部署复合构件。在部署期间，文件和SOAP绑定组件将会被启动，并且使用已经在SOA复合项目中指定好的设置进行配置

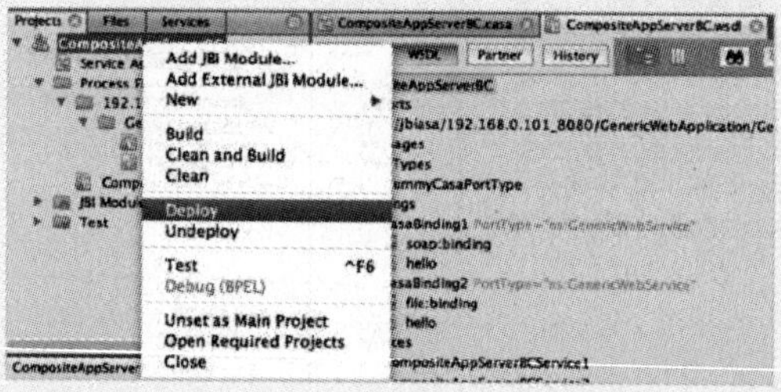

步骤19：使用Web管理控制台部署复合构件
使用OpenESB web 管理控制台部署复合构件，需要选择JBI/Service Assemblies /Deploy。然后，可以选择文件选项来打开Netbeans项目文件夹，以便在项目磁盘文件夹中找到部署的构件

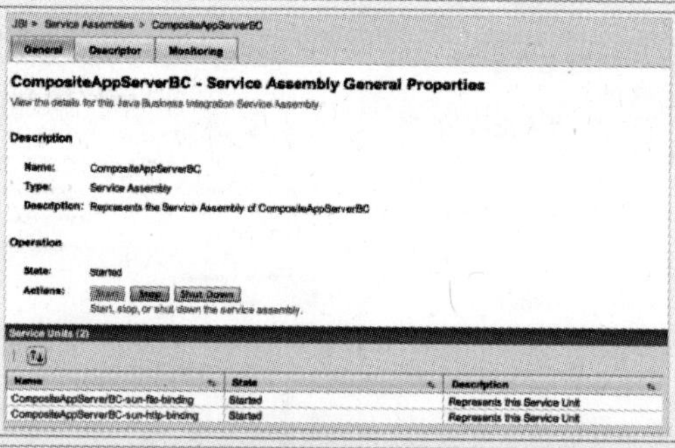

步骤20：创建一个测试
需要选择一个新的测试用例。将创建一个名为TestingSOAPBC的测试用例，以便评估可积性需求是否满足解决方案的需要。需要指定复合应用程序服务器BC WSDL的接口以便选择适当的需要测试的操作。将通过SOAP端口（名为casaPort1）测试一个简单的操作

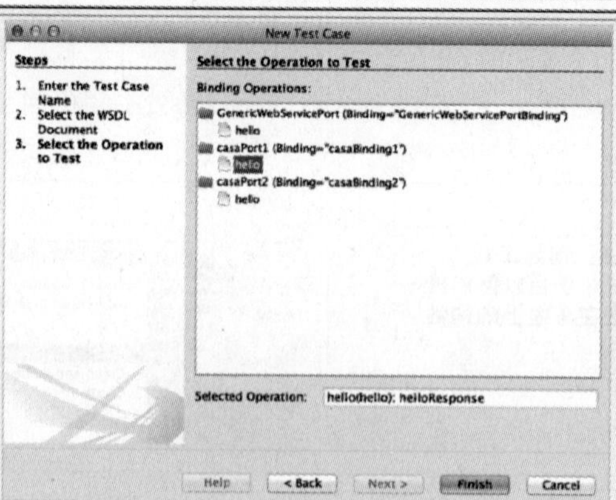

（续）

步骤21：为测试用例提供输入

基于生成的输入测试用例，就像例子中所阐述的那样，改变调用Web服务的名字

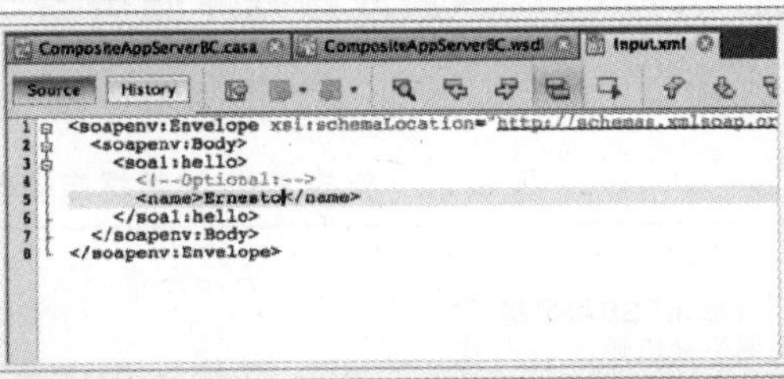

步骤22：为测试用例指定地址和接口

需要为SOAP请求的目的地指定地址和端口。在这里的实例中，将指定OpenESB容器的地址（192.168.0.100）和默认的SOAP绑定组件端口（9080）。URL余下的部分将会为复合应用程序独特地标识SOAP端口的实例

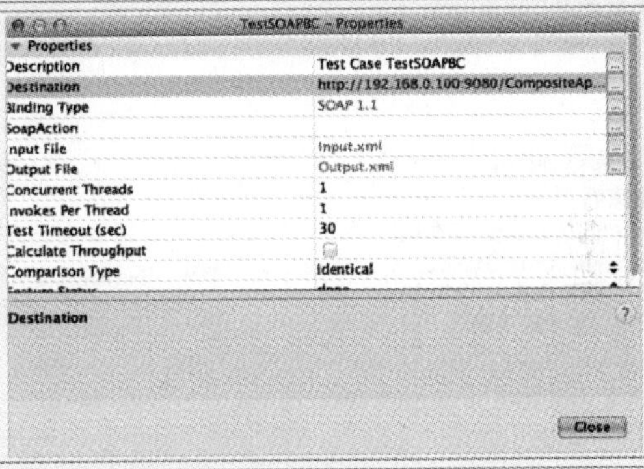

步骤23：运行测试用例，得到结果

现在，可以运行测试用例了。指定的输入将会通过SOAP被送到部署在总线上的绑定组件上。然后，请求会被沿着指定的路线送到其他SOAP绑定组件上，允许连接到外部的Web 服务。如果测试用例成功执行了，会看到一个绿色的测试成功的结果。也可以检测接收到的输出文件

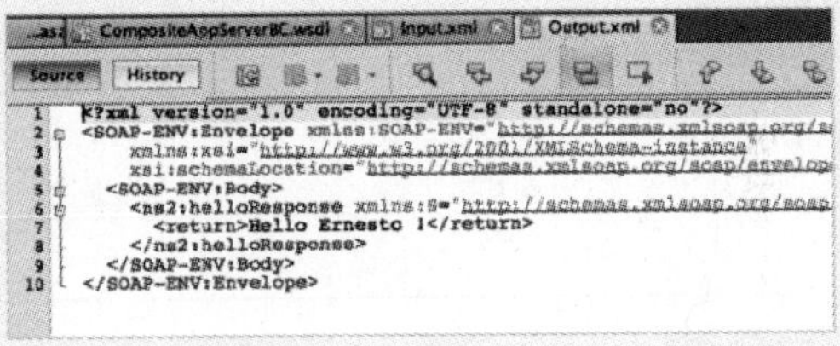

步骤24：通过File BC（二进制文件）运行测试

也可以使用文件绑定组件来运行测试用例。可以复制先前测试用例中使用的消息来调用Web服务，把它粘贴到GenericWebServiceinput.xml中，GenericWebServiceinput.xml在OpenESB虚拟容器（192.168.0.100）的临时文件夹中。如果测试用例成功执行了，几秒后，应该会得到来自GenericWebServiceinput.xml 相同的临时文件夹中的输出文件的回应

```
//create the input file
root@openesb:/tmp# vi GenericWebServiceInput.xml
// provide an input similar to:
<soal:hello xmlns:soal="http://soal.ypbl.net/">
     <!--Optional:-->
     <name>Ernesto</name>
</soal:hello>
// explore the tmp folder
// you can track the folder
// archive  errors  filebc-in-processing
```

4.4.2　在 OpenESB 中集成数据库服务器

表 4.17 中给出的菜单说明了数据库服务器 OpenESB 如何集成到 ESB 上。

表 4.17　集成 ESB 与数据库服务器的步骤

步骤1：OpenESB和数据库服务器平台组件 需要安装好OpenESB和数据库虚拟容器，以备使用	参见：创建ESB虚拟容器，创建数据库服务器虚拟容器
步骤2：连接到OpenESB和数据库容器 遵循指示的方法以便在本机系统上安装OpenESB包，并且连接到包含在平台里的OpenESB数据库容器	参见：Netbeans IDE /连接OpenESB的安装，Netbeans IDE /连接到MySQL服务器
步骤3：作为一种JDBC资源注册数据库 为了简化到数据库的访问，需要在OpenESB安装中创建一个JDBC资源	参见：注册JDBC资源
步骤4：创建一个SOA复合应用程序 使用Netbeans IDE，创建一个SOA复合应用程序，以便设计、部署和测试绑定组件	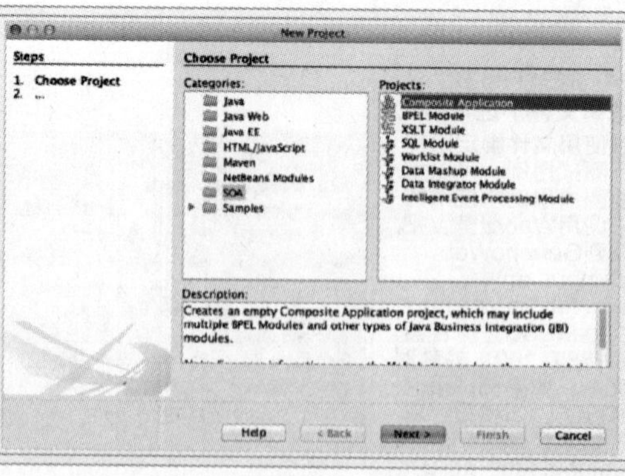

（续）

步骤5：SOA复合应用程序 为复合应用程序指定一个名称	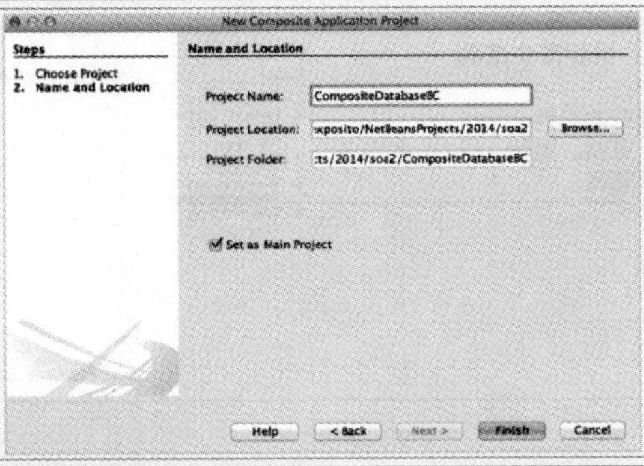
步骤6：增加一个数据库绑定组件 增加一个新的绑定组件，将会使用这个组件把数据库集成到OpenESB上	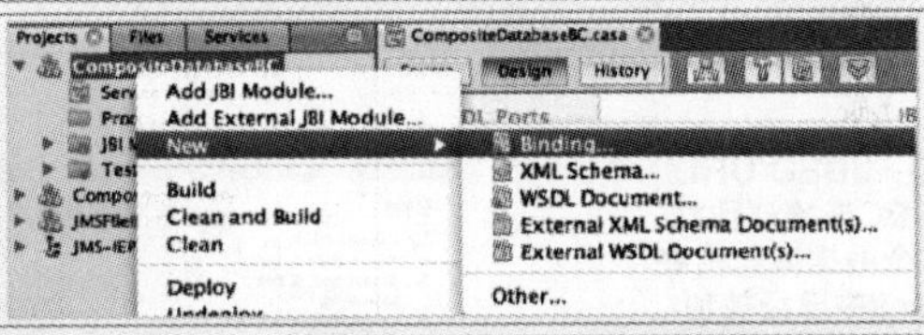
步骤7：选择数据库绑定组件 选择数据库绑定组件模板	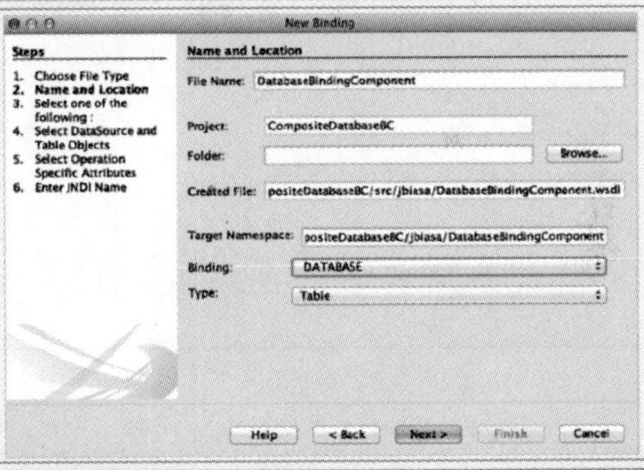
步骤8：选择数据库表 选择表以及在这个表上应该生成哪些数据库管理操作	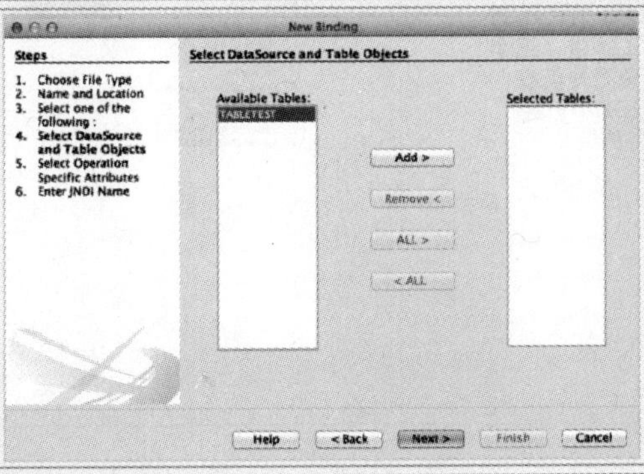

（续）

步骤9：选择要生成的操作
选择所有的操作：插入、更新、删除、查找和轮询

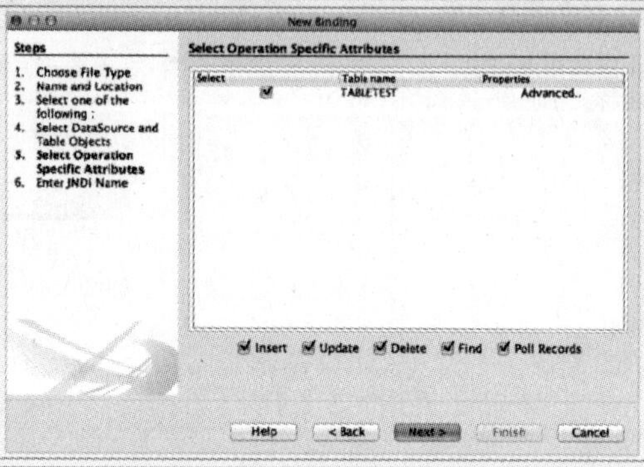

步骤10：JDBC URL
选择JDBC连接到数据库，这个数据库先前在Netbeans中已经被创建了

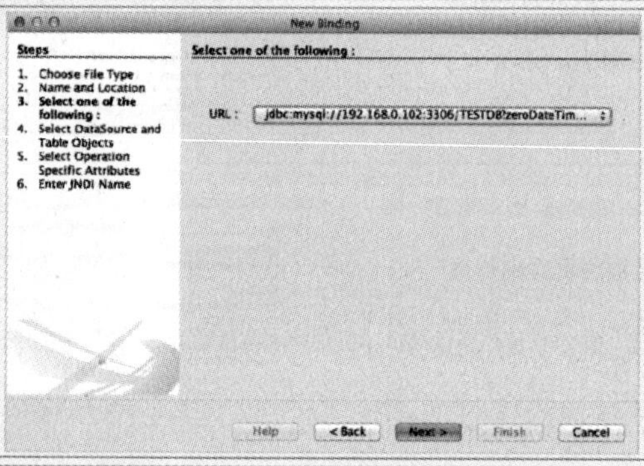

步骤11：JDNI 命名
选择JDNI 的名字到JDBC资源中，这个JDBC资源先前在OpenESB中已经被创建了

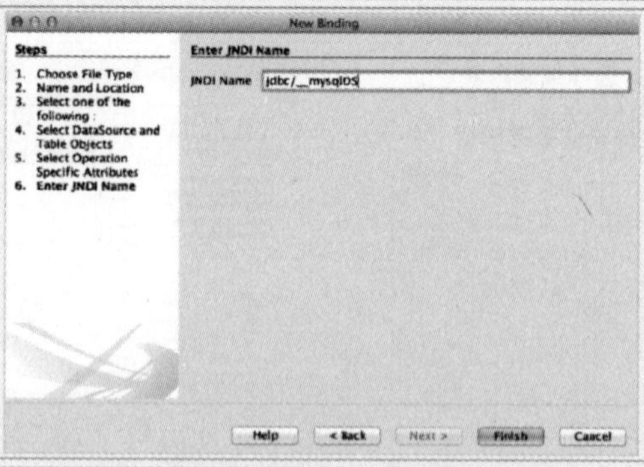

（续）

步骤12：探索生成的WSDL接口
打开为数据库绑定组件生成的WSDL文档。通过使用标准的由Web服务到操作的接口，这个操作由集成的数据库服务器提供，WSDL将会满足互操作性的需求

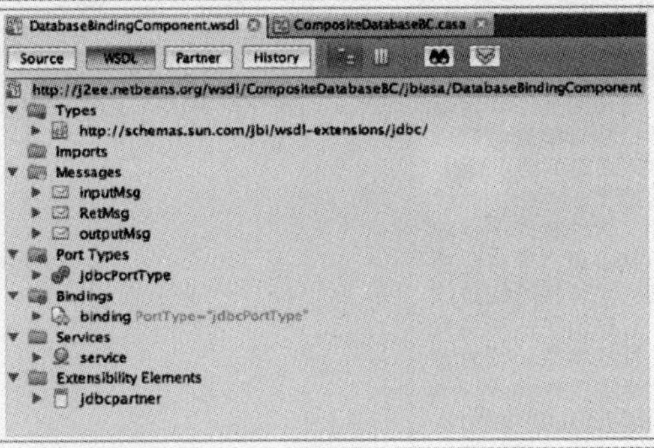

步骤13：检查XSD模式数据模型的生成
核实XSD模式已经生成了。XSD模式展示了数据模型，描述了所选表的列。这个元素也将通过XML消息的使用在各种WSDL操作中传送表数据，来满足互操作性需求

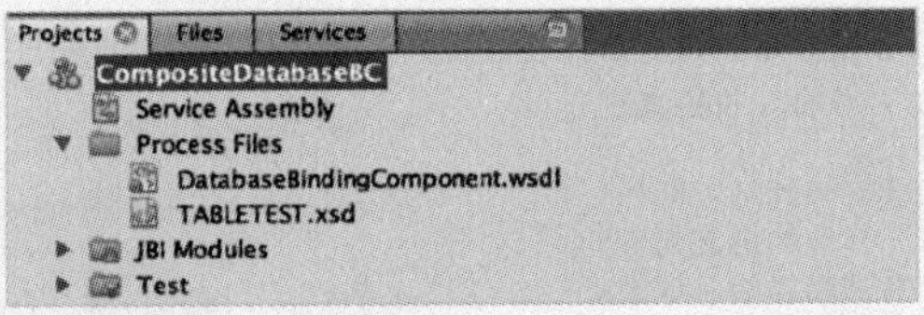

步骤14：固定XSD的位置
可能需要在WSDL绑定组件规格说明范围内，固定XSD模式的位置。到模式的位置属性下，在XSD模式名称的开头增加”./”

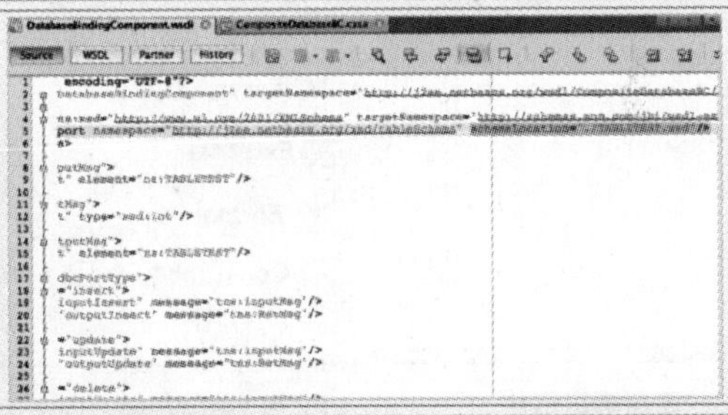

步骤15：加载数据库绑定组件
现在，可以点击复合应用程序的WSDL端口区域，选择正确的按钮加载数据库WSDL端口

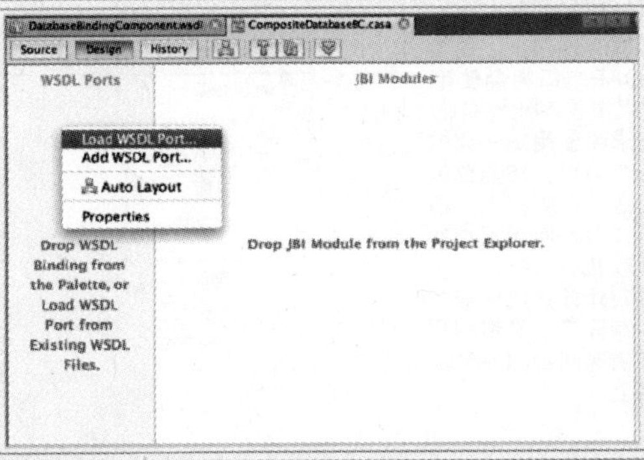

（续）

步骤16：选择数据库绑定组件 需要从可得到的WSDL端口上，选择数据库绑定组件。端口将会被自动定位在WSDL端口区域。这个区域展示了JBI-ESB总线的范围。意味着对于外部的数据库来说，这将会是一个具有可积性的端口。同样，它展示了一个具有互操作性的端口，因为它通过把标准的Web 服务操作翻译成JDBC协议操作来实现与数据库的通信	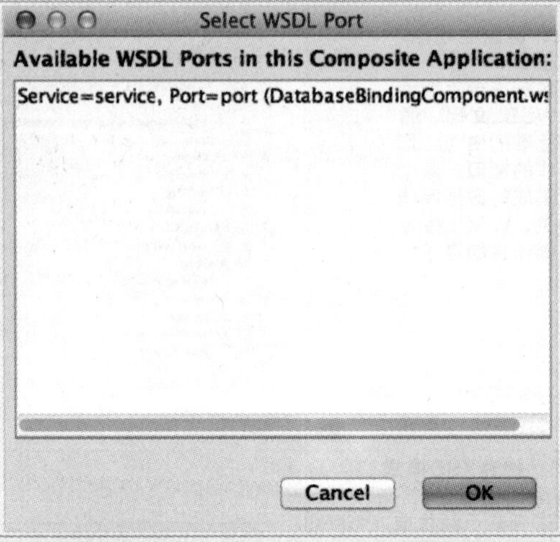
步骤17：增加其他的绑定组件端口 为了测试可积性和互操作性支持，其他的绑定组件端口将会被增加到总线上。选择一个标准的SOAP绑定组件	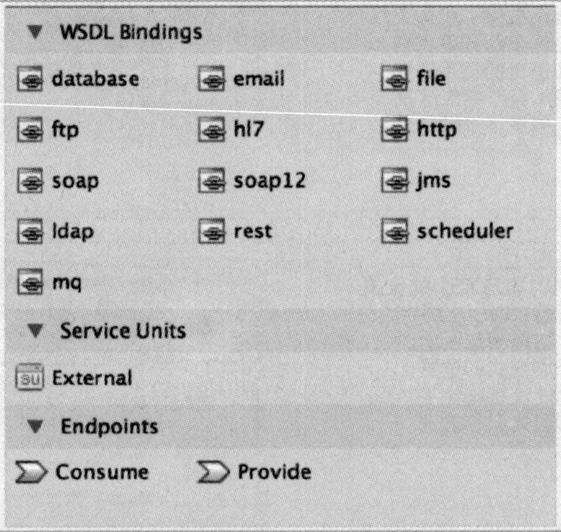
步骤18：连接绑定组件端口 新的SOAP端口将会被连接到数据库端口上。这意味着SOAP端口将会使用SOAP来接收Web服务请求，请求将使用归一化的内部总线消息，按照路线发送到数据库端口上。请求将通过数据库绑定组件被翻译成JDBC命令，并且被送到外部数据库服务器上。响应将会沿着相反的路线被送回到SOAP请求程序上	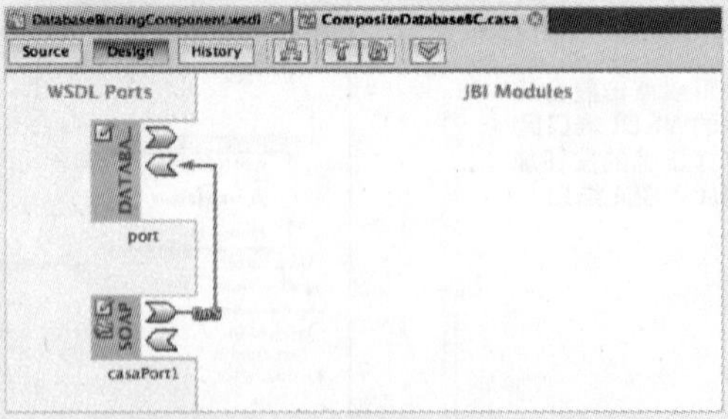

（续）

步骤19：创建工程
新建一个项目以便创建一个部署在总线上的构件

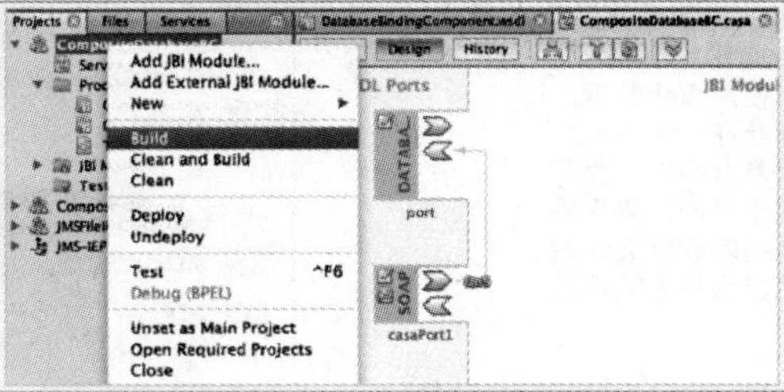

步骤20：创建结果集
在创建的过程中，将会为复合应用程序产生一个新的WSDL接口。这个新的接口包括SOAP和数据库绑定组件端口

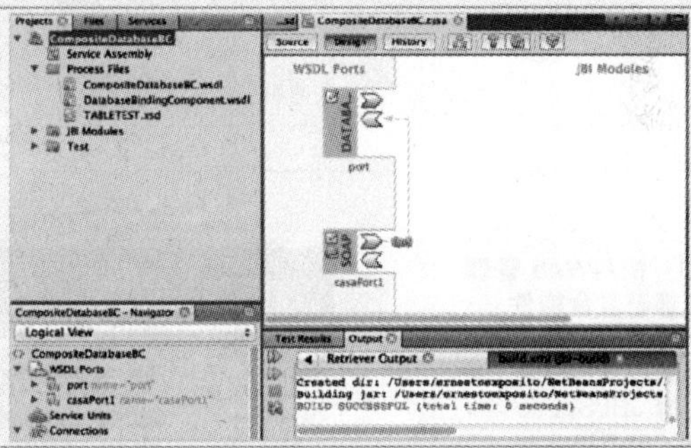

步骤21：使用Netbeans部署复合构件
现在，可以使用Netbeans IDE在OpenESB容器上部署复合构件。在部署期间，数据库和SOAP绑定组件会被启动，并且使用已经在SOA复合项目中指定好的设置进行配置

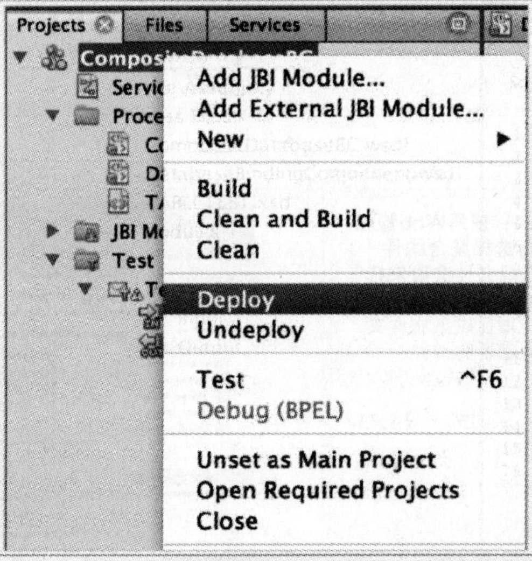

（续）

步骤22：为手动部署定位复合构件

也可以使用Web管理员控制台在OpenESB上部署复合构件。为了达到这个目的，首先需要在项目的磁盘文件夹中确定复合构件的位置

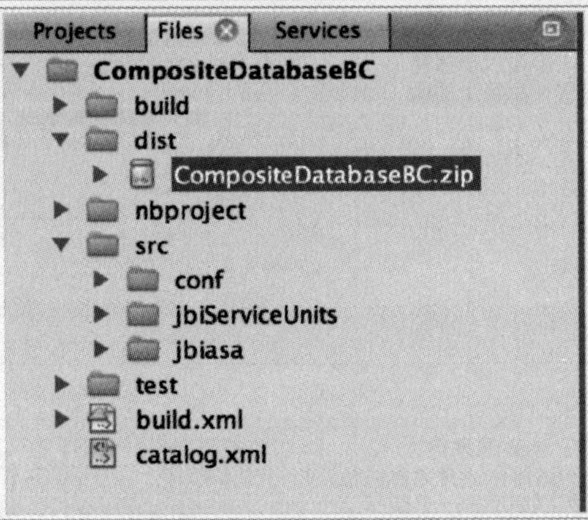

步骤23：使用Web 管理控制台部署复合构件

使用OpenESB Web 管理控制台部署复合构件，需要 选 择 JBI/Service Assemblies /Deploy

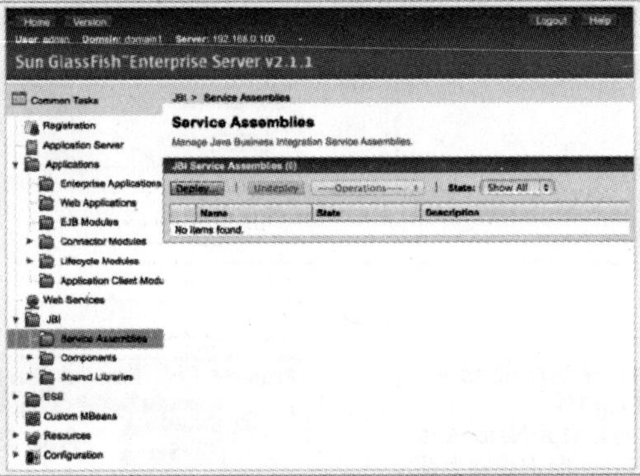

步骤24：使用Web管理控制台选择复合构件

可以选择文件选项来打开Netbeans项目文件夹，以便在项目磁盘文件夹中找到部署的构件

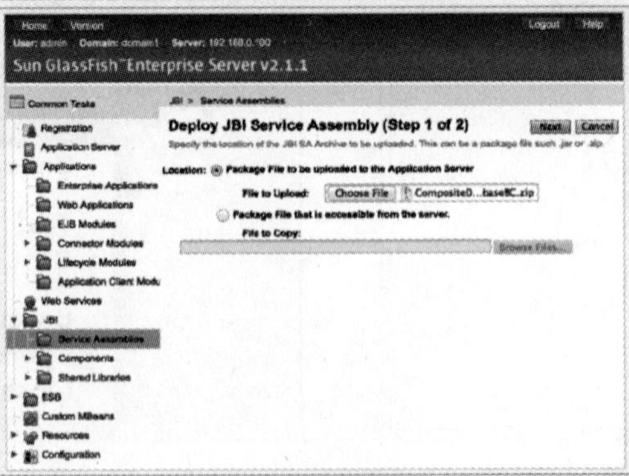

（续）

步骤25：使用Web管理控制台部署复合构件
最后，复合构件已经准备好被部署和启动了

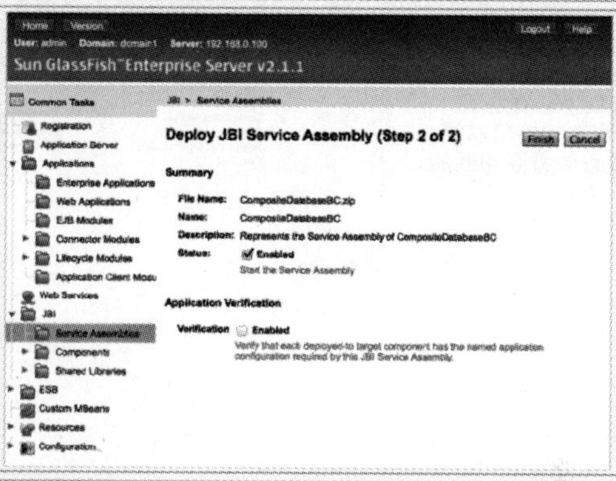

步骤26：从Web管理控制台列出复合构件
如果通过Netbeans选择了自动部署或者通过Web管理控制台选择了手动部署，应该可以在部署的服务程序集列表中看到复合应用程序。应该启动这个状态，它意味着已经可以进行测试了

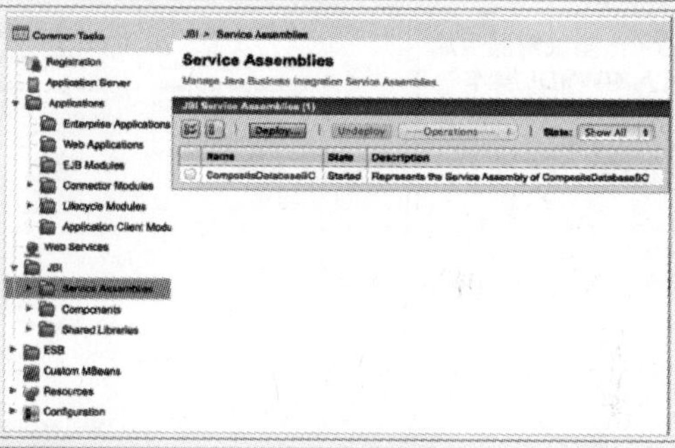

步骤27：创建一个测试
需要选择一个新的测试用例。将创建一个名为TestingDatabaseBC的测试用例，以便评估可集成性需求和互操作性需求是否满足解决方案的需要

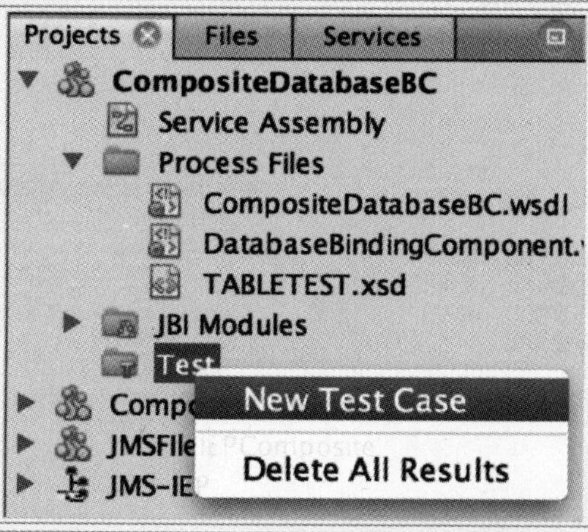

（续）

步骤28：为测试用例生成选择WSDL
需要指定复合数据库BC WSDL的接口以便选择适当的需要测试的操作

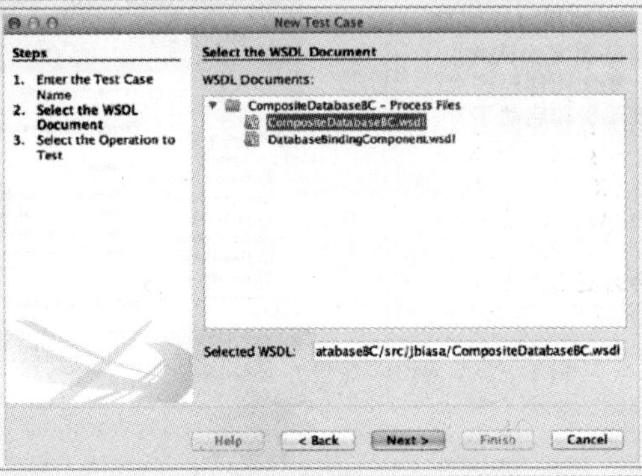

步骤29：为测试用例生成选择插入的WSDL操作
例如，将通过SOAP 端口（名为casaPort1）测试插入操作

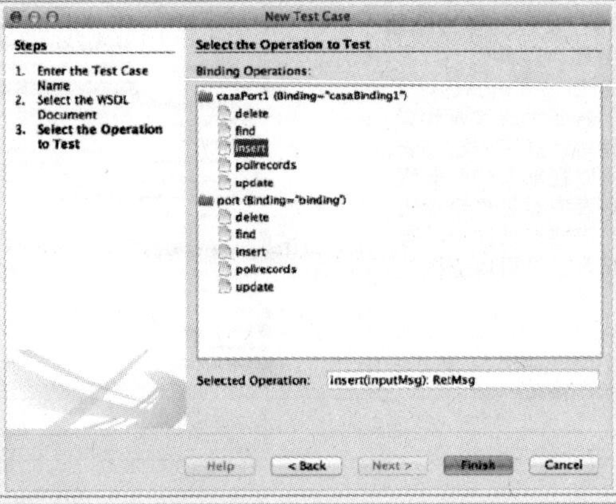

步骤30：为测试用例提供输入
基于生成的输入测试用例，就像例子中所阐述的那样改变ID、名字、邮件属性和值

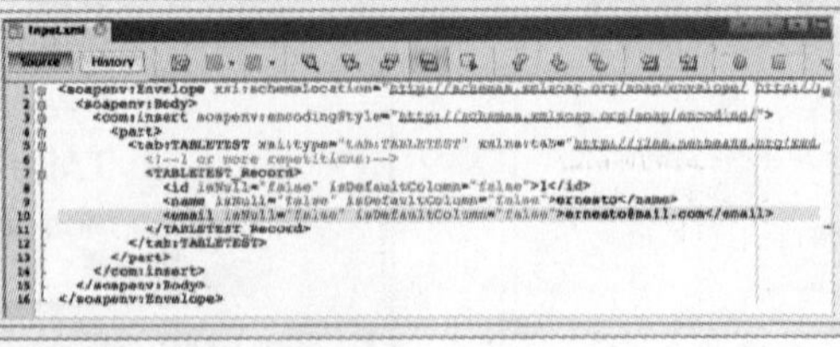

（续）

步骤31：为测试用例指定地址和端口
需要为SOAP请求的目的地指定地址和端口。在这里的实例中，将指定OpenESB容器的地址（192.168.0.100）和默认的SOAP绑定组件端口（9080）。URL余下的部分将会为复合应用程序独特地标识SOAP端口的实例

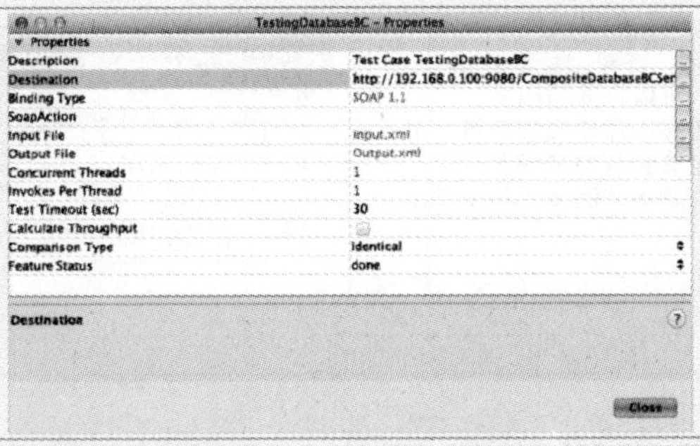

步骤32：运行测试用例
现在，可以运行测试用例了。指定的输入将会通过SOAP被送到部署在总线上绑定的组件上。然后，请求会被沿着指定的路线送到数据库绑定组件上，数据库绑定组件会使用JDBC协议把请求送到数据库服务器上（在JNDL资源范围内标识为192.168.0.102）

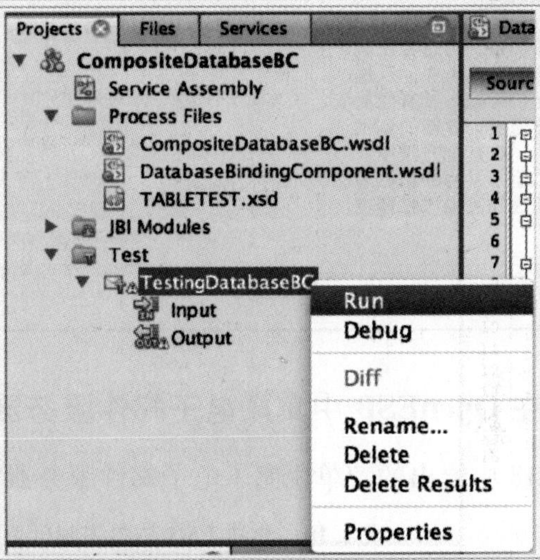

步骤33：从测试用例得到结果
如果测试用例被成功执行了，会看到一个对话框，询问确认接收到的响应是否是所预期的测试输出（以便自动地验证测试结果是否有效）。可以回答“yes”

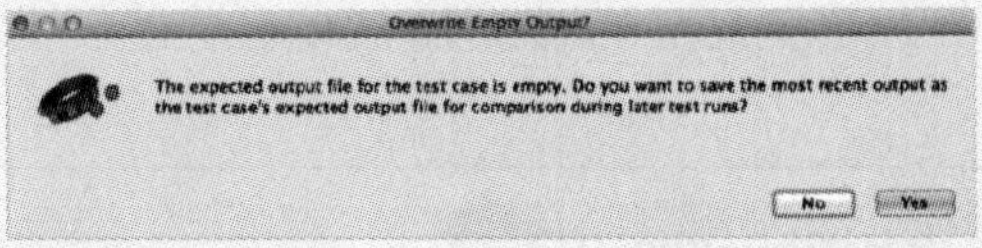

（续）

步骤34：查看测试的结果 现在，可以打开输出文件，如果操作被成功执行了，应该会获得被插入的行的总数（例如，第一行）	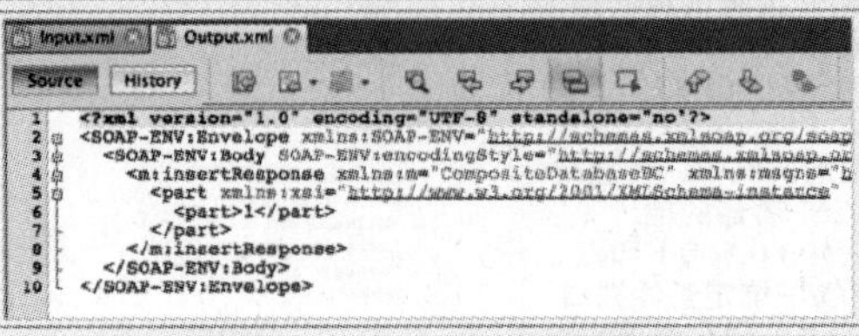

步骤35：在phpMyAdmin中查看结果 也可以访问phpMyAdmin管理控制台以便核实每一行是否正确地被插入到了表中。从这一点上，可以测试其他的操作（通过创建新的测试用例）。在这个方法中，已经展示了平台的数据库的可积性和互操作性属性	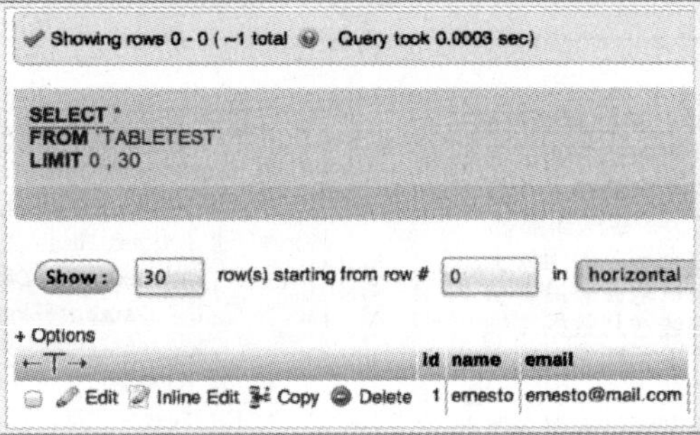

4.4.3　在 OpenESB 中集成电子邮件服务器

表 4.18 中给出的菜单说明了电子邮件服务器如何集成到 OpenESB 上。

表 4.18　集成 ESB 与电子邮件服务器的步骤

步骤1：OpenESB和电子邮件服务器平台组件 需要安装好OpenESB和电子邮件虚拟容器，以备使用	参见：创建ESB虚拟容器，创建电子邮件服务器虚拟容器

步骤2：连接到OpenESB容器 遵循指示的方法以便在本机系统上安装OpenESB包，并且连接到包含在平台里的OpenESB容器	参见：Netbeans IDE /连接OpenESB的安装

（续）

步骤3：配置本机上的入口域名服务器
OpenESB虚拟容器需要识别主机名以及电子邮件服务器的域。由于电子邮件服务器正在使用一个虚拟的IP地址，外部的DNS服务器不能够把电子邮件服务器的名称和域转化为适当的IP地址。由于这个原因，需要编辑OpenESB容器/ect/hosts配置文件，以便手动的在电子邮件服务器mailserver.ypbl.net和192.168.0.103 IP地址间实现这个转化

```
//edit /etc/hosts configuration file
vi /etc/hosts
// add at the end of the file
// the DNS translation
192.168.0.103 mailserver.ypbl.net
```

步骤4：创建一个SOA复合应用程序
使用Netbeans IDE，创建一个SOA复合应用程序，以便设计、部署和测试绑定组件

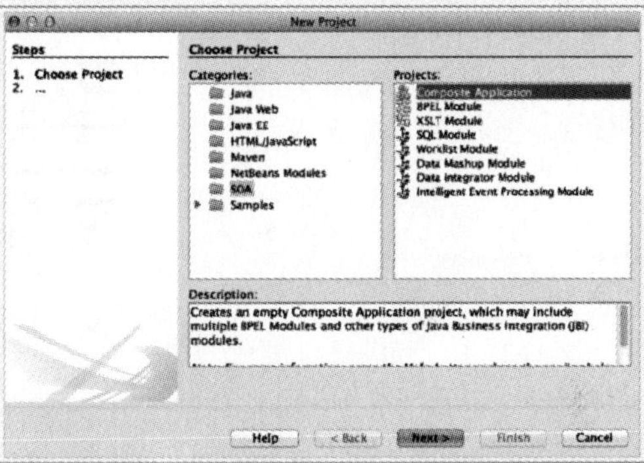

步骤5：SOA复合应用程序
为复合应用程序指定一个名称

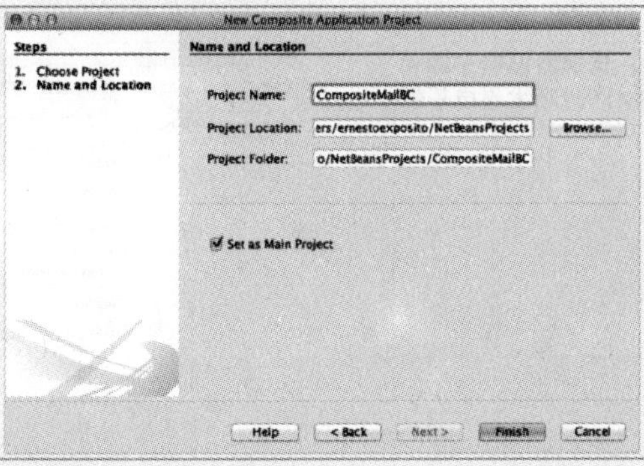

（续）

步骤6：增加一个新的绑定组件 增加一个新的绑定组件，将会使用这个组件把电子邮件服务器集成到OpenESB上	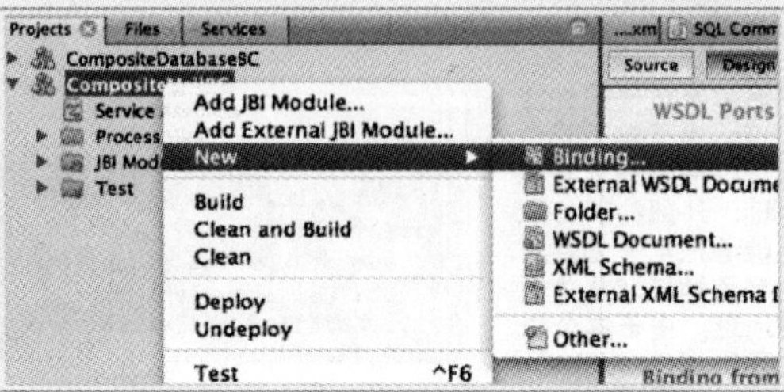
步骤7：选择电子邮件绑定组件 选择电子邮件绑定组件模板	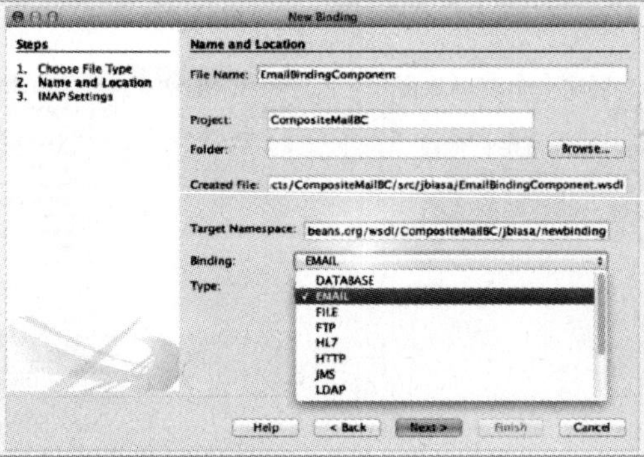
步骤8：选择发出电子邮件 通过SMTP选项发出电子邮件	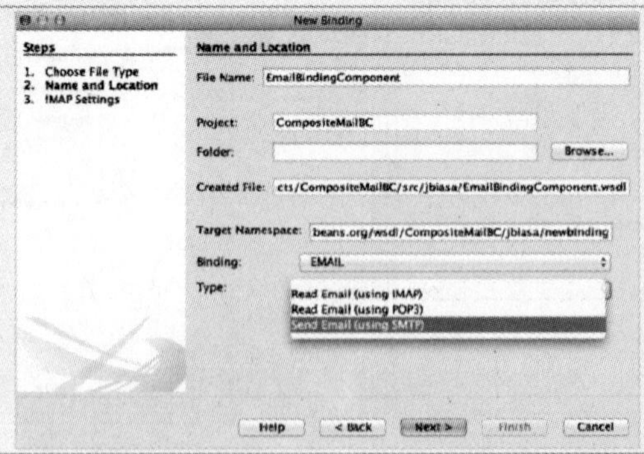

（续）

步骤9：指定电子邮件设置

指定电子邮件服务器和账号设置

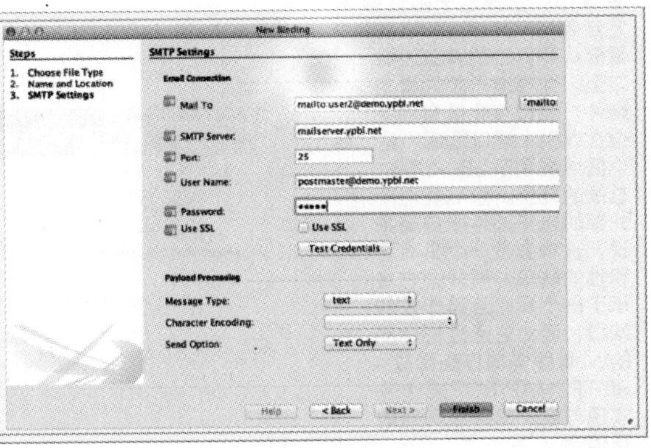

步骤10：探索生成的WSDL接口

打开为数据库绑定组件生成的WSDL文档。通过使用标准的由Web服务到操作的接口，这个操作由集成的电子邮件服务器提供，WSDL将会满足互操作性的需求

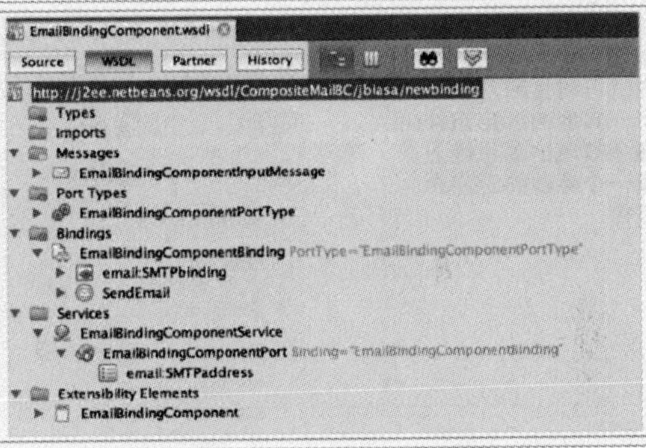

步骤11：加载电子邮件绑定组件

现在，可以点击复合应用程序的WSDL端口区域，选择正确的按钮加载电子邮件WSDL端口

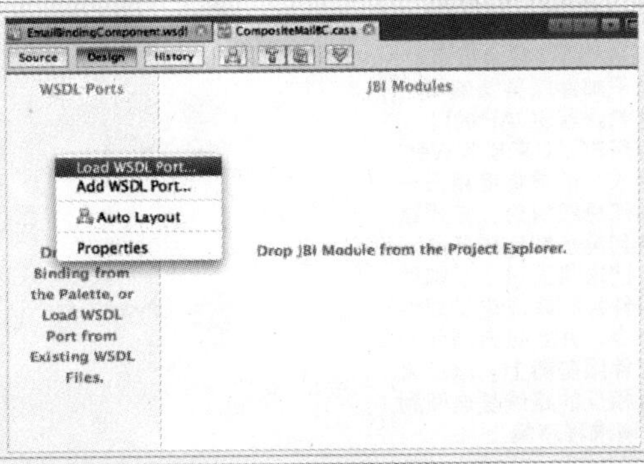

（续）

步骤12：选择电子邮件绑定组件 需要从可得到的WSDL端口上，选择电子邮件绑定组件。端口将会被自动定位在WSDL端口区域。这个区域展示了 JBI-ESB总线的范围。意味着对于外部的电子邮件服务器来说，这将会是一个具有可积性的端口。同样，它展示了一个具有互操作性的端口，因为它通过把标准的Web 服务操作翻译成SMTP/IMAP/POP操作来实现与电子邮件服务器的通信	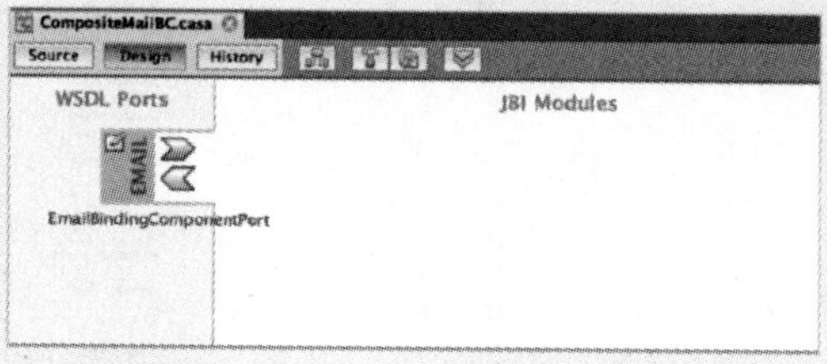
步骤13：增加其他的绑定组件端口 为了测试可积性和互操作性支持，其他的绑定组件端口将会被增加到总线上。将选择一个标准的SOAP绑定组件	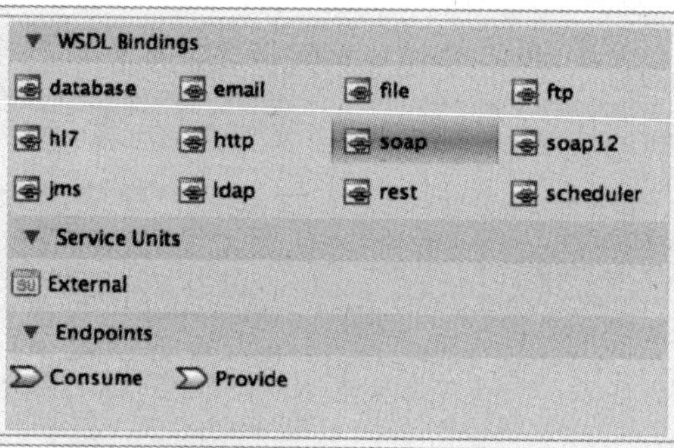
步骤14：连接绑定组件端口 新的SOAP端口将会被连接到电子邮件服务器端口上。这意味着SOAP端口将会使用SOAP来接收Web服务请求，请求将使用归一化的内部总线消息，按照路线发送到电子邮件服务器端口上。请求将通过电子邮件绑定组件被翻译成电子邮件协议命令，并且被送到外部电子邮件服务器上。响应将会沿着相反的路线被送回到SOAP请求程序集上	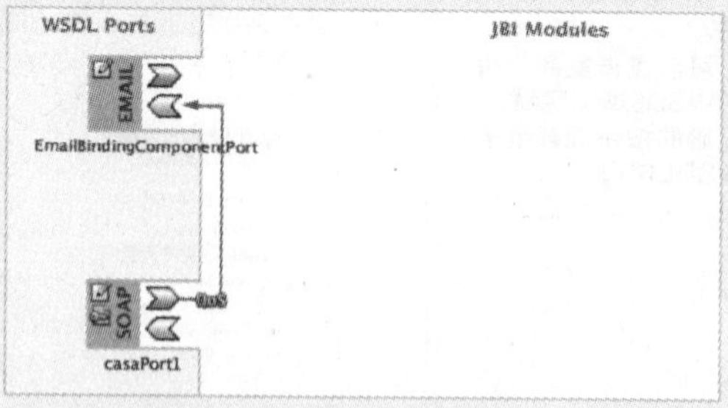

（续）

<table>
<tr><td>步骤15：创建工程
新建一个项目以便创建一个部署在总线上的构件</td><td>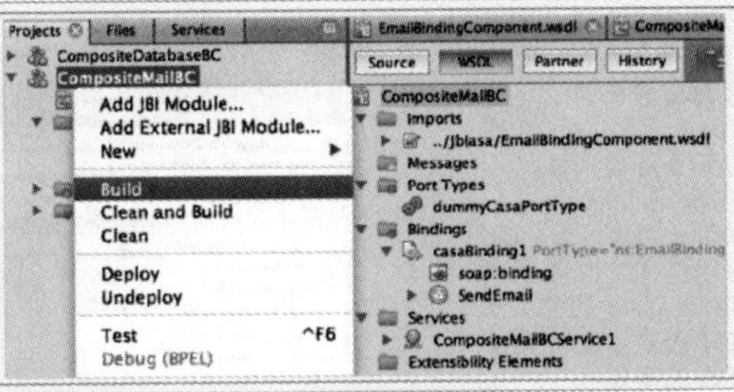
</td></tr>
<tr><td>步骤16：创建结果集
在创建的过程中，将会为复合应用程序产生一个新的WSDL接口。这个新的接口包括SOAP和电子邮件绑定组件端口</td><td>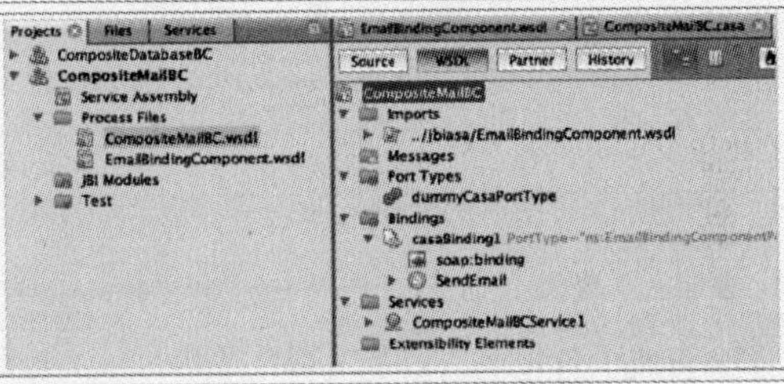
</td></tr>
<tr><td>步骤17：使用Netbeans部署复合构件
现在，可以使用Netbeans IDE在OpenESB容器上部署复合构件。在部署期间，电子邮件和SOAP绑定组件会被启动，并且使用已经在SOA复合项目中指定好的设置进行配置</td><td>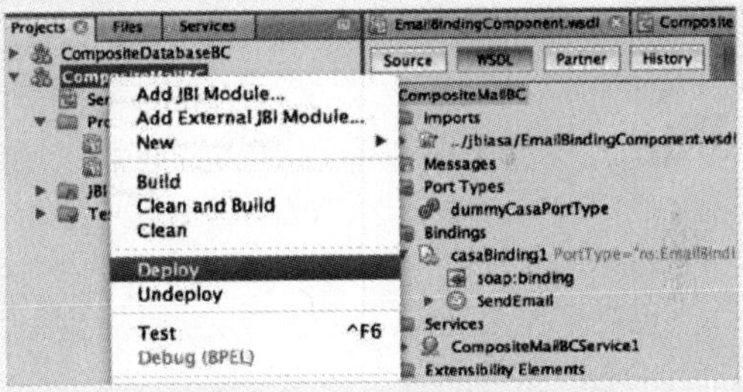
</td></tr>
<tr><td>步骤18：为手动部署定位复合构件
也可以使用Web管理员控制台在OpenESB上部署复合构件。为了达到这个目的，首先需要在项目的磁盘文件夹中确定复合构件的位置</td><td>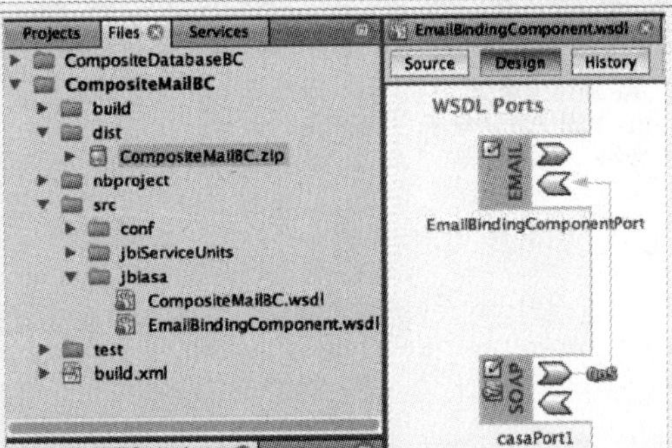
</td></tr>
</table>

（续）

步骤19：使用Web 管理控制台部署复合构件
使用OpenESB Web 管理控制台部署复合构件，需要选择JBI/Service Assemblies /Deploy。然后，可以选择文件选项来打开Netbeans项目文件夹，以便在项目磁盘文件夹中找到部署的构件

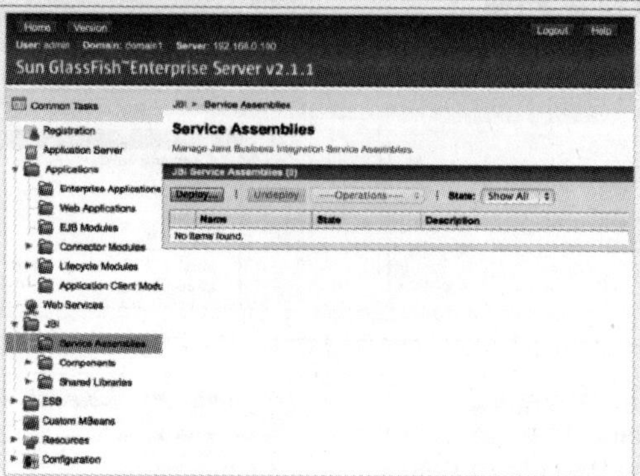

步骤20：创建一个测试
需要选择一个新的测试用例。将创建一个名为TestingEmailBC的测试用例，以便评估可积性需求和互操作性需求是否满足解决方案的需要

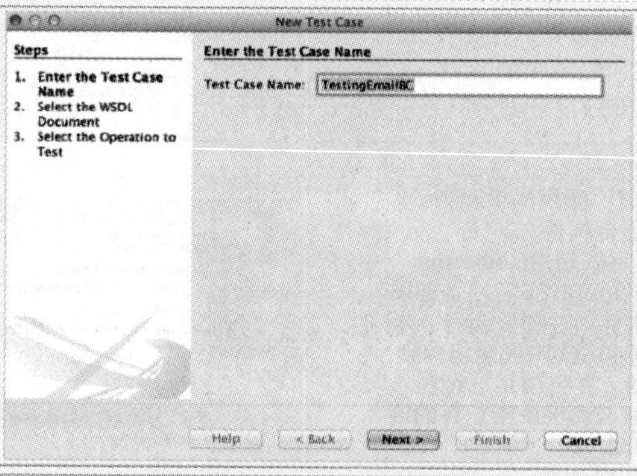

步骤21：为测试用例生成选择WSDL
需要指定复合电子邮件BC WSDL的接口以便选择适当的需要测试的操作。将通过SOAP端口（名为casaPort1）测试发送电子邮件的操作

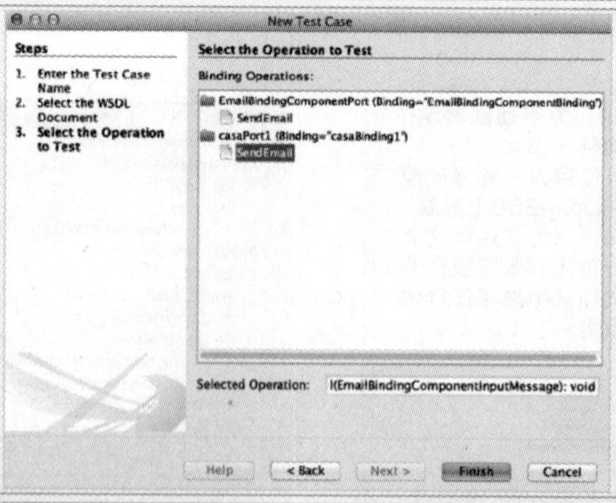

（续）

步骤22：为测试用例提供输入 基于生成的输入测试用例，就像例子中所阐述的那样改变收件人/发件人、主题和消息属性	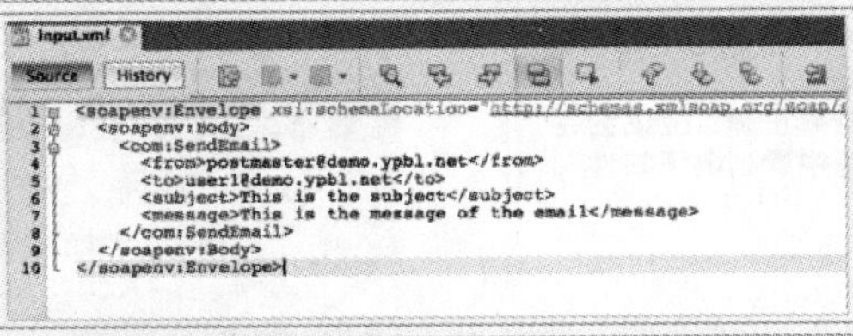
步骤23：为测试用例指定地址和端口 需要为SOAP请求的目的地指定地址和端口。在这里的实例中，将指定OpenESB容器的地址（192.168.0.100）和默认的SOAP绑定组件端口（9080）。URL余下的部分将会为复合应用程序独特地标识SOAP端口的实例	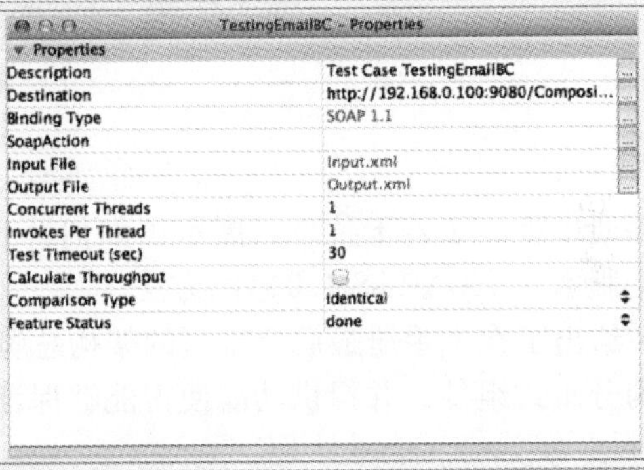
步骤24：运行测试用例 现在，可以运行测试用例了。指定的输入将会通过SOAP被送到部署在总线上绑定的组件上。然后，请求会被沿着指定的路线送到电子邮件绑定组件上，电子邮件绑定组件会使用SMTP把请求送到电子邮件服务器上	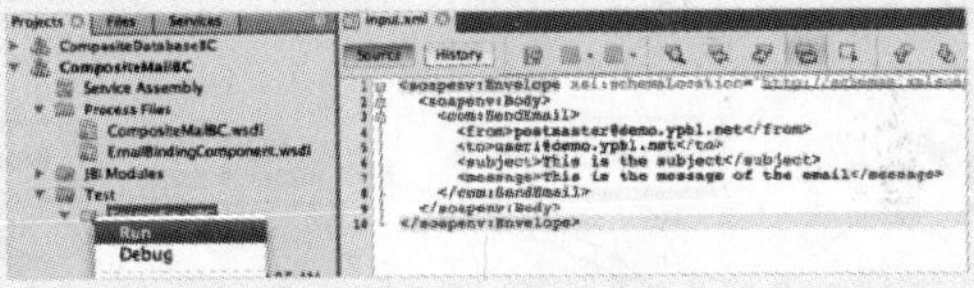
步骤25：从测试用例得到结果 如果测试用例被成功执行了，会看到一个绿色的测试成功的结果。现在可以连接到由电子邮件服务器容器在http://192.168.0.103/mail 网址提供的网页邮件上，以便检查电子邮件是否已经被正确地接收了	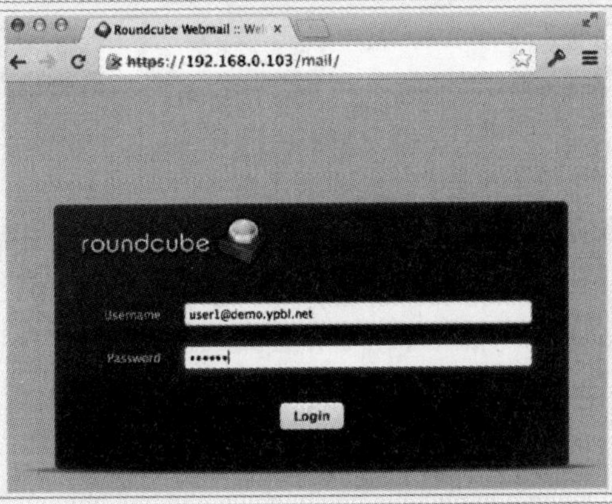

（续）

步骤26：检查电子邮件的收件箱 如果结果正确，应该会在收件箱中看到电子邮件	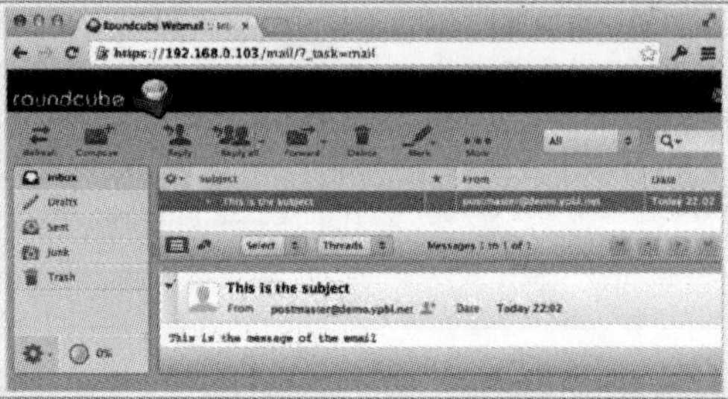

4.5 小结

在本手册中提出了若干菜单，展示了如何开发智能 SOA 平台即服务解决方案的第一个版本（SSOAPaaS 1.0）的方法。

图 4.7 给出了在本手册最后所得到的架构总览。平台包括 ESB，ESB 集成了所有的异构分布式组件，并提供功能使得能够保证集成组件之间的互操作性。

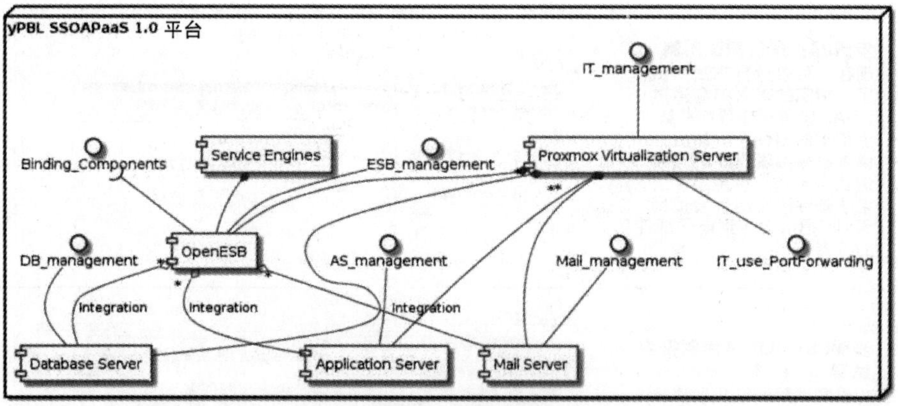

图 4.7　SSOAPaaS 1.0 平台总览

图 4.8 阐述了让所有平台需求都能得到满足相关菜单。这个平台可以从 http://paas.ssoapaas.r1.ypbl.net 网站下载。附加的文档可以在 http://docs.ssoapaas.r1.ypbl.net 网站上找到。

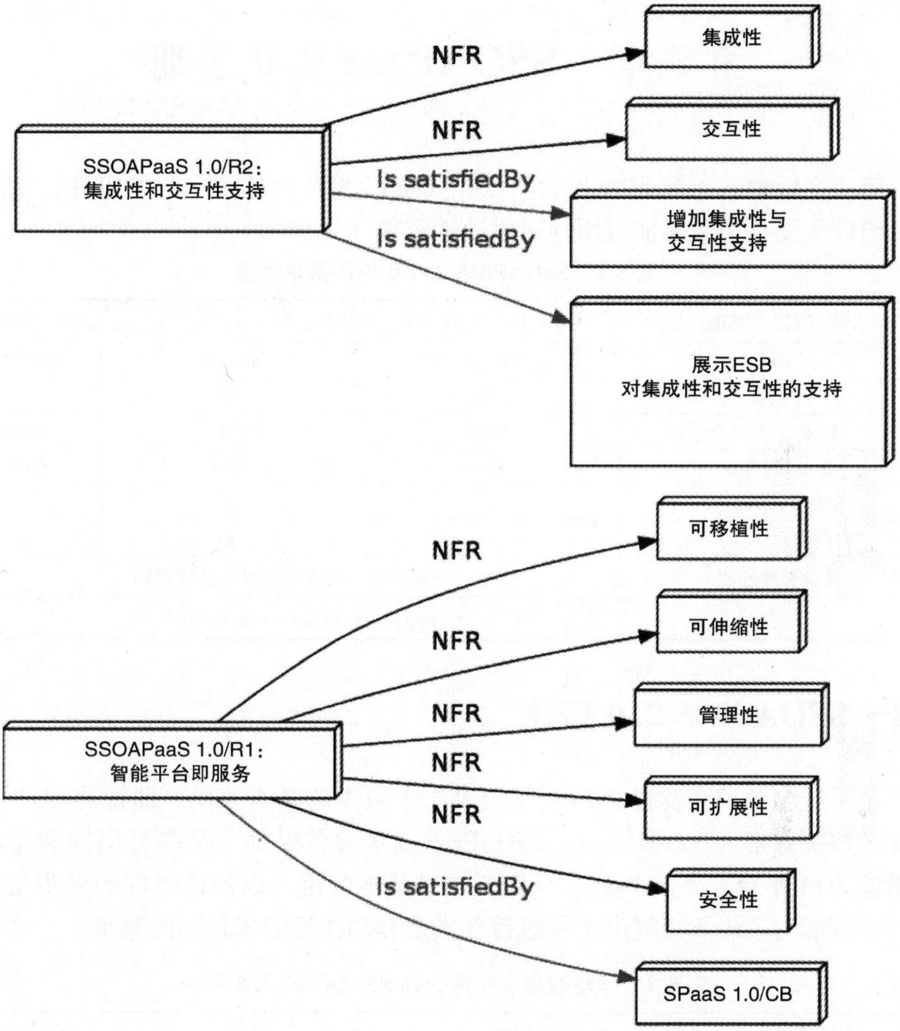

图 4.8　SSOAPaaS 1.0 平台的需求满意度

第 5 章　SSOAPaaS 2.0 手册

第二个版本的智能 SOA 平台（SSOAPaaS 2.0）包括了专门的组件，这些专门的组件主要是为了保证可用性和主动性需求（见表 5.1）。

表 5.1　SSOAPaaS 2.0 手册的菜单概览

yPBL 项目：ESBay	（*）1. 需求（F：功能性，NF：非功能性，P：过程，等）		
ID	NF-05	NF-09	NF-10
优先级	H	H	H
（*）2. 标识方案：手册	安全性	可用性	互动性
（*）3. 进展状态	满足	满足	满足
SSOAPaaS 2.0	×	×	×
面向消息中间件	×	×	×
复杂事件处理	关于这一矩阵的更多信息请访问		
	http：//docs. ssoapaas. r2. ypbl. net		

5.1　SSOAPaaS 2.0 概述

本手册包含了开发智能 SOA 平台第二个版本的基本菜单，即智能 SOA 平台即服务解决方案（SSOAPaaS）。SSOAPaaS 2.0 旨在提供一个高可用性和主动性的智能 SOA 平台。SSOAPaaS 2.0 需要提供基本的组件以保证组件的异步集成和事件处理能力。表 5.2 提供了一组旨在满足非功能性需求目标的菜单。

表 5.2　非功能需求矩阵驱动 SSAOPaaS 2.0 平台

技术需求	描述	目标	菜单
SSOAPaaS 2.0/R1：智能可移植性、可扩展性、可集成性与交互平台	SSOAPaaS 2.0 平台需要在智能可移植、可扩展的集成与交互平台上进行开发	可移植性 可扩展性 集成性 交互性	SSOAPaaS 1.0/CB
SSOAPaaS 2.0/R2：智能与可用性平台即服务	平台需要具有能够实现异步集成功能的组件从而确保可用性需求	可用性	增加可用性支持
SSOAPaaS 2.0/R3：智能与互动平台即服务	平台需要具有能够实现复杂事件处理能力的组件从而确保互动性需求	互动性	增加互动性支持

5.2　SSOAPaaS 1.0 的使用

智能 SOA 平台即服务解决方案的第一个版本（SSOAPaaS 1.0）在先前的内容中已经讲解过了，它用于应对 SSOAPaaS 2.0 的可移植性、可扩展性、可集成性和互操作性等非功能性需求。

SSOAPaaS 1.0 平台可以从 http://paas.ssoapaas.r1.ypbl.net 网站下载。这个平台附加的文档可以在 http://docs.ssoapaas.r1.ypbl.net 网站上找到。表 5.3 中描述的方法在前面已经进行了展示，它给出了指导 SSOAPaaS 1.0 平台创建的抽象步骤。

表 5.3　创建 SSOAPaaS 1.0 平台的步骤

步骤1：基础智能PaaS平台 遵循指示的方法建立基础智能PaaS平台，扩展SOA的功能	参见：SPaaS 1.0/CB
步骤2：增添ESB集成组件 遵循指示的方法来增加ESB集成组件	参见：创建ESB虚拟容器
步骤3：增加应用服务器组件 遵循指示的方法来增加应用服务器组件，以便在部署互操作性组件时使用	参见：创建应用程序服务器虚拟容器
步骤4：增加数据库服务器组件 遵循指示的方法来增加数据库服务器组件，以便在集成互操作性组件时使用	参见：创建数据库服务器虚拟容器
步骤5：增加电子邮件服务器组件 遵循指示的方法来增加电子邮件服务器组件，以便在通过电子邮件集成互操作性人机交流时使用	参见：创建电子邮件服务器虚拟容器

5.3　添加可用性支持

这一菜单描述了异步消息传递组件的创建和使用以保证可用性需求。SSOAPaaS 1.0 平台增加了集成企业服务总线和异构服务器（见图 5.1）。其中，OpenMQ MOM 虚拟容器部署在 Proxmox 虚拟架构上，并且集成到了 ESB 上。

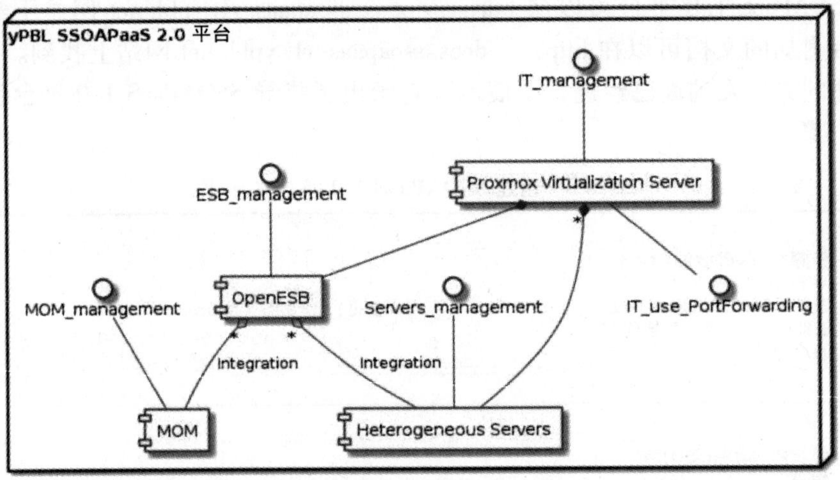

图 5.1　在 SSOAPaaS 2.0 平台上创建 MOM 组件

5.3.1　创建面向消息的中间件虚拟容器

为了实现组件的异步集成，满足平台的可用性需求，表 5.4 中给出了描述创建和部署一个虚拟容器的具体步骤，包括一个面向消息中间件（MOM）组件。

这个容器将被部署在基于 Proxmox 解决方案的虚拟化 IT 架构上。

表 5.4　创建面向消息的中间件虚拟容器的步骤

步骤1：创建一个Linux容器 遵循指示的方法来检索一个Ubuntu Linux 的容器模板，将使用这个容器模板为MOM组件安装容器。在这个方法中，将使用Ubuntu 12.04 32位的模板	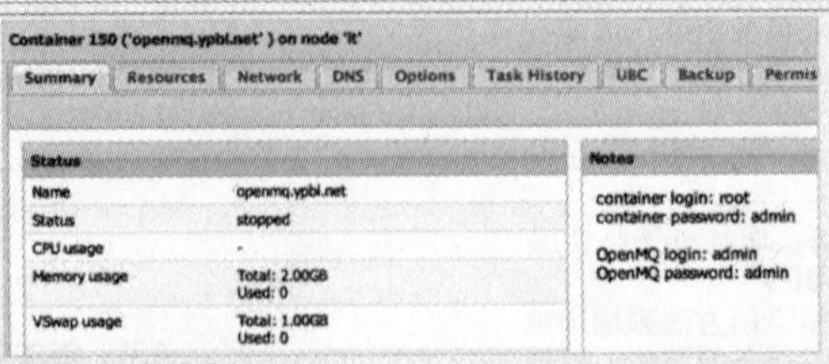 使用：Ubuntu 12.04 参见：创建Proxmox虚拟化组件，扩展Proxmox虚拟设备模板

（续）

步骤2：网络设置 配置网络接口，例如，为容器配置192.168.0.150的IP地址	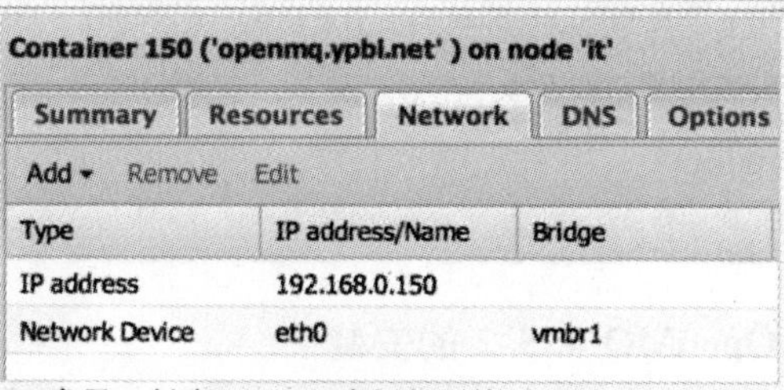 参见：创建Proxmox虚拟化组件

步骤3：通过SSH连接到容器
使用SSH连接到容器。可能需要配置路由表以便能够直接访问到虚拟容器

```
// to add the route in your host system
//  to access your guest system
// via the proxmox your container from
sudo route add -net 192.168.0.0 -netmask 255.255.255.0
   -gateway IP_PROXMOX_VM

// test the connection to the container from your host
ping 192.168.0.150

// connect to the container
// use the same login/password specified
// during the installation, e.g. root/admin

ssh root@192.168.0.150
```

步骤4：安装JDK（Java开发工具包） 遵循指示的方法安装JDK。在这个方法中，将使用JDK 6 的版本以满足OpenMQ解决方案的需求	使用：JDK6.X 参见：JDK6.X的安装

步骤5：安装OpenMQ 遵循指示的方法安装OpenMQ解决方案。在这个方法中，将使用OpenMQ 4.5.2 版本	使用：OpenMQ4.5.2 参见: OpenMQ4.5.2的安装

（续）

步骤6：测试安装
连接到OpenMQ容器的7676端口以便访问Web服务器接口，从而执行管理性操作

5.3.1.1 OpenMQ 4.5.2 的安装

表5.5 描述了 Open Source Message Queue（开源消息队列）4.5 的安装。

表 5.5 安装 OpenMQ 的步骤

步骤1：安装
下载OpenMQ的安装程序，并且把它上传到服务器上用于安装的目录文件夹下

```
//create a folder in the server
mkdir /usr/local/openmq

//upload the binary file
//and unzip it
unzip openmq4_5_2-binary-Linux_X86.zip
```

使用：JDK6.X，OpenMQ4.5.2, Ubuntu 13.10

步骤2：启动MOM服务器
使用“/usr/local/mq/bin/imqbrokerd”命令来启动MOM服务器

```
//launch the imqbrokerd command
/usr/local/openmq/mq/bin/imqbrokerd&

//you should obtain a log similar to
[DATE/TIME]
=====================
Open Message Queue 4.5.2
Oracle
Version:  4.5.2
.........................
```

步骤3：从网络上进行访问
OpenMQ安装程序应该可以从网络上访问到，从Web浏览器上输入下列网址对它进行测试：http://192.168.0.150:7676

（续）

步骤4：创建一个队列
使用“mq/bin/imqcmd create dst”命令创建一个队列
	<pre>//create a queue
	// create dst: create a destination for messages
	// -n namequeue: named namequeue
	// -t q: of type queue
	// administrator default credentials: admin/admin
	/usr/local/openmq/mq/bin/imqcmd create dst -n namequeue -t q
	
	// you should get a result similar to:
	Creating a destination with the following attributes:
	
	Destination Name namequeue
	Destination Type Queue
	
	On the broker specified by:
	
	------------------------- 	
	Host Primary Port
	------------------------- 	
	localhost 7676
	
	Successfully created the destination.</pre>

步骤5：创建一个主题
使用“mq/bin/imqcmd create dst”命令创建一个主题
	<pre>//create a topic
	// create dst: create a destination for messages
	// -n nametopic: named nametopic
	// -t t: of type topic
	// administrator default credentials: admin/admin
	/usr/local/openmq/mq/bin/imqcmd create dst -n nametopic -t t
	
	// you should get a result similar to:
	Creating a destination with the following attributes:
	
	Destination Name nametopic
	Destination Type Topic
	
	On the broker specified by:
	
	------------------------- 	
	Host Primary Port
	------------------------- 	
	localhost 7676
	
	Successfully created the destination.</pre>

（续）

步骤6：列出目的地
使用“mq/bin/imqcmd list dst”命令列出MOM的目的地（队列和主题）
	// list dst: list the destinations for messages
	// administrator default credentials: admin/admin
	/usr/local/openmq/mq/bin/imqcmd list dst
	
	// you should get a result similar to:
	Listing all the destinations on the broker specified by:
	
	------------------------- 	
	Host Primary Port
	------------------------- 	
	localhost 7676
	
	------------------------ 	
	Name Type State ...
	
	------------------------- 	
	mq.sys.dmq Queue RUNNING
	namequeue Queue RUNNING
	nametopic Topic RUNNING
	
	Successfully listed destinations.

步骤7：关掉 MOM服务器
使用“mq/bin/imqcmd shutdown bkr”命令关掉MOM服务器
	//shutdown bkr: shutdown the MOM broker
	// administrator default credentials: admin/admin
	/usr/local/openmq/mq/bin/imqcmd shutdown bkr
	
	// you should get a result similar to:
	Shutting down the broker specified by:
	
	------------------------- 	
	Host Primary Port
	------------------------- 	
	localhost 7676
	
	Are you sure you want to shutdown this broker? (y/n)[n] y
	....

5.3.2 可用性支持

表5.6中给出的步骤说明了，应该如何使用由MOM提供的可用性支持以避免失去到服务的消息发送，这个服务可能由于故障或维护变得不可用。

表5.6 面向消息的中间件可用性支持的步骤

步骤1：OpenESB和MOM平台组件 需要安装好OpenESB和MOM虚拟容器，以便使用	参见：创建面向消息中间件虚拟容器，创建ESB虚拟容器

（续）

步骤2：创建一个复合应用程序
创建一个复合应用程序，这个应用程序将会提供同步的服务（在一个文件中写下多行记录）

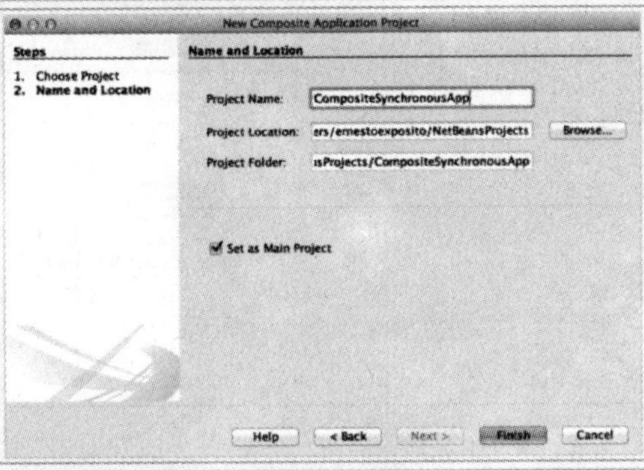

步骤3：增加一个文件绑定组件
增加一个写类型的文件绑定组件到文件系统中

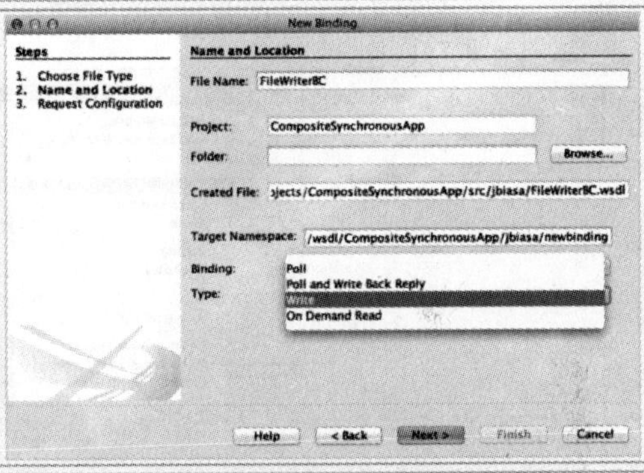

步骤4：选择目标文件和文件夹
通过指定文件的名字（例如，output.xml）和文件系统文件夹（例如，/tmp），来配置绑定组件，在这些地方将会增加文本行

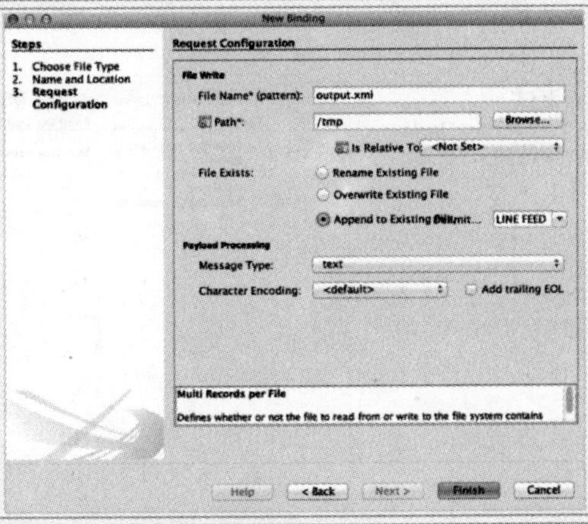

（续）

步骤5：装载绑定组件 装载文件绑定组件，并且增加其他的SOAP类型的绑定组件，将同步调用写操作	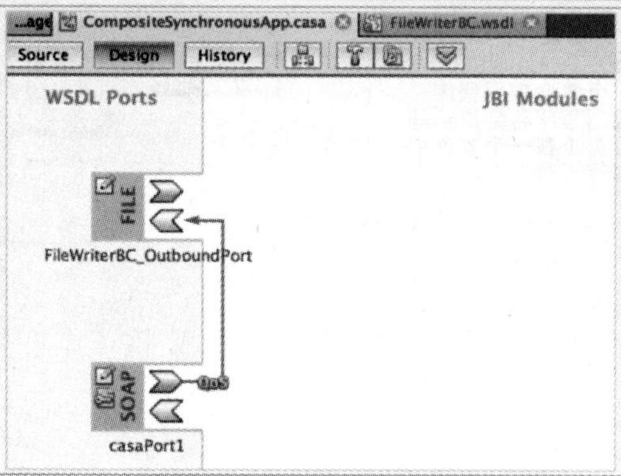
步骤6：运行 运行应用程序	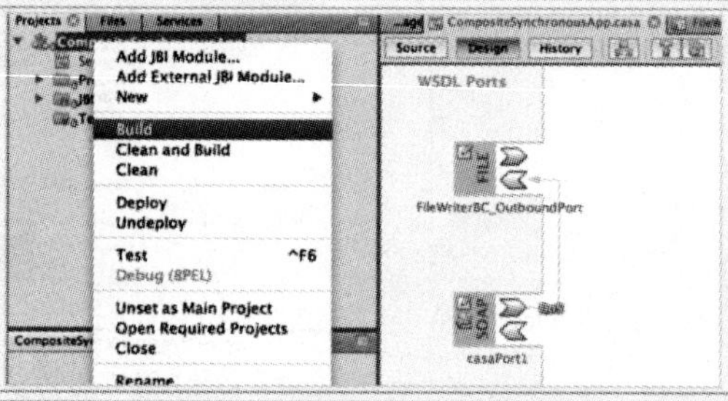
步骤7：测试 创建一个名为TestCase SyncWrite的测试用例	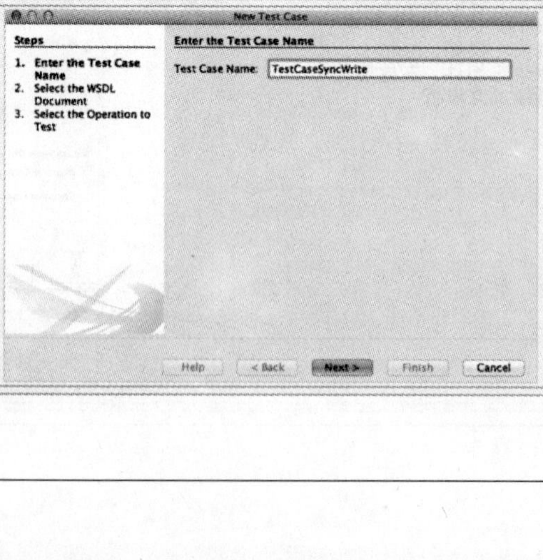

（续）

步骤8：WSDL接口的选择

选择复合应用程序WSDL

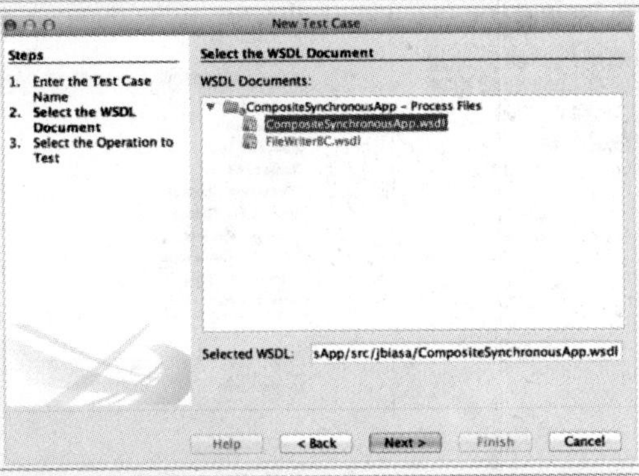

步骤9：选择要测试的操作

从SOAP端口用例选择写操作

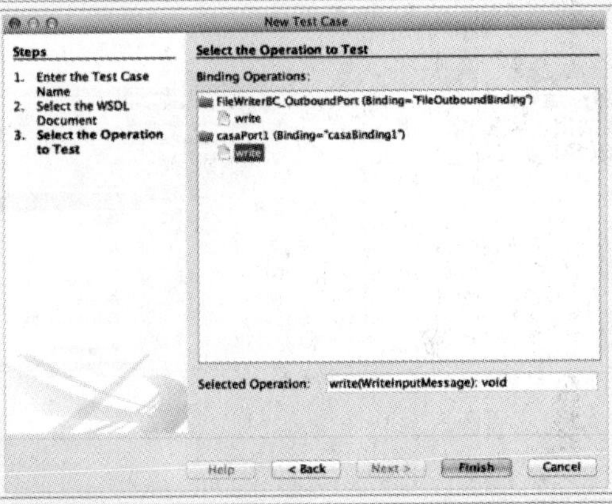

步骤10：准备测试输入

在input.xml用例中写下一些文本

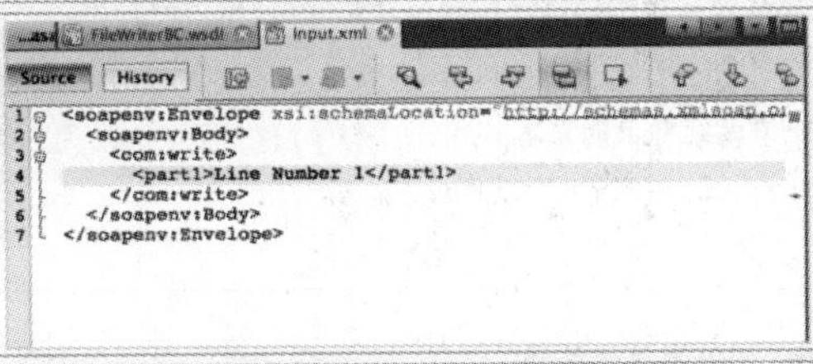

步骤11：部署

部署应用程序以便实例化绑定组件

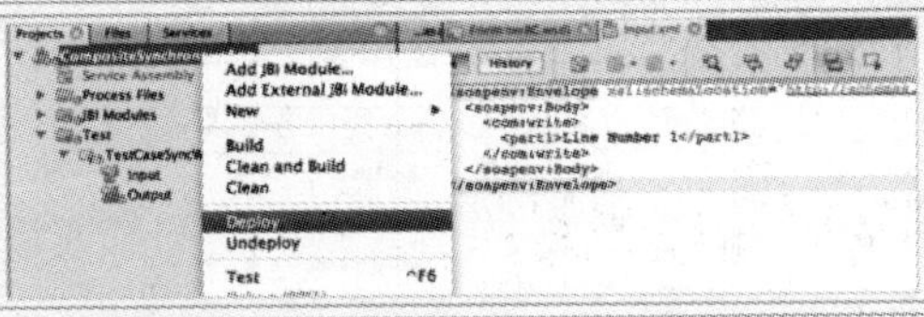

（续）

步骤12：调整测试端口

改变测试用例的目的地址URL，以便连接到部署在OpenESB虚拟容器上的SOAP绑定组件

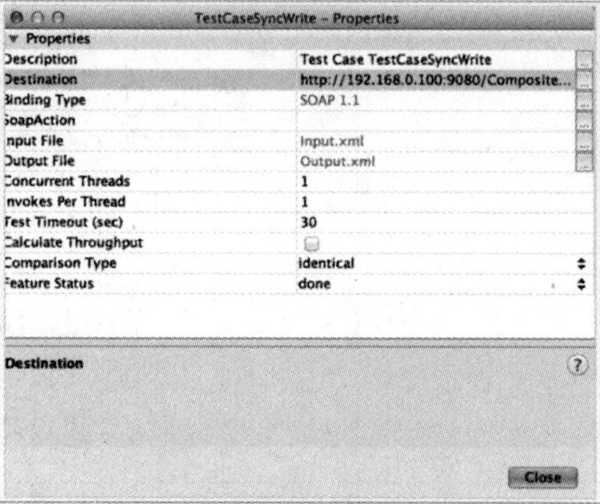

步骤13：运行

运行测试用例，发送input.xml到SOAP端口

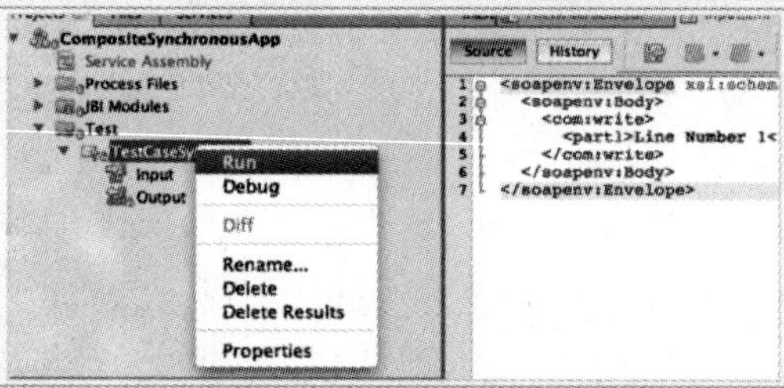

步骤14：检查结果

打开OpenESB虚拟容器的/tmp文件夹，应该会得到一个成功的结果，应该会找到一个output.xml的文件，这个文件包含了被发送到SOAP绑定组件上的文本

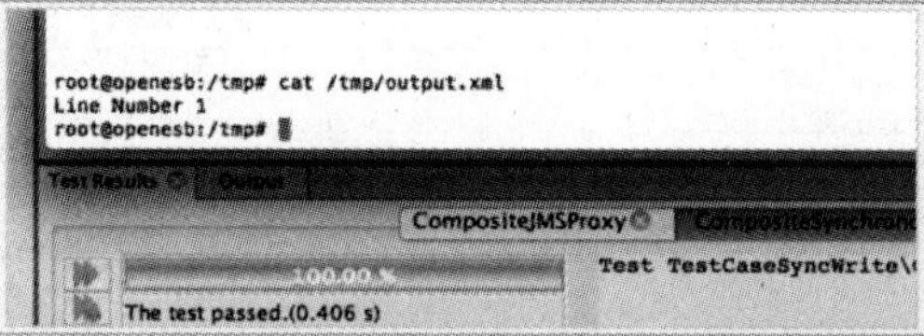

步骤15：如何满足可用性

说明如何把服务转换为一个总是可用的服务。连接到MOM容器，创建一个新的名为qwritefile的队列

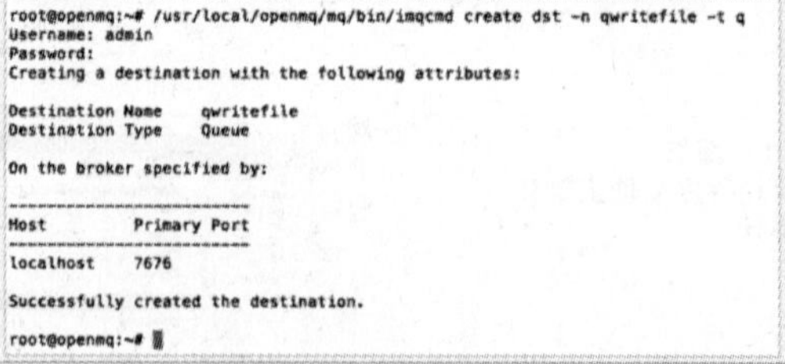

（续）

步骤16：监测队列

在队列上激活监测程序以便观察消息到达和离开队列

```
root@openmq:~# /usr/local/openmq/mq/bin/imqcmd metrics dst -n qwritefile -t q
Username: admin
Password:
Displaying destination metrics where:

-----------------------------------
Destination Name    Destination Type
-----------------------------------
qwritefile          Queue

On the broker specified by:

-------------------------
Host          Primary Port
-------------------------
localhost     7676

--------------------------------------------------------------------------
 Msgs     Msg Bytes        Msg Count          Total Msg Bytes (k)    Largest
In  Out   In    Out   Current  Peak  Avg  Current   Peak      Avg    Msg (k)
--------------------------------------------------------------------------
0   0     0     0     0        0     0    0         0         0      0
0   0     0     0     0        0     0    0         0         0      0
0   0     0     0     0        0     0    0         0         0      0
```

步骤17：增加JMS绑定组件

现在，使用组件的调色板增加一个JMS绑定组件

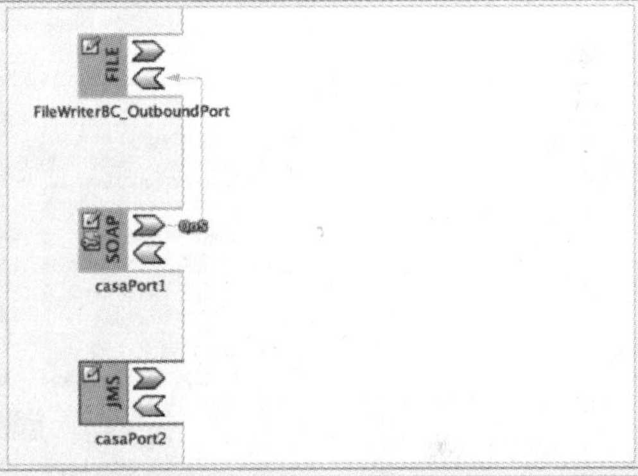

步骤18：连接到JMS绑定组件

连接JMS绑定组件到文件绑定组件。它将会被自动识别为一个JMS消费者。需要指定MOM的地址和登录用户名以及密码（比如，admin/admin）

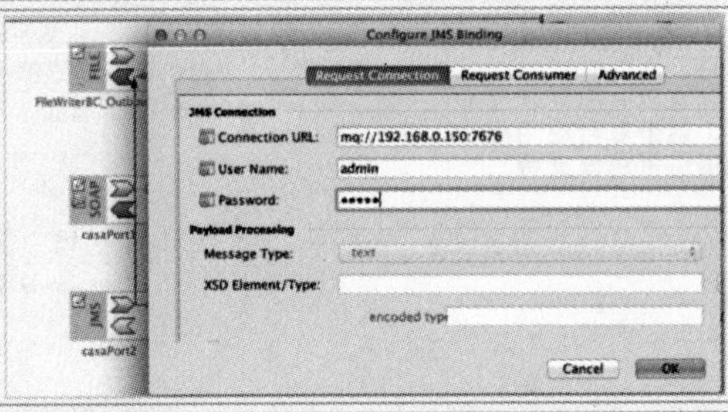

步骤19：指定消息通道

需要指定队列的名称

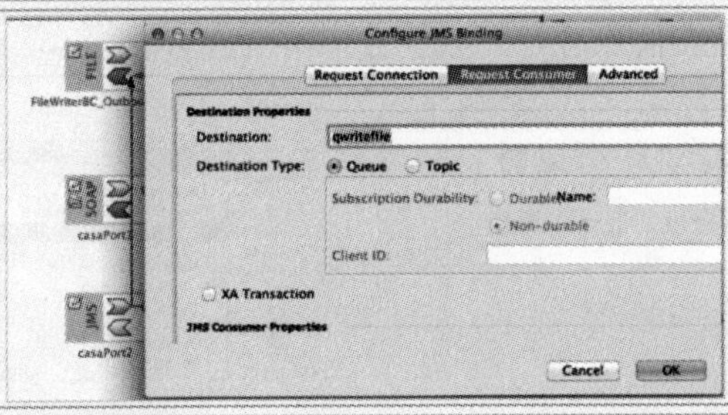

（续）

步骤20：运行
现在，运行应用程序

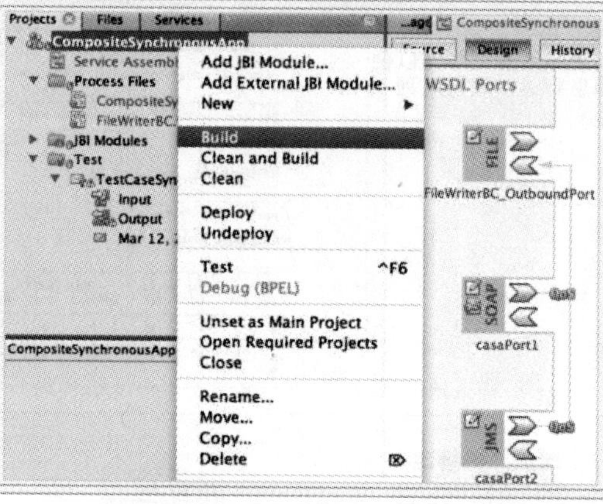

步骤21：部署
再次部署它

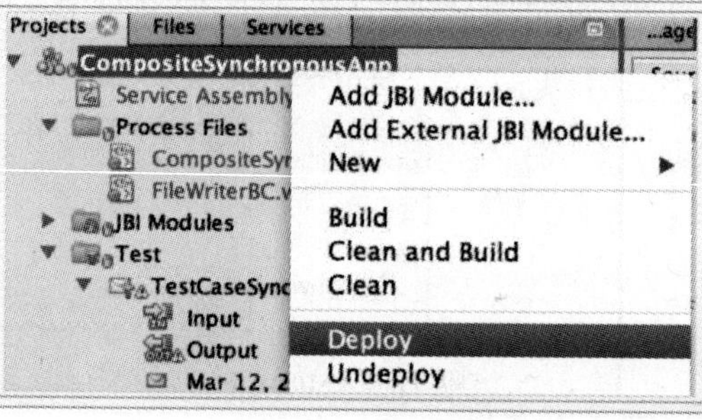

步骤22：创建可用性复合应用程序
现在，创建另一个复合应用程序，这个复合应用程序将会提供可用性支持

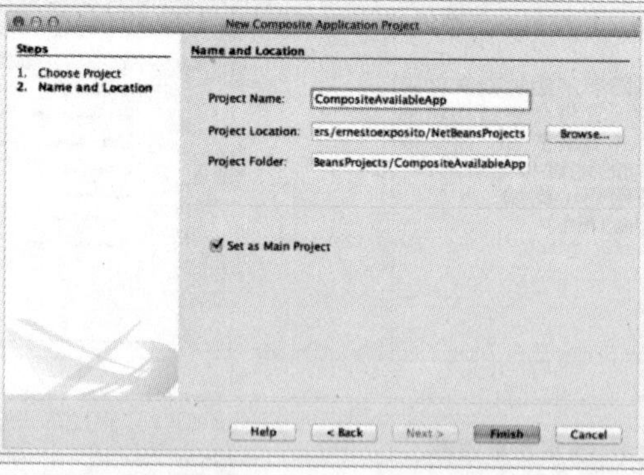

步骤23：增加一个新的绑定
为应用程序创建一个新的绑定

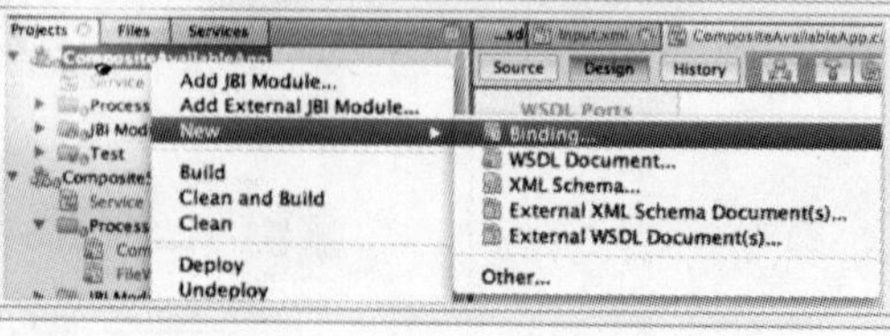

（续）

步骤24：指定JMS绑定组件
指定绑定组件的名字和类型（例如，JMSSendBC）

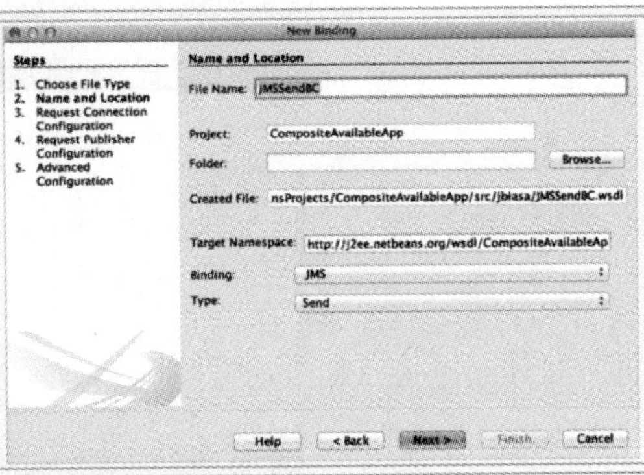

步骤25：消息通道
指定MOM的地址和管理证书（例如，admin/admin）以及消息通道的名字

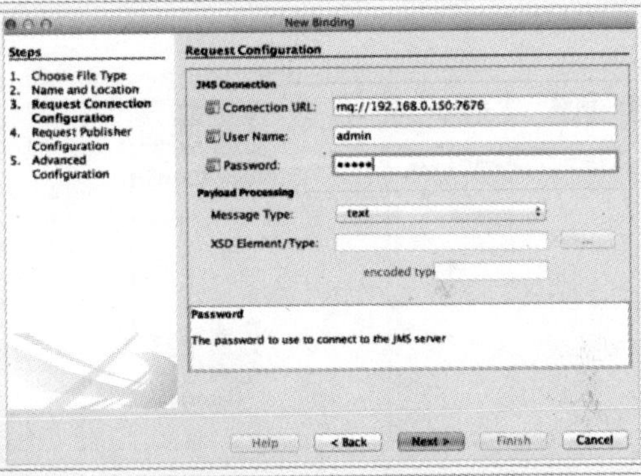

步骤26：加载端口
加载已创建的端口

（续）

步骤27：选择JMS绑定
选择JMS生产者服务

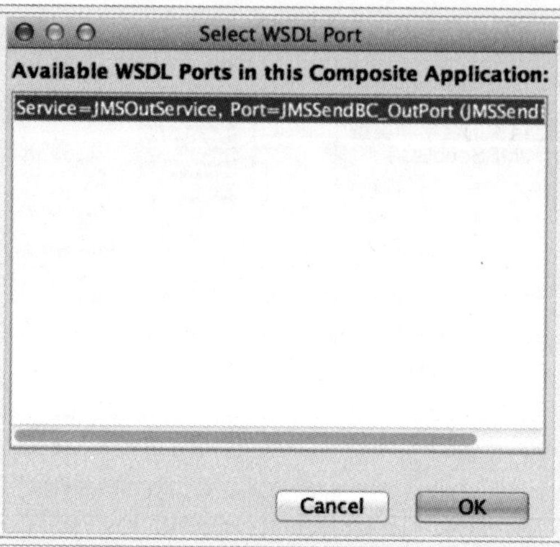

步骤28：创建一个SOAP绑定
创建并连接一个SOAP绑定组件

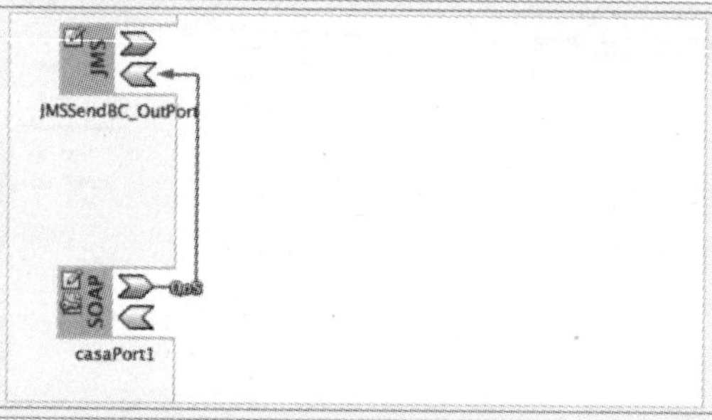

步骤29：新的测试用例
现在，创建一个新的测试用例

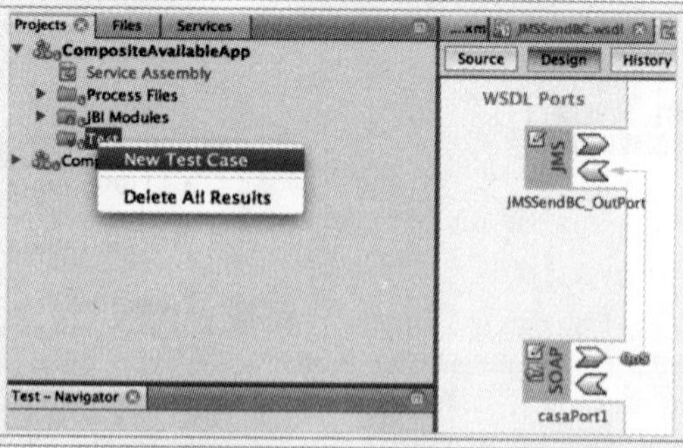

（续）

步骤30：通过MOM进行测试

把这个测试命名为Test WriteFileViaQueue

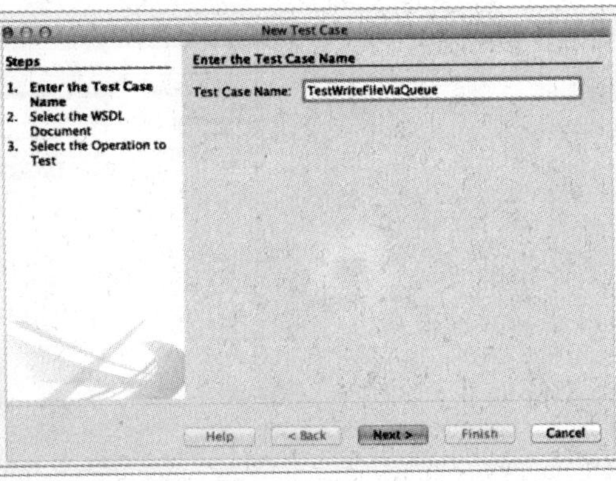

步骤31：运行

运行项目

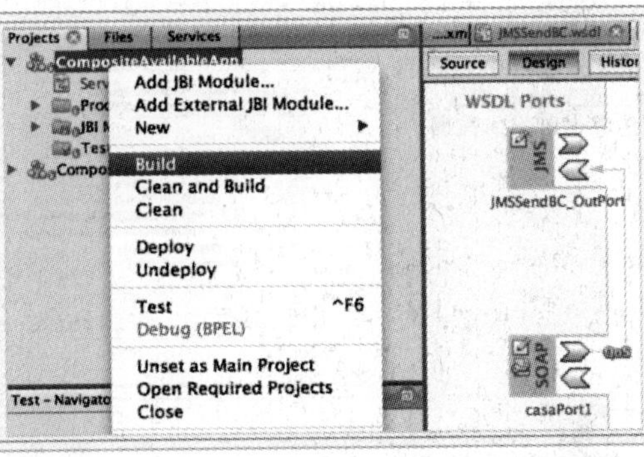

步骤32：选择要测试的WSDL

通过选择复合的WSDL来创建一个新的测试用例

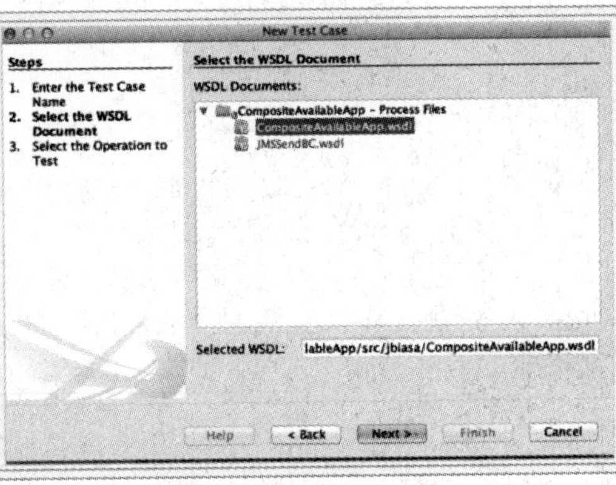

（续）

步骤33：选择要测试的操作
JMS输出操作

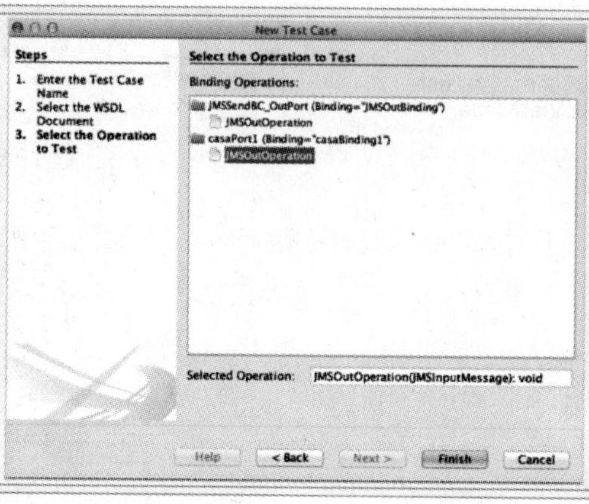

步骤34：定义输入测试
为测试用例准备输入数据

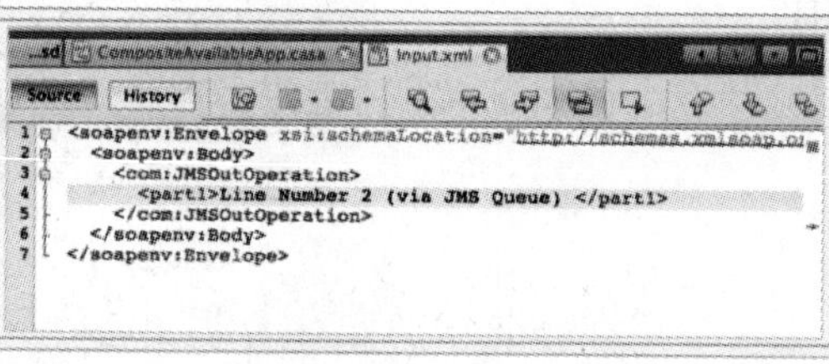

步骤35：指定SOAP端口
定义访问总是可用的应用程序的SOAP绑定组件的地址和端口

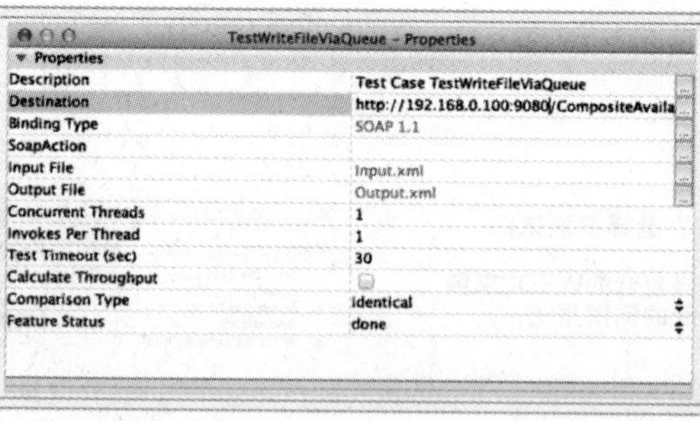

步骤36：监测队列
监测队列以便检测消息的到达（SOAP绑定组件调用的结果）

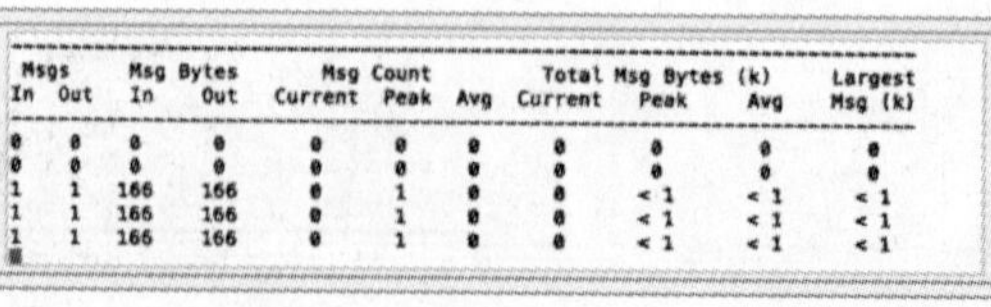

（续）

步骤37：监测output.xml文件
在/tmp/output.xml文件中，将会得到新的一行记录。这时候，可以通过潜在的“总是可用的MOM队列”来接收到这一行记录

```
root@openesb:/tmp# cat /tmp/output.xml
Line Number 1
Line Number 2 (via JMS Queue)
root@openesb:/tmp#
```

步骤38：模拟故障
现在，在写文件服务中模拟一个故障，并且不在总线上部署它

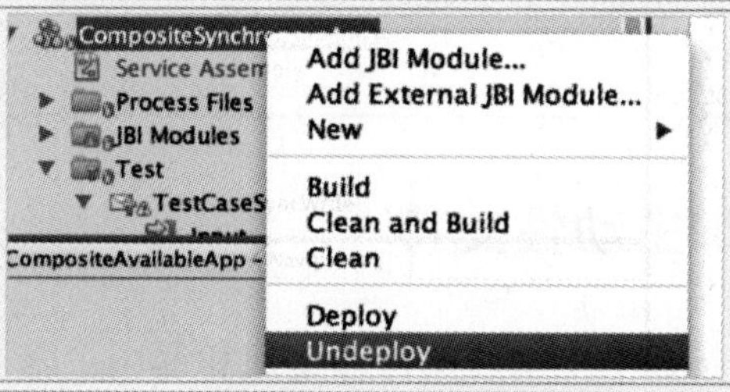

步骤39：再次测试
从连接到可靠的MOM上的总是可用的应用程序里再次运行和测试

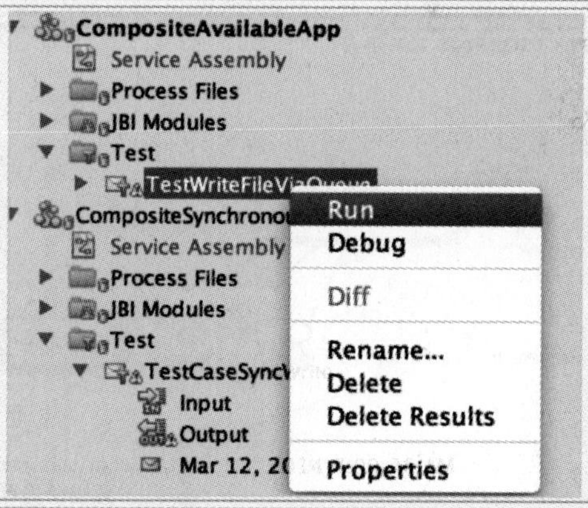

步骤40：监测队列
将观察到消息到达了队列（在列中）。这时，不会看到消息离开队列，因为消费者已经失败了

Msgs In	Msgs Out	Msg Bytes In	Msg Bytes Out	Msg Count Current	Msg Count Peak	Msg Count Avg	Total Msg Bytes (k) Current	Total Msg Bytes (k) Peak	Total Msg Bytes (k) Avg	Largest Msg (k)
1	1	166	166	0	1	0	0	< 1	< 1	< 1
1	1	166	166	0	1	0	0	< 1	< 1	< 1
1	1	166	166	0	1	0	0	< 1	< 1	< 1
1	1	166	166	0	1	0	0	< 1	< 1	< 1
2	1	332	166	1	1	0	< 1	< 1	< 1	< 1
2	1	332	166	1	1	0	< 1	< 1	< 1	< 1
2	1	332	166	1	1	0	< 1	< 1	< 1	< 1

（续）

步骤41：
可以一直保持向队列发送消息。这些消息将不会被处理，因为还没有在总线上部署服务。然而，这些消息也没有丢失。可以再次部署文件服务，消息最终会得到处理。这个方法告诉人们如何通过部署一个MOM的异步通信性能来增加服务的可用性。可以通过使用队列和主题结合起来的更复杂的消息拓扑结构，来探索相同的服务内部一些实例进行互连的优点

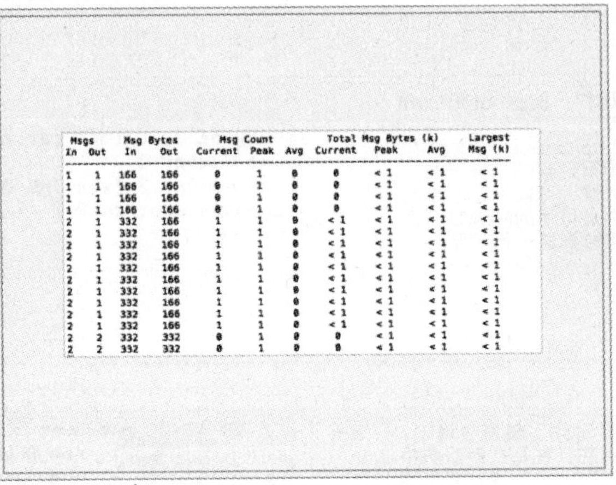

Msgs In	Msgs Out	Msg Bytes In	Msg Bytes Out	Msg Count Current	Msg Count Peak	Msg Count Avg	Total Msg Bytes (k) Current	Total Msg Bytes (k) Peak	Total Msg Bytes (k) Avg	Largest Msg (k)
1	1	166	166	0	1	0	0	< 1	< 1	< 1
1	1	166	166	0	1	0	0	< 1	< 1	< 1
1	1	166	166	0	1	0	0	< 1	< 1	< 1
1	1	166	166	0	1	0	0	< 1	< 1	< 1
2	1	332	166	1	1	0	< 1	< 1	< 1	< 1
2	1	332	166	1	1	0	< 1	< 1	< 1	< 1
2	1	332	166	1	1	0	< 1	< 1	< 1	< 1
2	1	332	166	1	1	0	< 1	< 1	< 1	< 1
2	1	332	166	1	1	0	< 1	< 1	< 1	< 1
2	1	332	166	1	1	0	< 1	< 1	< 1	< 1
2	1	332	166	1	1	0	< 1	< 1	< 1	< 1
2	1	332	166	1	1	0	< 1	< 1	< 1	< 1
2	1	332	166	1	1	0	< 1	< 1	< 1	< 1
2	1	332	166	1	1	0	< 1	< 1	< 1	< 1
2	2	332	332	0	1	0	0	< 1	< 1	< 1
2	2	332	332	0	1	0	0	< 1	< 1	< 1

5.4 添加主动性支持

本菜单描述了主动性支持的创建和使用。以下平台（见图 5.2）包括了智能事件处理（IEP）服务引擎、智能事件处理（IEP）服务引擎，丰富了 ESB 虚拟容器（OpenESB）的中介属性。

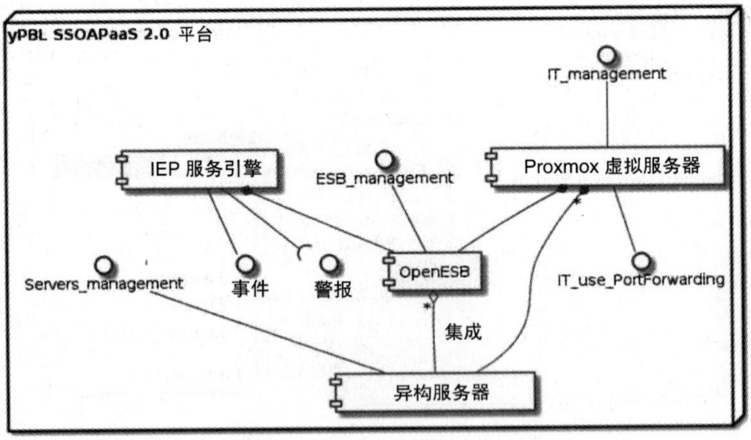

图 5.2 在 SSOAPaaS 2.0 平台上激活 IEP 服务引擎

5.4.1 复杂事件处理（CEP）引擎

表 5.7 中给出的步骤描述了如何启用事件处理能力以满足平台的主动性需求。在这个菜单中，为了在部署基于 Proxmox 虚拟化 IT 架构的 Open ESB 虚拟容器中提供事件处理能力，内部总线服务引擎将会被启动。

表 5.7　启用事件处理引擎的步骤

步骤1：安装OpenESB 在开始开发事件处理服务之前，需要检查OpenESB上是否安装了智能事件处理（IEP）服务引擎。在平台的虚拟容器中安装OpenESB	参见：创建ESB虚拟容器，OpenESB2.X的安装
步骤2：管理服务引擎 遵循指示的方法从Web管理控制台（例如，JBI组件和标识有”sun-iep-engine”的组件）、Netbeans IDE（例如，Services/Servers/OpenESB/JBI/Service Engines/sun-iep-engine组件），或者从服务器命令行（例如，asadmin list-jbi-service-engines）浏览和管理已经安装好的服务引擎	参见：管理OpenESB服务引擎
步骤3：安装IEPSE 如果IEP服务引擎组件还没有安装，可以从OpenESB社区网站上下载它（例如，下载/附加的模块），然后使用Web管理控制台，IDE或者CLI服务器命令行来安装这个组件。例如，可以使用Web管理控制台，选择JBI/Components/install，之后，将会询问是否上传IEPSEXXX.jar组件	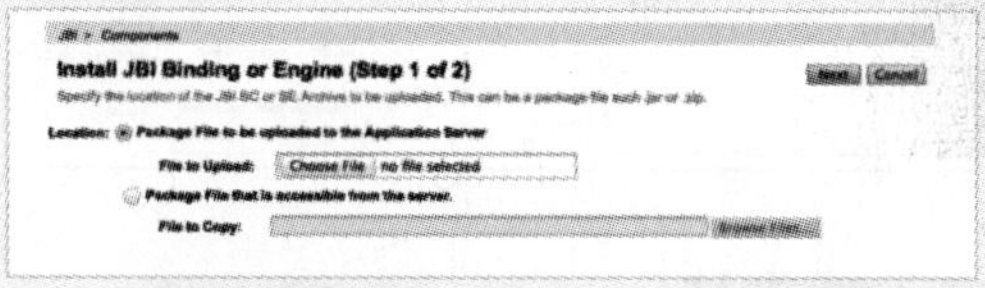 使用外部链接：http://www.open-esb.net
步骤4：安装成功 如果安装成功了，在这一步骤后应该结束安装	

（续）

步骤5：关于数据库的一些问题 安装完之后，可能会有一些问题，因为IEPSE引擎需要访问Glassfish/OpenESB集成数据库（例如，Java DB Derby）。如果OpenESB的安装是成功的，并且Java DB也是可操作的，仅仅需要重新启动IEP服务引擎以便自动地生成所需的数据库和表，这些数据库和表存储了需要被处理的一些事件	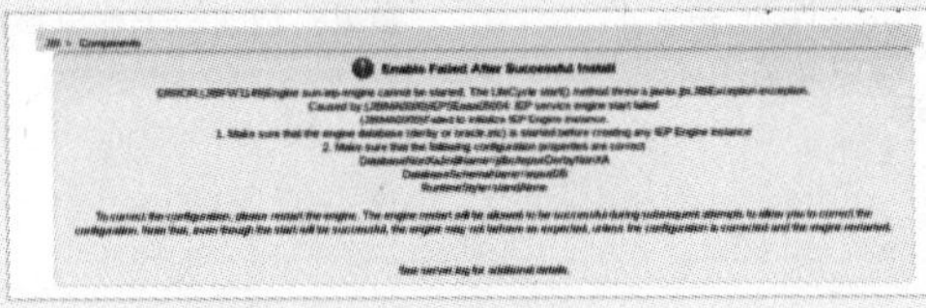
步骤6：浏览安装 最后，为了核对全局的配置（例如，数据库配置），可以浏览服务引擎的配置。这时候，服务引擎就可以使用了。如果在安装IEPSE的过程中遇到了其他的错误，可以尝试着重新启动Glassfish实例，授予所需要的安装步骤以相应的权限（例如，sudo OPENESBXX/glassfish/bin/asadmin start-domin domin1）	

5.4.2 主动性支持

表5.8给出的菜单说明了由IEP服务引擎提供的事件处理功能，应该如何使用以识别实时事件或情况以满足平台的主动性需求。在这个菜单中，一个旨在收集不同消费者和提供者服务请求和响应的IEP服务单位将会被开发。为了确定以下事件：“当延迟反回响应高于5s时，将会被识别出来，并且报告到警报日志文件中。”请求和响应将被监控。也可以发送通知，甚至自动调用特定服务以找到一个解决方案来避免服务延迟。

表5.8 使用事件处理服务引擎的步骤

步骤1：智能事件处理服务引擎的安装 遵循指示的方法得到一个IEPSE安装的操作	参见：启动复杂事件处理(CEP)引擎

（续）

步骤2：创建一个SOA/IEP模块项目 创建一个新的项目，选择SOA/智能事件处理模块	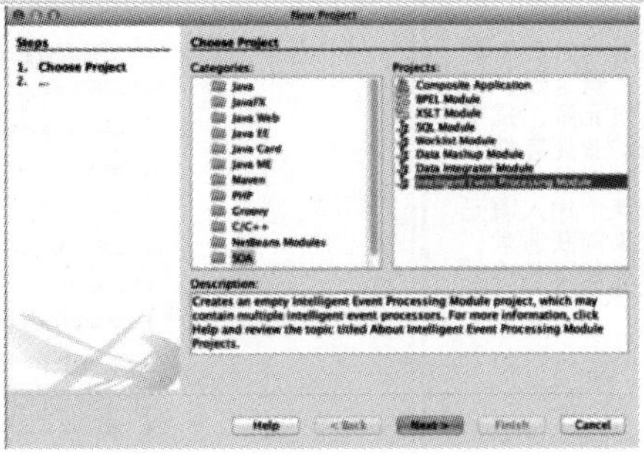
步骤3：给项目命名 项目将被命名为IEP_QoS_Monitoring	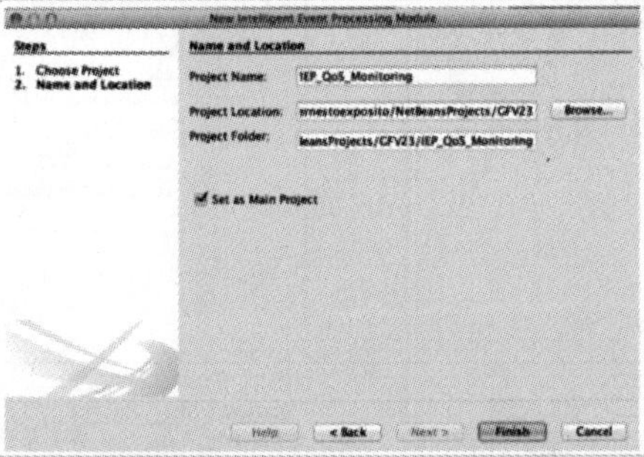
步骤4：创建一个IEP规格说明书 一旦创建好了IEP模块项目，就可以添加一个新的智能事件处理元素了	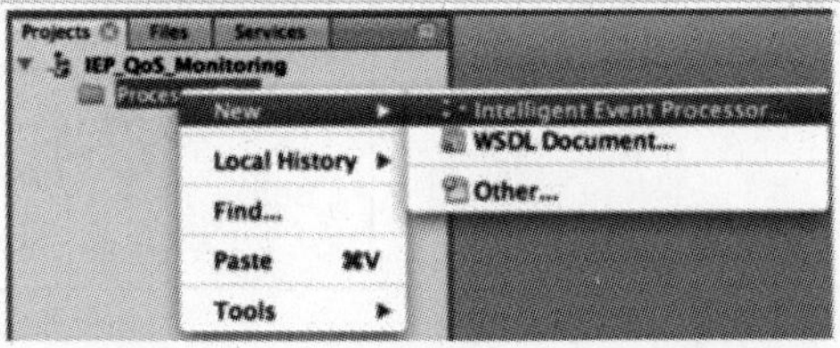
步骤5：处理程序的命名 将把处理程序命名为QoSEventProcessor	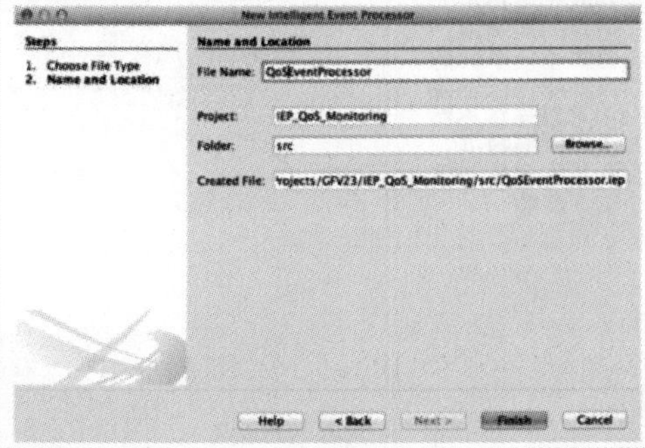

（续）

步骤6：为处理过程探索可用的活动

在规格说明书中，至少需要指定输入、聚合器、相关因子和输出元素，来定义想要实现的智能事件处理的逻辑。在这里的实例中，将添加两个输入流元素：一个用来捕获请求；另一个用来捕获服务操作调用的响应

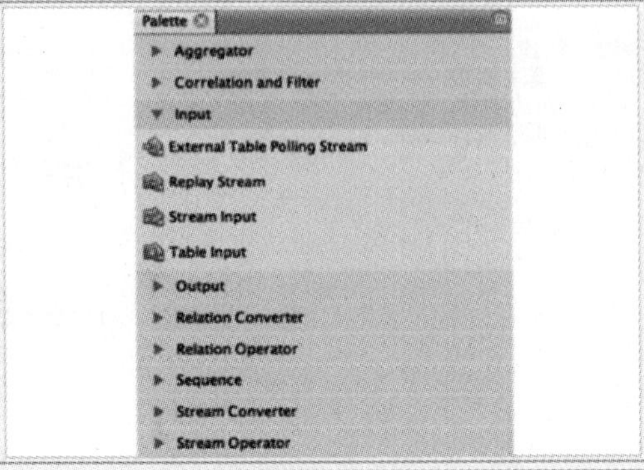

步骤7：创建输入流

第一个输入流元素将会为启动操作（当用户调用一个服务时）提供服务请求者、服务提供者和操作名称

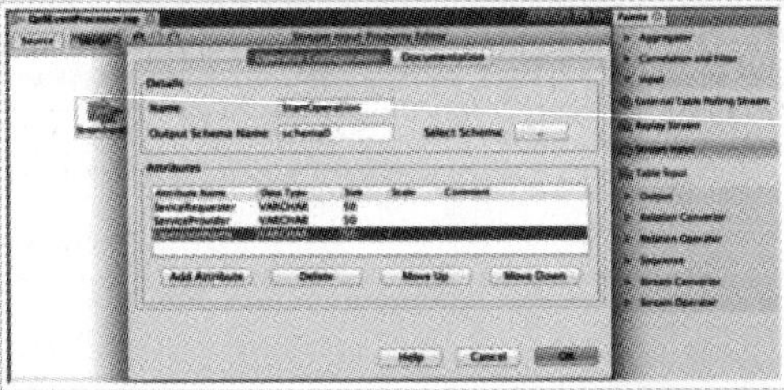

步骤8：第二个输入流

第二个输入流将会在操作结束时（对服务提供者做出响应）采集相同的元素

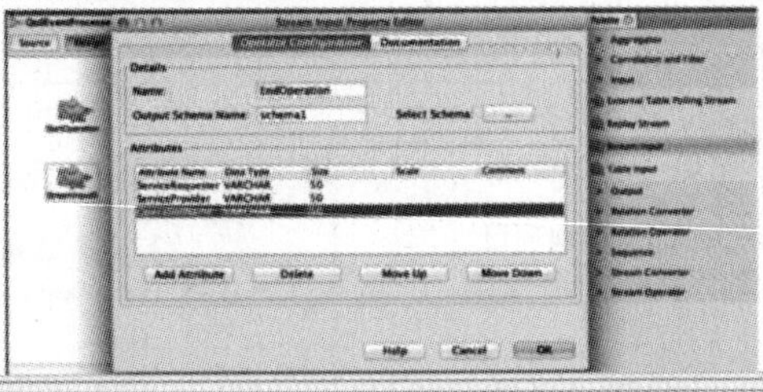

步骤9：连接到基于时间的聚合器

对于每一个输入，将使用一个聚合器来收集特定的数据，在这里的实例中，这些聚合器将在一个5s的时间窗口内操作，以便在最后的5s内可以连续不断的从输入流中采集数据。第一个聚合器将会被连接到第一个输入流中

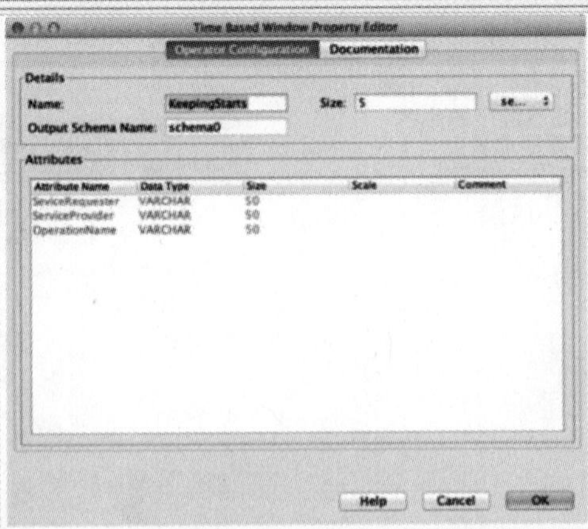

（续）

步骤10：第二个聚合器
第二个聚合器将会被连接到第二个输入流中，第二个输入流将提供操作结束时的调用（服务响应）

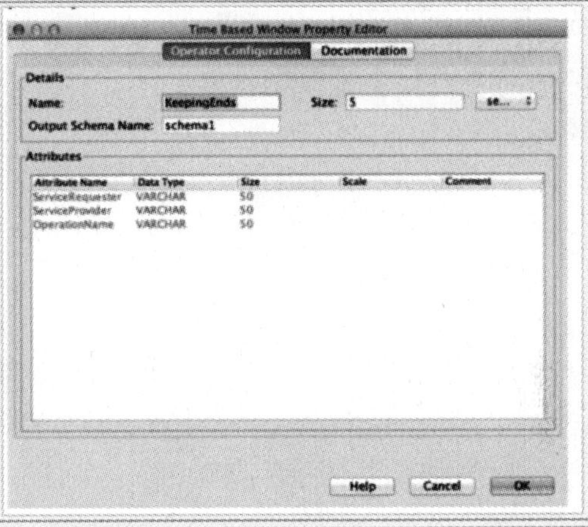

步骤11：关联和过滤
这两个聚合器（每个聚合器对应一个输入流）将会被连接到一个相关器元素上，相关器元素能够处理（关联）和过滤事件，在这里的实例中，服务请求在5s的周期内还没有得到满足。在这个元素中，将从第一个聚合器（保持开启）和基于两个聚合器里（FROM），收集（SELECT）服务请求程序、服务提供者和操作名称，不满足服务调用的将会被过滤掉。这是通过元素上的条件（WHERE）语句来实现的，在评估时期内，可以在第一个聚合器但是不能在第二个聚合器中观察到这些元素

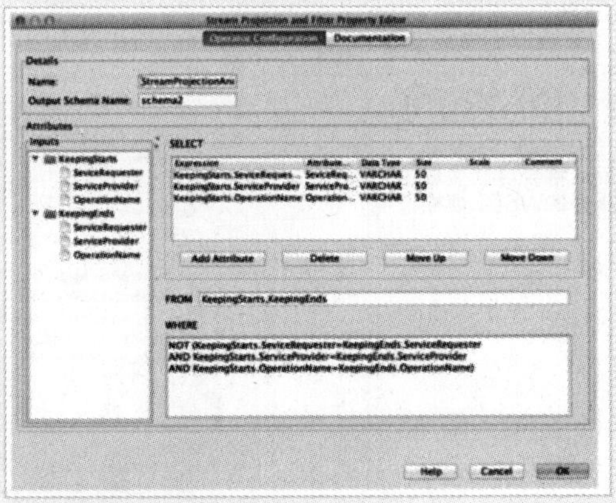

（续）

步骤12：输出流
已经被标识的事件现在会被重定向到一个外部的日志文件中，以便被其他实体所处理，在这里的实例中，将使用一个输出流，这个输出流将会发送标识的事件到一个文本文件中（包括观察结果的时间戳）

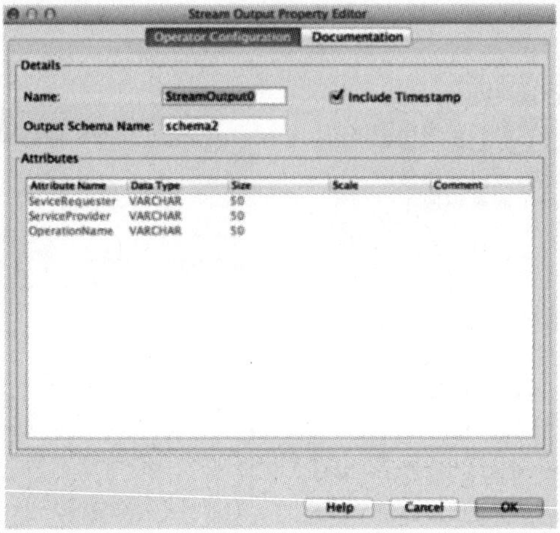

步骤13：最后的规格说明
智能事件处理器最后的规格说明可以在下列图表中观察到。也可以检测已经生成的源代码

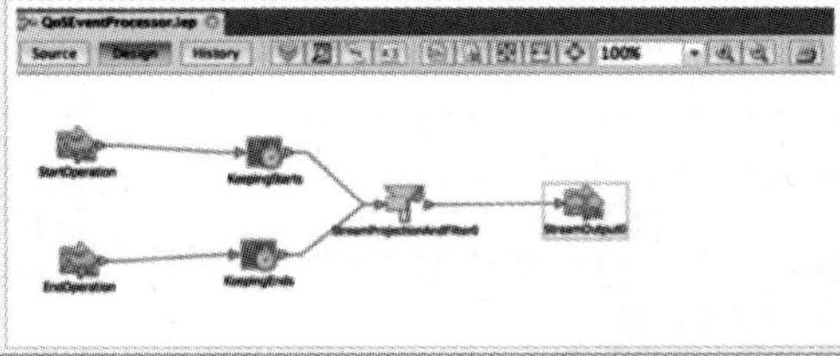

步骤14：获得WSDL规格说明
现在，可以保存IEP文件，Netbeans 将会自动生成这个IEP服务的WSDL规格说明

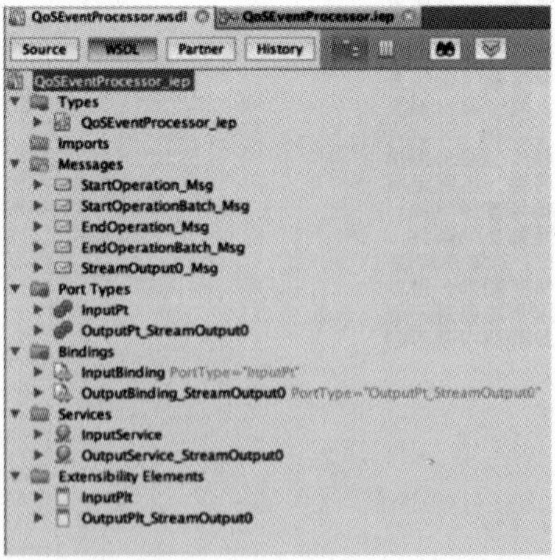

（续）

步骤15：调整输出文件的名字
从具体的WSDL规格说明中，不需要改变任何的元素，除了可能在事件将会被注册（Outputservice_Stream Output）的地方，需要改变文件的名字。默认的Netbeans将会为规格说明文件夹使用一个Windows风格的路径（例如，c:/temp/QoSEventProcessor_iep）。如果正在Linux或者mac操作系统上工作，需要把文件目录路径改为在WSDL规格说明中指示的文件地址。现在，这里的项目已经准备好了，可以进行部署和测试了

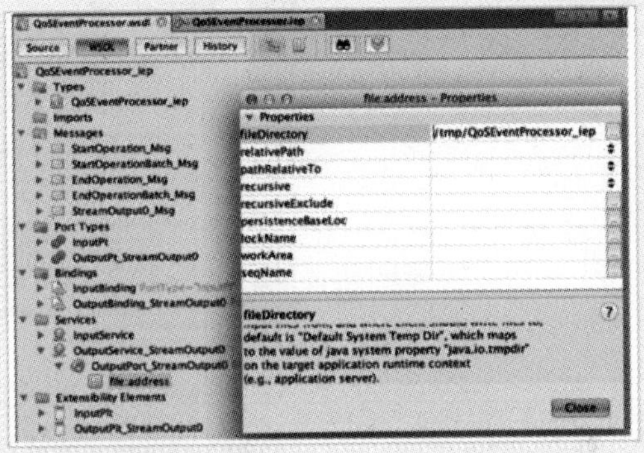

步骤16：开发一个复合应用程序来部署IEP服务单元
现在，需要开发一个复合应用程序，这个复合应用程序能够集群在先前的步骤中已经开发好的服务单元，以便在ESB内进行部署。可以给这个应用程序命名为CompositeQoS

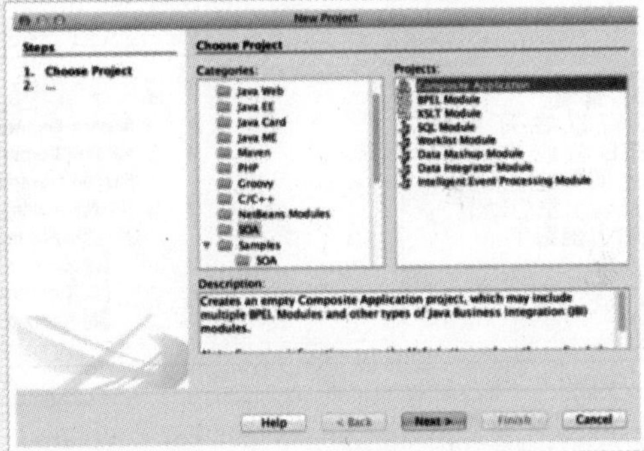

步骤17：增加IEP模块到复合应用程序中
现在，可以在复合应用程序的JBI模块区域内拖放IEP项目。然后，可以建立项目，标识绑定组件：SOAP和文件绑定组件

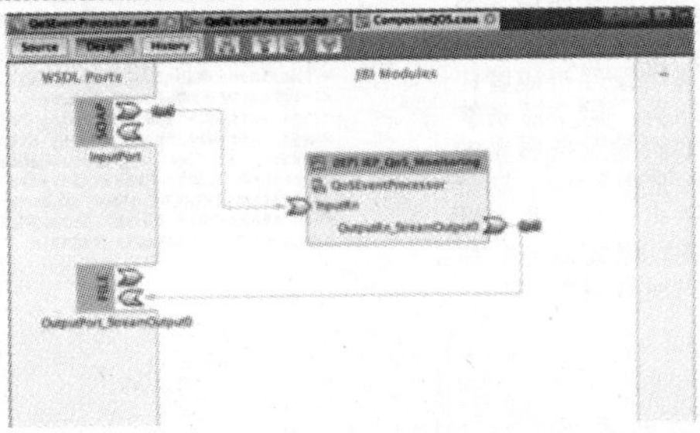

（续）

步骤18：准备输入测试
为了测试应用程序，首先用StartOperation操作的输入来生成一个测试用例。在这个实例中，仿效了三个到不同的服务操作的调用

步骤19：另一个测试用例
然后，将用一个指定仅有一个到服务操作调用的响应的输入来创建另一个测试用例（这两个操作在测试期间将保持没有响应）

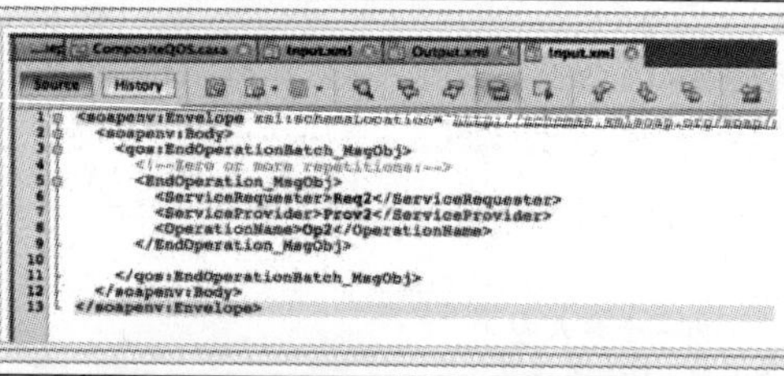

步骤20：部署
现在，可以在可用的OpenESB总线内部的IEPSE上部署处理服务。当IEP服务引擎启动时，服务就可以部署了

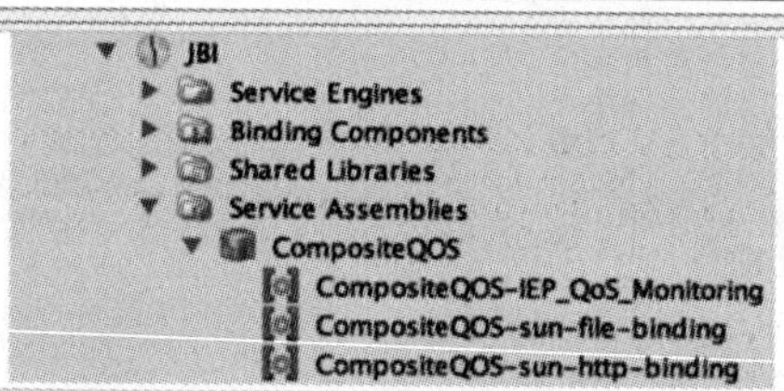

步骤21：测试IEP服务
现在，可以执行测试用例，先前的第一个和第二个测试用例指定的周期是5s。如果事情像人们所期望的那样进行，应该在日志文本文件中进行收集在5s的周期内还没有被处理的服务调用。保存到日志文件中的信息，也可以被发送给管理员或者任何指定的服务，这个服务能够对所观察到的服务质量的衰退采取相应的行动。这个简单的例子也说明了为了满足平台的主动性需求复合事件处理能力所具有的优势

5.5　小结

在本手册中，提出了若干对于如何开发智能 SOA 平台即服务解决方案第二个版本（SSOAPaaS 2.0）的方法。

图 5.3 给出了在本手册的最后应该得到的架构的总体概述。为了保证可用性和主动性的需求，这个平台通过融合一个 MOM 和专门的事件处理服务引擎增强了 SSOAPaaS 1.0 平台。

图 5.4 阐述了使得平台所有的需求都得到满足的方法。这个平台可以从 http：//paas. ssoapaas. r2. ypbl. net 网站上下载。附加的文档可以在 http：//docs. ssoapaas. r2. ypbl. net 网站上找到。

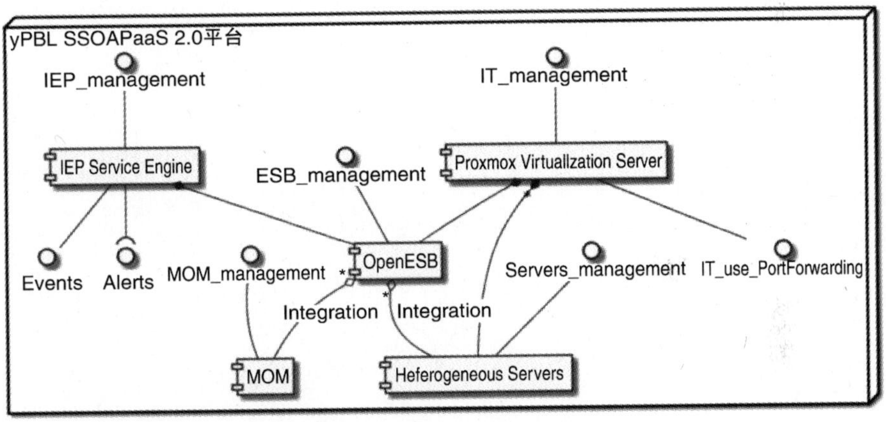

图 5.3　SSOAPaaS 2.0 平台总览

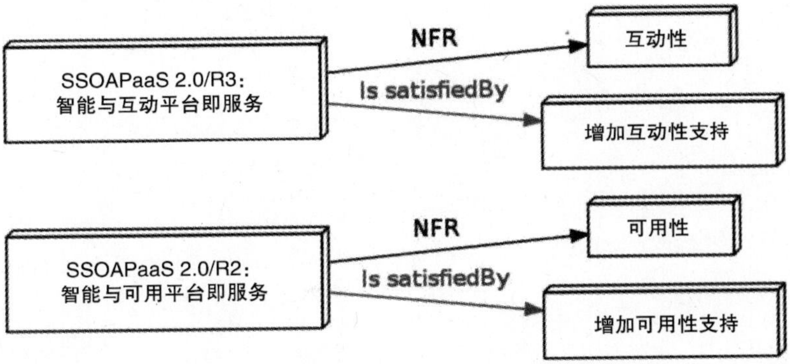

图 5.4　SSOAPaaS 2.0 平台的需求满意度

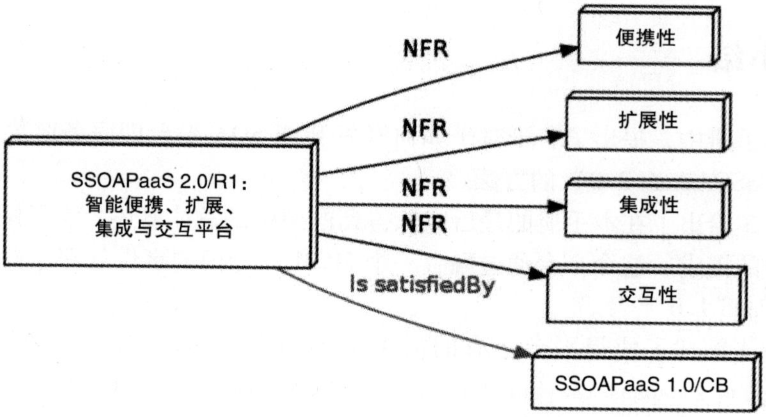

图 5.4　SSOAPaaS 2.0 平台的需求满意度（续）

第6章　SSOAPaaS 3.0 手册

智能SOA平台（SSOAPaaS）旨在提供一种便携式、可伸缩的、可管理的、安全的和可扩展的SOA平台。最后一个版本SSOAPaaS 3.0，包括其中的组件旨在保证可管理性、可伸缩性和自主管理需求（见表6.1）。这个手册包括了满足这些需求的方法。

表6.1　非功能需求矩阵驱动SSOAPaaS 3.0平台

yPBL项目：ESBay	. 需求（F：功能性，NF：非功能性，P：过程，等）		
ID	NF-03	NF-04	NF-06
优先级	H	H	H
（*）2. 标识方案：手册	管理性	伸缩性	自主管理
（*）3. 进展状态	满足	满足	满足
SSOAPaaS 3.0	×	×	×
增加管理性支持	×		
伸缩性支持		×	
SOA平台自主管理	×	×	×

关于这一矩阵的更多信息请访问 http：//docs. ssoapaas. r3. ypbl. net

6.1　SSOAPaaS 3.0 概述

在本手册中SSOAPaaS 3.0版本会被开发出来。表6.2给出了确定的方法以满足有针对性的非功能性需求。一系列的菜单将展示如何提供给SSOAPaaS3.0一组基本组件以保证监听和垂直/水平可伸缩性。

表6.2　SSOAPaaS 3.0手册的菜单概览

技术需求	描述	目标	菜单
SSOAPaaS 3.0/R1：智能可移植、可扩展、集成、交互、可用与互动平台	SSOAPaaS 3.0/R1：智能可移植、可扩展、集成、交互、可用与互动平台	可移植性 可扩展性 集成性 交互性 可用性 互动性	SSOAPaaS 2.0/CB

（续）

技术需求	描述	目标	菜单
SSOAPaaS 3.0/R2：管理平台即服务	平台具有实现监测能力的组件从而确保管理需求	管理性	增加管理支持
			展示管理支持
SSOAPaaS 3.0/R3：可扩展性平台即服务	平台具有能够实现再配置、集群、负载均衡以及联盟能力的组件从确保可扩展性需求	可扩展性	属于可扩展性支持
SSOAPaaS 3.0/R4：智能平台即服务	平台具有提供自主管理功能从而能够基于观测性能进行扩展	管理性 可扩展性 自主管理	平台的自主管理

6.2 SSOAPaaS 2.0 的使用

智能 SOA 平台即服务解决方案的第二版本（SSOAPaaS 2.0），在第 6 章中将用于应对可移植性、可扩展性、可积性、互操作性、可用性和主动性等 SSOAPaaS 3.0 的非功能性需求。

SSOAPaaS 2.0 平台增强了 SSOAPaaS 1.0 版本，可以从 http://paas.ssoapaas.r2.ypbl.net 网站下载。这个平台附加的文档可以在 http://docs.ssoapaas.r2.ypbl.net 网站上找到。表 6.3 中描述的方法在前面已经展示了，它给出了指导 SSOAPaaS 2.0 平台创建的抽象步骤。

表 6.3　创建 SSOAPaaS 2.0 平台的步骤

步骤1：检索基础平台 需要检索基础平台。遵循指示的方法来复制SSOAPaaS 1.0平台	使用：SSOAPaaS 1.0　参见：SSOAPaaS 1.0/CB
步骤2：添加面向消息的中间件组件 这个步骤的主要目的是添加面向消息的中间件到克隆后的SSOAPaaS 1.0平台	参见：创建面向消息的中间件虚拟容器
步骤3：增加复杂事件处理组件 这个步骤的主要目的是添加复杂事件处理组件到克隆后的SSOAPaaS 1.0平台	参见：启动复杂事件处理引擎

6.3　添加可管理性支持

本手册描述了创建和部署一个虚拟容器包括监控组件以满足平台的可管理性需求的方法。这个容器将部署在基于 Proxmox 解决方案的虚拟化 IT 架构上。Jolokia【JOL 14】是用于监控的 JMX - compliant 工具。图 6.1 给出了目标架构，包括 SSOAPaaS 2.0 监控组件的扩展。表 6.4 描述了如何开发这个架构。

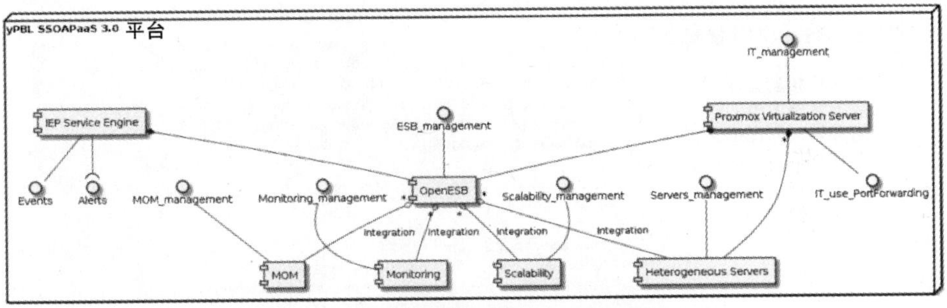

图 6.1　在 SSOAPaaS 3.0 平台上创建监控组件

表 6.4　创建监测虚拟容器的步骤

步骤1：创建一个监测虚拟容器 遵循指示的方法创建一个监测虚拟容器	参见：创建监测虚拟容器
步骤2：监测 在这一步骤中，可以遵循 Jolokia 的方法监测ESB	参见：部署Jolokia代理并创建监测客户端

6.3.1　创建监控虚拟容器

表 6.5 中给出的菜单描述了如何在 SSOAPaaS 3.0 平台上创建监控虚拟容器。

表 6.5　创建 SSOAPaaS 3.0 虚拟容器的步骤

步骤1：创建一个Linux容器 遵循指示的方法检索一个 Ubuntu Linux 容器模板，将使用这个模板为监测系统安装JDK。在这个方法中，Ubuntu 12.04 32位模板将会被使用到	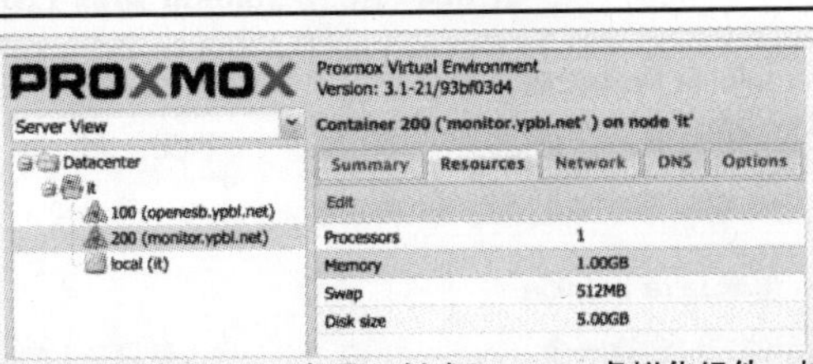 使用：Ubuntu12.04　参见：创建Proxmox虚拟化组件，扩展Proxmox虚拟设备模板

（续）

<table>
<tr><td>步骤2：网络设置
配置网络接口，例如，为容器配置192.168.0.200的地址</td><td>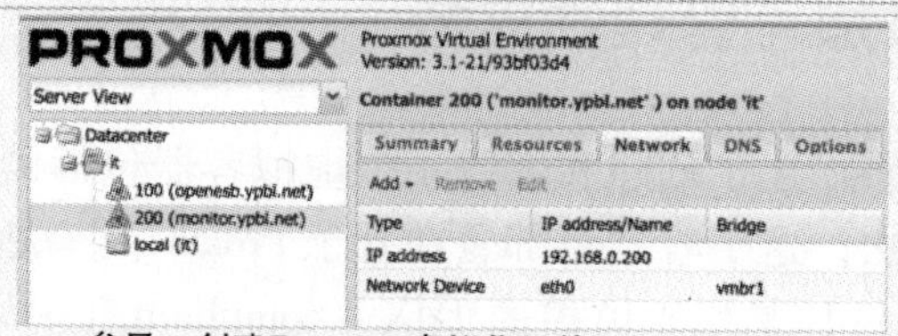

参见：创建Proxmox虚拟化组件</td></tr>
<tr><td>步骤3：通过SSH连接到容器
使用SSH连接到容器。可能需要配置路由表，以便能够直接访问到虚拟容器</td><td><pre>
// to add the route in your host system
// to access your guest system
// via the proxmox your container from
sudo route add -net 192.168.0.0 -netmask 255.255.255.0
   -gateway IP_PROXMOX_VM

// test the connection to the container from your host
ping 192.168.0.200

// connect to the container
// use the same login/password specified
// during the installation, e.g. root/admin

ssh root@192.168.0.200
</pre></td></tr>
<tr><td>步骤4：安装Java开发工具集JDK
在这个容器上，需要使用Java来部署一个Jolokia Java客户端。
遵循指示的方法安装Java开发工具集JDK。在这个方法中，将会使用到JDK6.X版本</td><td>使用：JDK6.X　参见：JDK6.X的安装</td></tr>
</table>

6.3.2 部署 Jolokia 代理并创建监控客户端

表 6.6 中给出的步骤显示了如何使用包含在 SSOAPaaS 平台里的 JMX－compliant 监控工具来监听 ESB。

表 6.6　使用 Jolokia 监测 ESB 的步骤

<table>
<tr><td>步骤1：Jolokia Web代理的下载和部署
需要下载和部署Jolokia代理</td><td>参见：Jolokia Web代理的下载和部署</td></tr>
<tr><td>步骤2：创建Java Jolokia客户端
遵循指示的方法创建一个Java应用程序作为一个Jolokia客户端</td><td>参见：Jolokia Java 客户端</td></tr>
</table>

6.3.2.1　Jolokia Web 代理的下载和部署

Jolokia 提供了一个代理，可以在 Java 环境里与 JMX MBeans 相互作用。一个 Jolokia 客户机可以远程调用该代理来获取 MBeans 的状态。这个菜单将展示如何部署这个代理（见表 6.7）。

表 6.7　下载并部署 Jolokia 的步骤

步骤1：下载Jolokia代理 在这里下载Jolokia Web代理	`wget http://labs.consol.de/maven/repository/org/jolokia/jolokia-war/1.1.5/jolokia-war-1.1.5.war`
步骤2：Jolokia代理的部署 在服务器上部署代理和部署一个Web应用程序的做法一样 例如，可以使用OpenESB管理控制台。点击Web应用程序选项，然后点击部署。选择下载好的文件打包上传到服务器上，然后点击OK	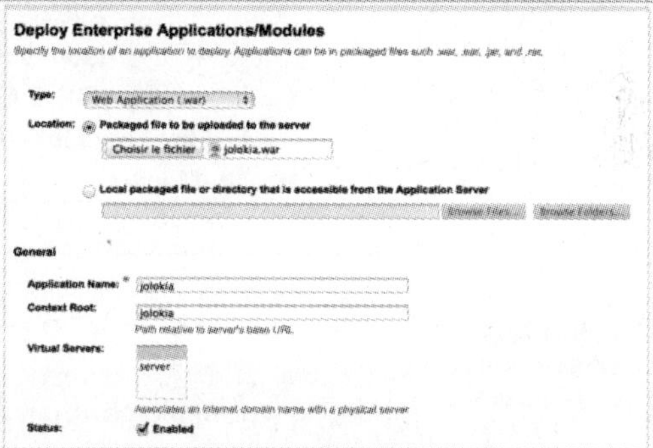
步骤3：Jolokia代理部署测试 通过使用Web浏览器测试部署。在这个地址中Web应用程序是可访问到的	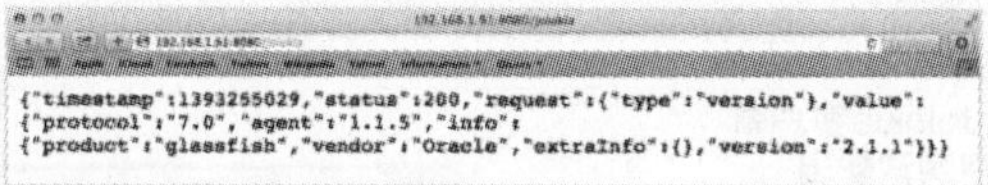 `http://server_ip_address:8080/jolokia`

6.3.2.2　Jolokia Java 客户端

本菜单（见表 6.8）将展示如何创建一个远程 Java 应用程序，能够调用部署的 Jolokia 代理来获取 MBeans 的状态。

表 6.8　创建 Jolokia Java 客户端的步骤

步骤1：Jolokia文件库
创建一个Java程序。为Jolokia客户端下载需要的文件库。必须为Java客户端下载一个Jolokia文件库，为JSON下载一个Java工具包、一个HTTP客户端、一个HTTP传输组件、一个登录组件
	`wget http://labs.consol.de/maven/repository/org/jolokia/jolokia-client-java/1.1.5/jolokia-client-java-1.1.5.jar`
	`wget http://mirrors.ibiblio.org/maven2/com/googlecode/json-simple/json-simple/1.1/json-simple-1.1.jar`
	`wget http://mirrors.ibiblio.org/maven2/org/apacbe/httpcomponents/httpclient/4.1.2/httpclient-4.1.2.jar`
	`wget http://mirrors.ibiblio.org/pub/mirrors/maven2/org/apache/httpcomponents/httpcore/4.1.2/httpcore-4.1.2.jar`
	`wget http://mirrors.ibiblio.org/maven2/commons-logging/commons-logging/1.1.1/commons-logging-1.1.1.jar`

（续）

步骤2：Jolokia代理Java程序文件
把这些文件库增添到Java项目文件夹中。文件夹结构就像右图所示的那样

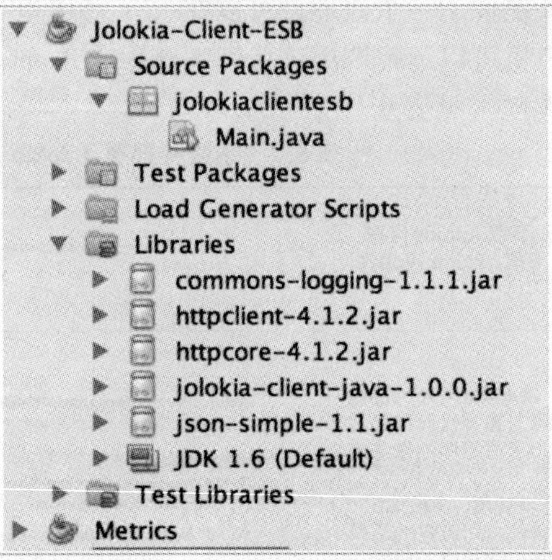

步骤3：下载Java程序
一个Java程序的示例可以在这里下载，这个Java程序可以得到内存的状态、CUP的负载和正在运行的线程信息

`http://ks367114.kimsufi.com:14080/svn/listing.php?repname=ypbl_soa`

步骤4：Jolokia客户端Java程序测试输出
运行主函数得到期待的输出。为了实现连续的监测，把代码放到一个循环结构中，以一个良好的格式输出以便得到更多的数据分析

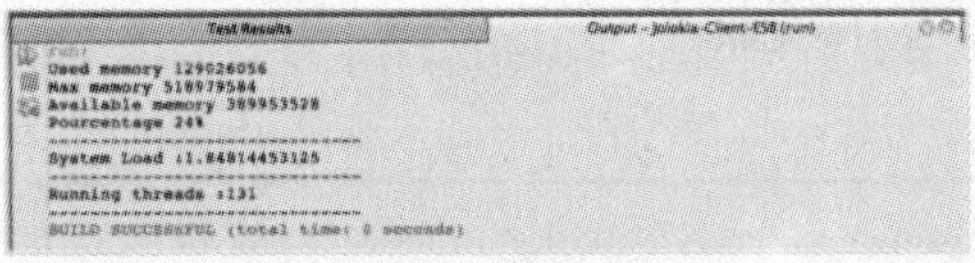

6.4 管理性支持

这个菜单描述了如何使用 JMX 控制台或 Glassfish 管理控制台来监听平台。

6.4.1 Glassfish 管理控制台监测

OpenESB 附带了一个基于 Web 的管理控制台（admin 控制台），为用户提供了一个访问平台管理、监控或组件部署以及管理的接口。

表 6.9 中给出的方法的目的是展示如何获得与应用程序服务器相关的信息，在这个应用程序服务器上运行着 ESB 以及通过使用 Glassfish 管理控制台部署的组件。

表 6.9　使用 Glassfish 管理终端监测平台的步骤

步骤1：管理控制台登录
部署ESB，使用任何一个Web浏览器连接到管理控制台。默认可以在这个地址（见右图）访问到

```
http://ESB_ip_address:4848
```

步骤2：应用程序服务器的信息
在左边的调色板上点击应用程序服务器，可以得到关于服务器的一组通用信息

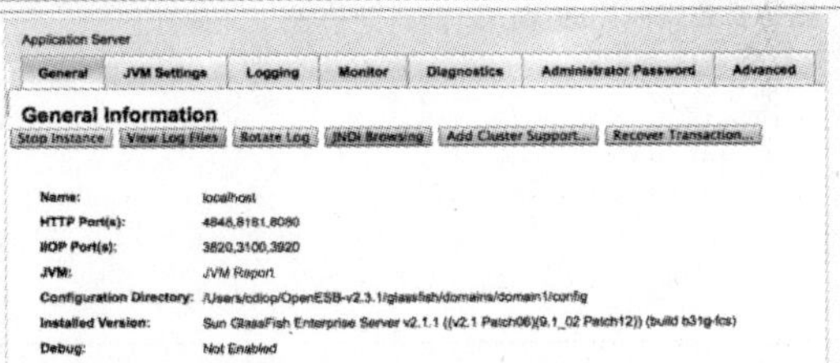

步骤3：应用程序服务器的运行时信息
点击监测，然后点击运行时选项得到应用程序服务器的运行时信息

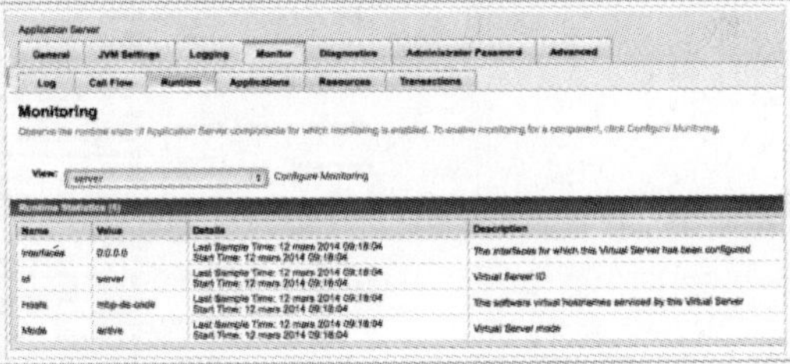

步骤4：Java 虚拟机的运行时信息
默认情况下，可以查看服务器的状态和Java 虚拟机的状态。并且，对于Java虚拟机来说，只有基本信息（时间和存储器大小）可以被监测到

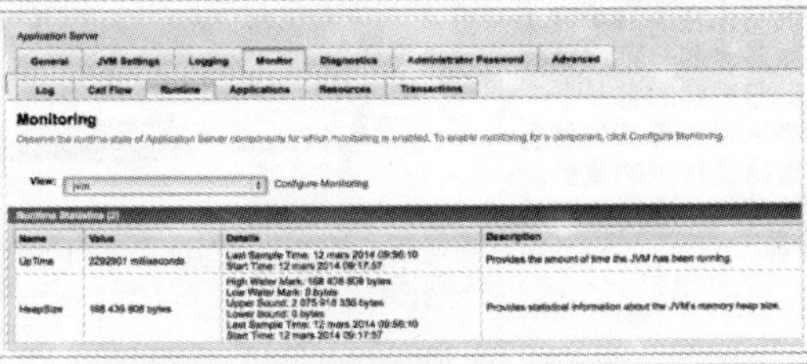

（续）

步骤5：被监测到的组件列表

点击配置监测，使得平台的更多组件可以被监测到，或者得到关于Java 虚拟机的更详细的信息。
可以看到一份可以被监测到的服务器组件和服务的列表。
可以启动监测。
配置的高低决定了可以得到的细节的深度。
例如，Java 虚拟机监测的一个高的配置允许得到关于Java 虚拟机和垃圾回收器更多的信息（存储器、CPU、线程等）。
给Java 虚拟机监测以高的配置，单击保存使配置生效

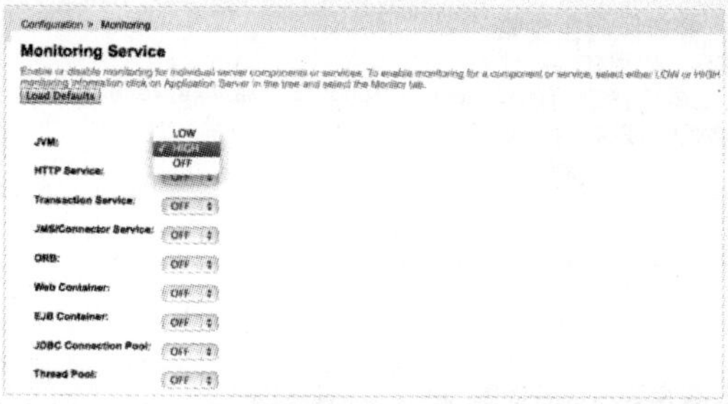

步骤6：和Java 虚拟机相关的细节信息

关于Java 虚拟机更多的信息也是可得到的。例如，右图就展示了存储器状态的细节

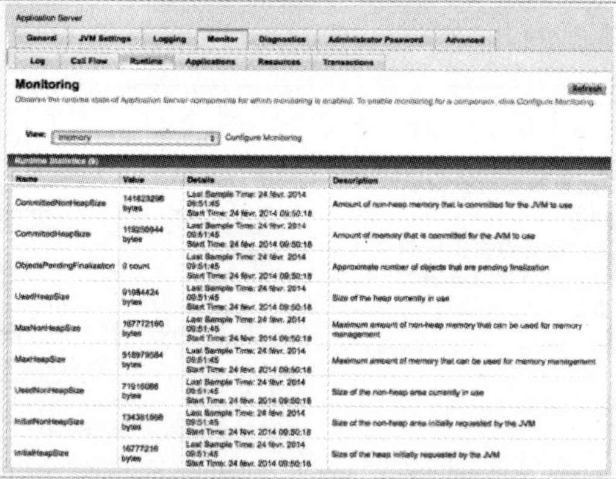

步骤7：部署Web服务列表

默认情况下，在Glassfish上部署的服务监测是不启动的。
可以启动想观察的每一个Web服务。进入部署的服务列表，选择要检测的服务。
在这里的实例中选择SMTP Web服务

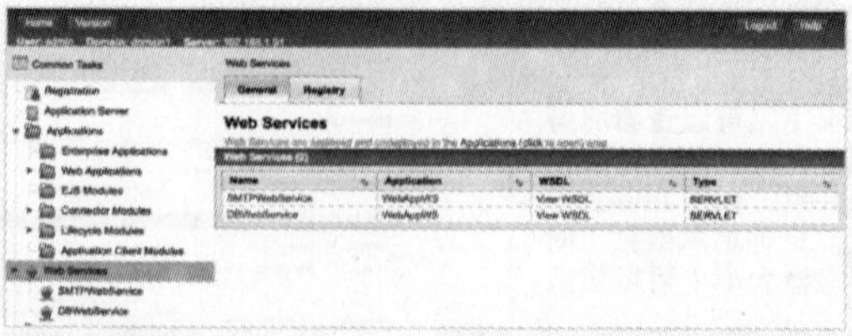

（续）

<table>
<tr><td>步骤8：默认Web服务监测统计
点击监测选项。因为是第一次配置，统计信息是空的</td><td>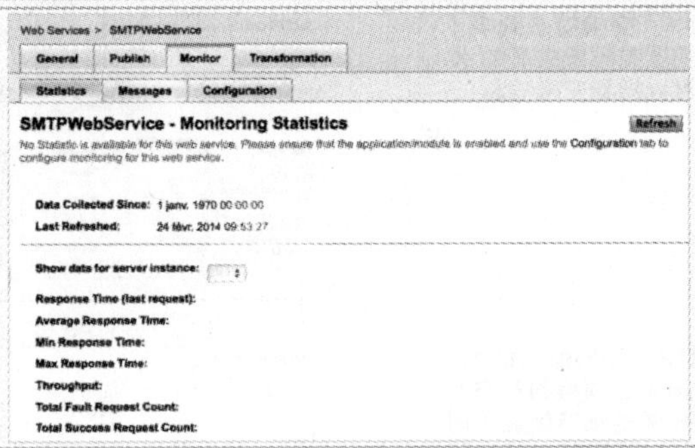
</td></tr>
<tr><td>步骤9：Web服务监测配置
点击配置选项，可以配置检测水平：低的配置可以提供给与服务相关的统计信息。这些信息包括服务响应时间、服务流量、正确响应的数目和错误的数目。
高的配置可以提供与服务交互作用相关的统计信息，这些信息主要是需求和响应XML 消息的轨迹。对于这个配置，可以精确掌握消息的历史数目，这与每次想要存储的消息数目是一致的。选择监测水平，单击保存。这里的选择是高水平</td><td>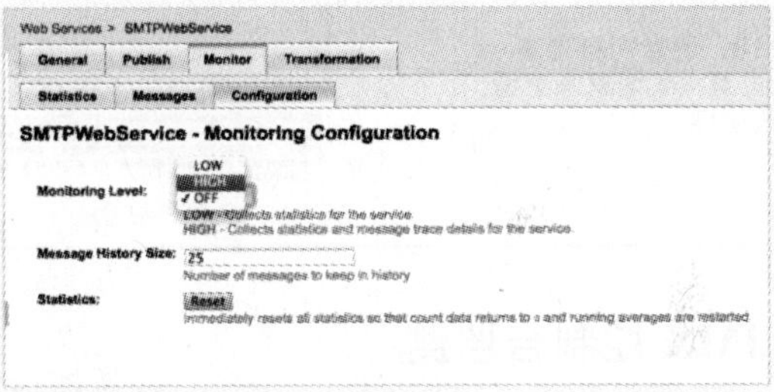
</td></tr>
<tr><td>步骤10：Web 服务监测统计演变
单击统计按钮以得到监测数据。在这一步骤，所有的值都是初始值。
测试Web服务，监测数据将会出现在统计页面上。
在测试服务后，必须刷新页面。
这里启动了一个使用SMTP的进程，将会在进程结束时得到它的状态</td><td>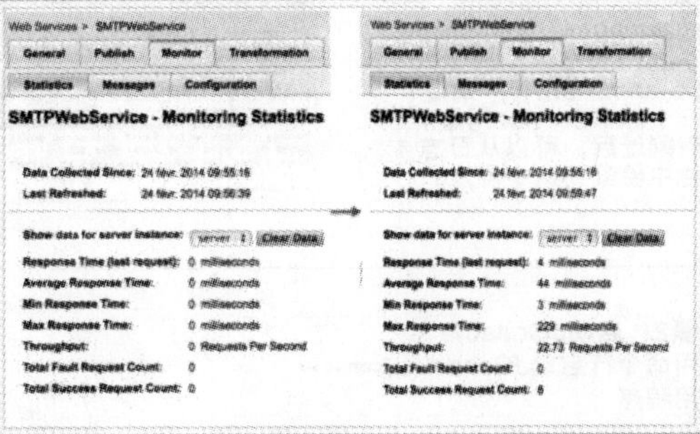
</td></tr>
</table>

（续）

步骤11：交换消息列表 如果把监测配置成高的水平，可以得到交换信息	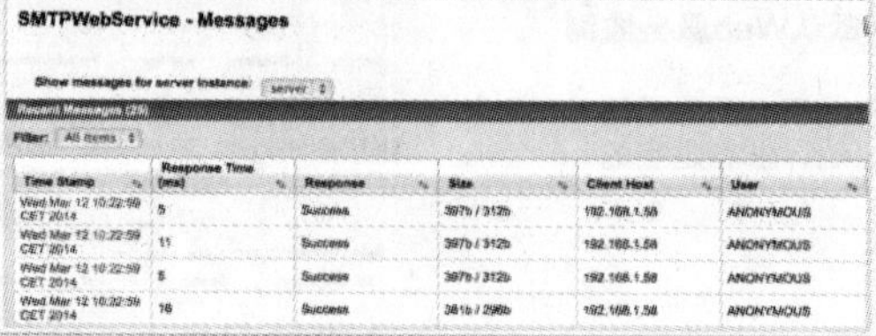
步骤12：交换信息的细节 单击消息选项得到与交互作用相关的细节信息（时间戳、响应时间、成功或错误的响应、交换分组的大小、客户端IP地址、用户名、传输协议类型）	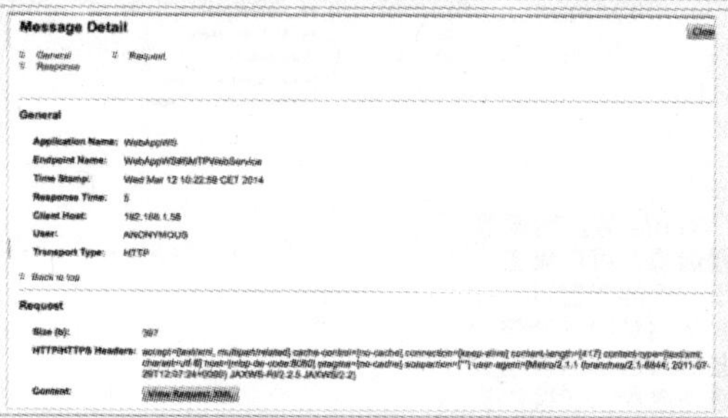
步骤13：消息内容监测 单击查看XML请求来查看消息的内容	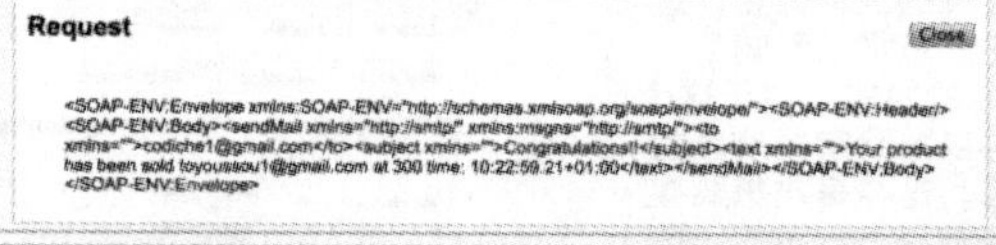

6.4.2 JMX 控制台监测

表 6.10 中给出的方法展示了如何使用 Java 控制台（JConsole）、JMX - compliant 工具来监控平台，其中，JMX - compliant 工具允许远程获取 ESB 的状态、AS 以及所有基于 Java 部署的系统和服务。

表 6.10 使用 JConsole 监测平台的步骤

步骤1：得到JMX服务的网址 在部署ESB时，AS 或者基于Java的系统，都会为JMX-compliant客户端提供一个JMXService网址。得到网址后，可以从日志文件中检索到这个网址	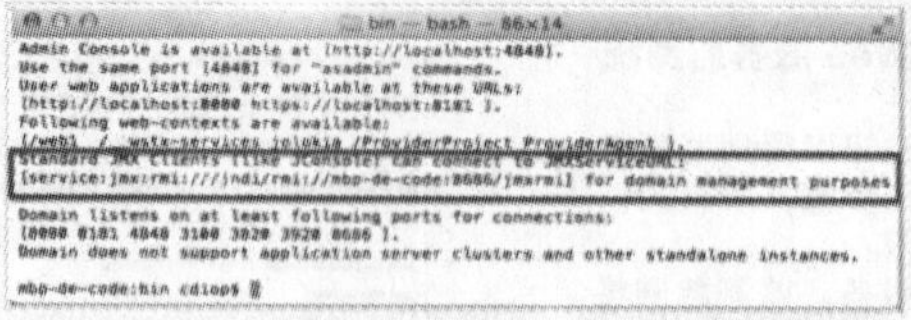
步骤2：启动JConsole 使用命令行启动JConsole应用程序	`jconsole`

（续）

<table>
<tr><td>步骤3：命令行连接
通过使用命令行启动JConsole应用程序，可以建立连接</td><td>

service:jmx:rmi:///jndi/rmi://ipadress:8686/jmxrmi</td></tr>
<tr><td>步骤4：远程JConsole连接
Java控制台将会被打开，可以建立连接。给JMX服务一个网址（IP地址和端口）。这是地址的格式（见右图）</td><td>jconsole remote_adresse:jmx_service_port</td></tr>
<tr><td>步骤5：JConsole概述
连接建立后，将会看到关于服务器的概述信息，这些信息与Java 虚拟机的堆内存利用率、Java虚拟机的CPU利用率以及工作的线程数目和种类有关</td><td>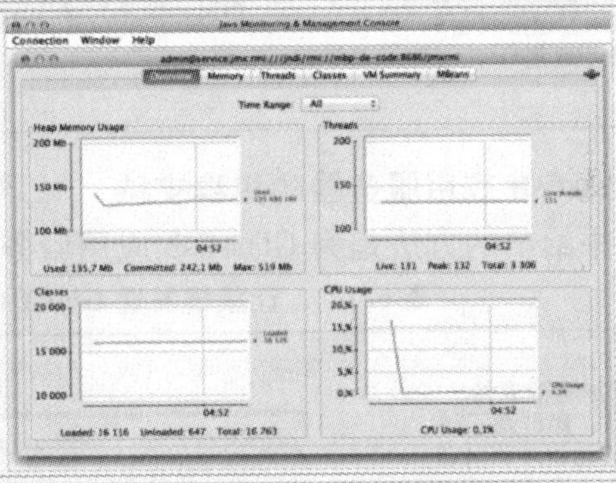
</td></tr>
</table>

6.5 可伸缩性支持

本菜单描述和说明了如何实现集群或联盟平台服务器（ESB）以保证部署的应用程序的可伸缩性。

6.5.1 ESB 实例集群

这个菜单显示了如何为负载共享集群 ESB 实例（见图 6.2）。可以创建可伸缩性控制虚拟容器来管理远程集群实例和部署应用程序。表 6.11 给出了应遵循的一系列步骤。

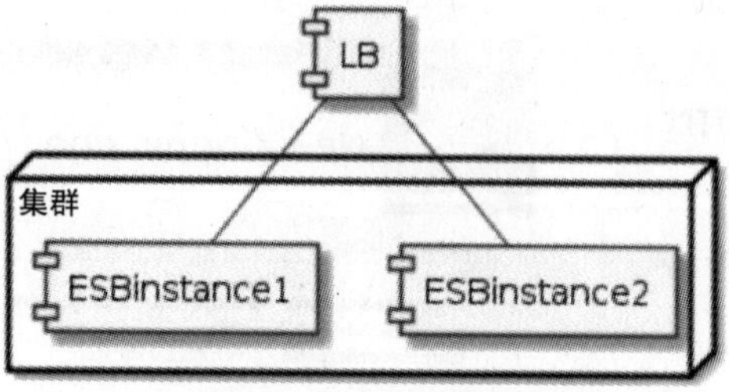

图 6.2　ESB 实例集群

表 6.11　OpenESB 实例集群的步骤

步骤1：发现AS集群 需要启动应用程序服务器的集群支持	参见：Glassfish应用服务器的集群支持
步骤2：使用命令行控制台创建集群 使用"adamin"命令工具创建集群	参见：使用命令行创建Glassfish服务器集群
步骤3：管理控制台创建集群 遵循指示的方法使用一个连接到Glassfish管理控制台的Web浏览器创建集群	参见：使用管理控制台创建Glassfish服务器集群

6.5.1.1　Glassfish 应用服务器的集群支持

表 6.12 中给出的方法是为 Glassfish 应用服务器创建集群。

表 6.12　让集群发现 Glassfish 的步骤

步骤1：增加集群支持 默认情况下，集群是不被Glassfish应用程序服务器所支持的。为了让Glassfish应用程序服务器支持集群，需要做： 连接到Glassfish管理控制台，点击"增加集群支持"选项。 一旦应用程序服务器能够识别集群，就可以创建集群了。 一个集群可以通过多个机器的负载分配来促进负载平衡。也可以通过实例级失效转移来促进高可靠性	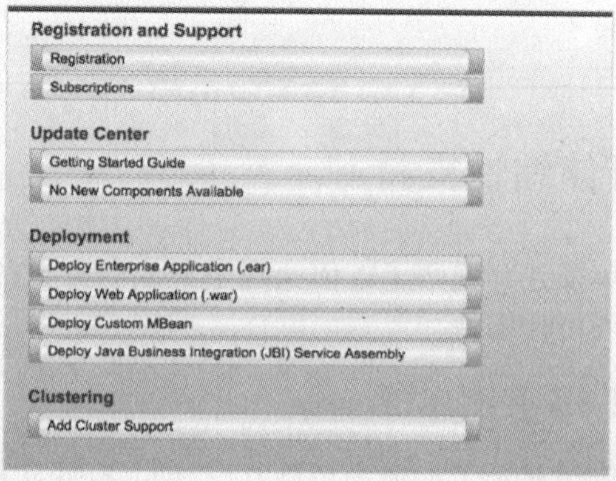

（续）

步骤2：增加集群确认 单击OK来确认集群支持的启动。最好给你的应用程序服务器增加更大的堆存储器以便支持集群实例	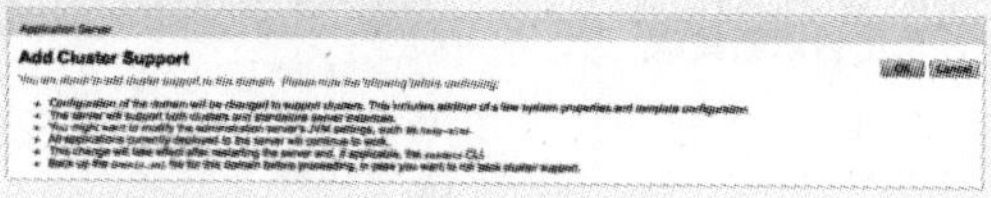
步骤3：集群创建确认 重启应用程序服务器。现在Glassfish就可以支持集群服务器了	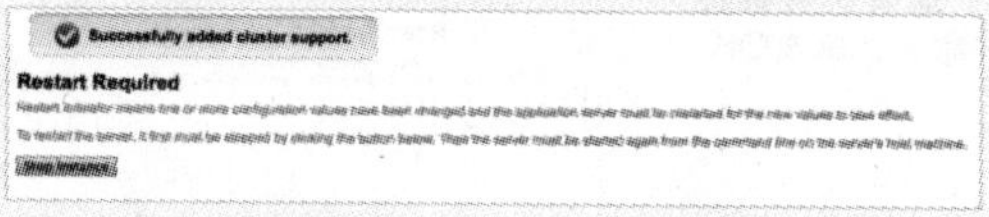

6.5.1.2　使用命令行创建 Glassfish 服务器集群

本菜单旨在展示如何使用命令行创建 Glassfish 服务器集群（见表 6.13）。

表 6.13　通过命令行创建集群的步骤

步骤1：创建集群 命令控制台允许在远程的机器上创建集群	ssh login@ip_address 'glassfish_home/asadmin create-cluster clustertestdistant'
步骤2：创建节点代理 启动集群实例之前，需要在集群里创建节点代理。节点代理可以管理实例的生命周期	ssh login@ip_address 'glassfish_home/asadmin create-node-agent nodetestdistant'
步骤3：启动节点代理 命令控制台允许在远程的机器上启动节点代理	ssh login@ip_address 'glassfish_home/asadmin start-node-agent nodetestdistant'
步骤4：创建一个实例 命令控制台允许在集群上创建一个实例	ssh login@ip_address 'glassfish_home/asadmin create-instance --nodeagent nodetestdistant --cluster clustertestdistant instancedistant'
步骤5：启动实例 命令控制台允许启动一个实例	ssh login@ip_address 'glassfish_home/asadmin start-instance instancedistant'

6.5.1.3　使用管理控制台创建 Glassfish 服务器集群

本菜单旨在展示如何使用管理控制台创建 Glassfish 服务器集群（见表 6.14）。

表 6.14 通过管理控制台创建集群的步骤

步骤1：新的集群创建 在Glassfish 管理控制台调色板上，单击创建新集群	
步骤2：集群创建参数 给集群命名，单击OK	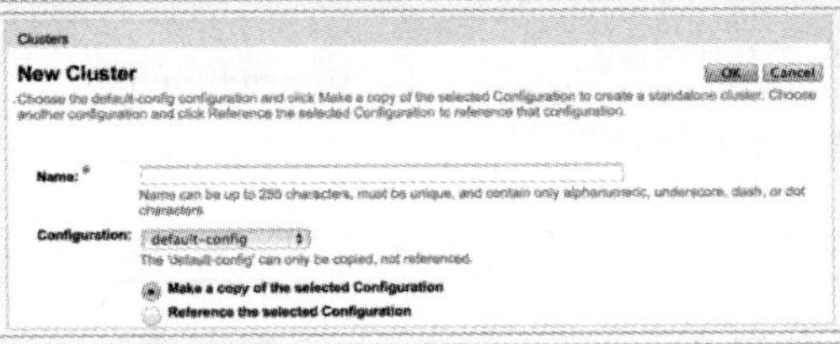
步骤3：集群创建确认 集群创建好了，在启动集群之前，需要采取一些措施。在启动实例之前，需要在集群里创建节点代理，节点代理可以管理已经集群的实例的周期	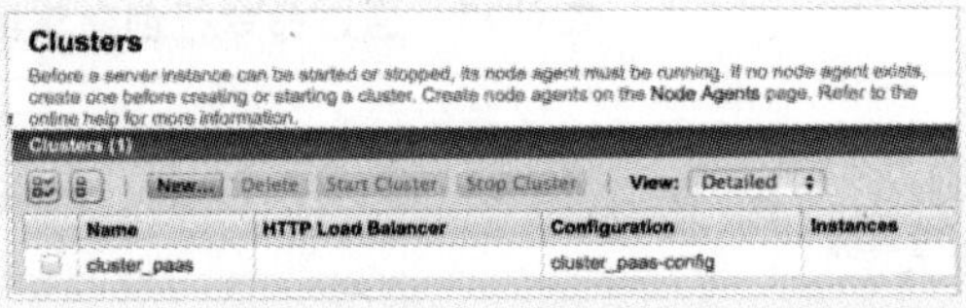
步骤4：节点代理确认 创建一个节点代理，并且对它进行配置。必须给定节点代理的名称和属性	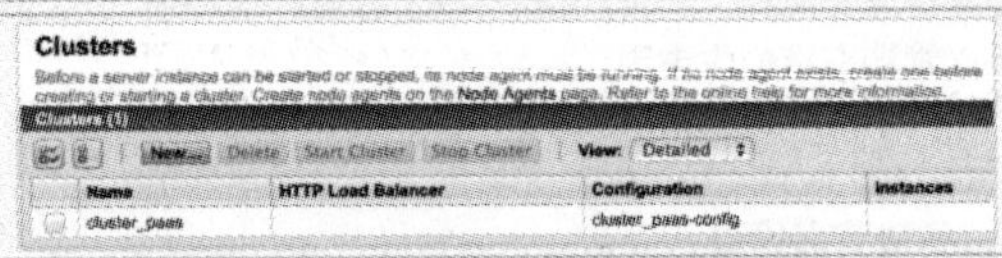
步骤5：节点代理创建 必须要使用命令行控制台创建节点代理。使用管理员命令创建一个节点代理。使用相同的节点代理的名字时要小心	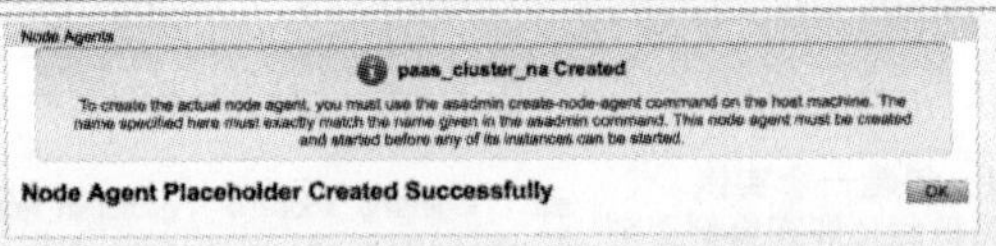 `asadmin create-node-agent node_agent_name`
步骤6：启动节点代理 使用管理员命令启动节点代理	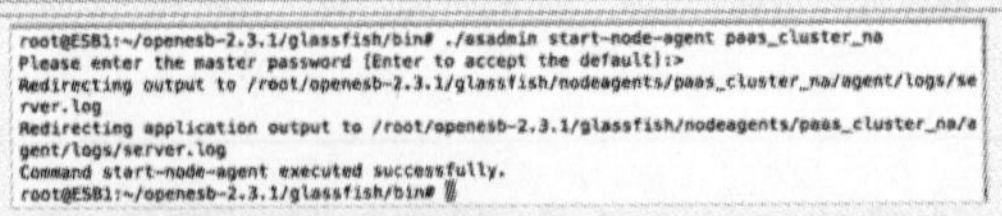 `asadmin start-node-agent node_agent_name`

（续）

步骤7：集群实例的创建
增加这个步骤，集群的实例可以被创建。它们需要被关联到一个运行着的节点代理上。
点击实例，创建新的实例。重复这个操作，直到创建完所有的实例

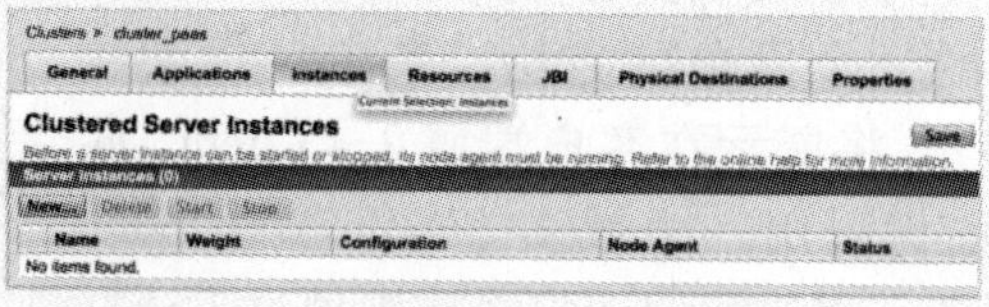

步骤8：启动实例
为了启动实例，需要点击实例名称，启动实例

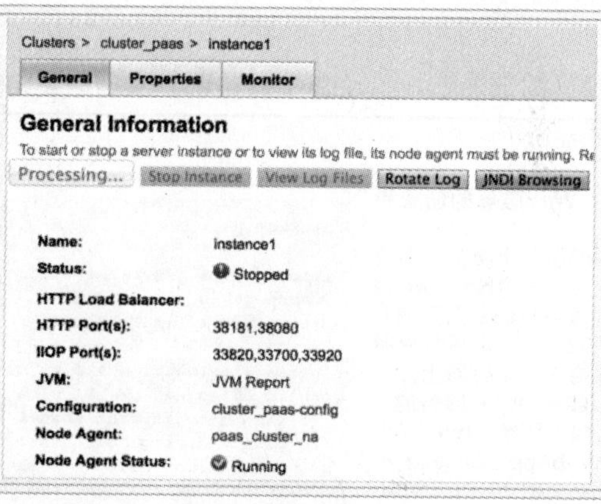

步骤9：运行实例
例如，如右图所示，两个实例正在运行

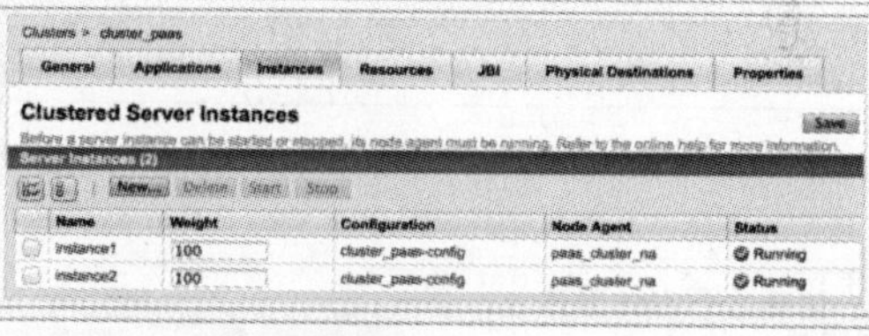

步骤10：集群的使用
现在可以在集群上部署应用程序或者服务了

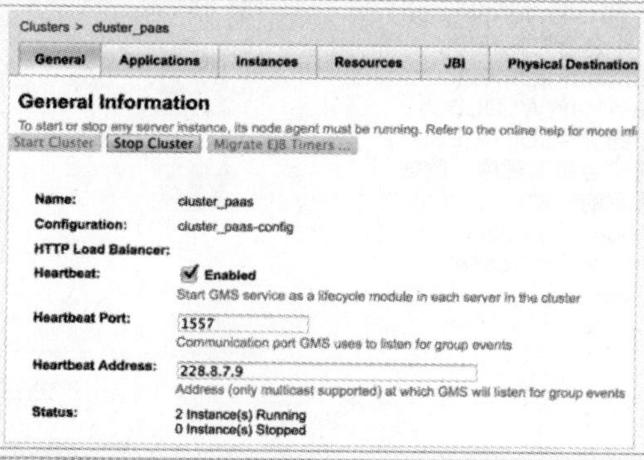

6.5.2 ESB 实例联盟

表 6.15 中给出的方法展示了将 ESB 实例进行联盟的一个简单的方法。基于目标架构（见图 6.3），将展示在客户端域 2（Client Domain 2）如何引用一个域 1（Hello Web Service）的服务。客户端的请求将首先通过 ESB2，然后再通过 ESB1。更复杂的行为可以用一个双向联盟，也可以用绑定组件的 JBI 代理来完成。

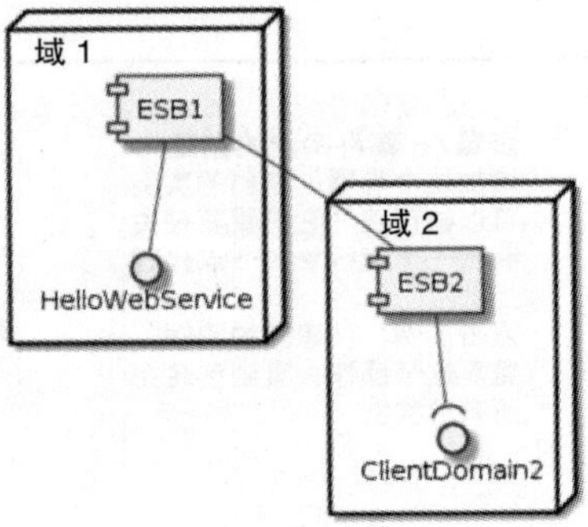

图 6.3 ESB 实例联盟

表 6.15 ESB 实例联盟的步骤

步骤1：Web服务的创建和部署
创建和部署一个服务。在这个方法中，一个Hello world的Web服务被部署到了域1里。把它用一个应用程序服务器部署在一个容器上。例如，部署的Web服务的WSDL如下所示：http://AS:8080/WebAppWS/HelloWebService?WSDL

```
package pk;

import javax.jws.WebService;
import javax.jws.WebMethod;
import javax.jws.WebParam;

@WebService(serviceName = "HelloWebService")
public class HelloWebService {
    @WebMethod(operationName = "hello")
    public String hello(@WebParam(name = "name") String txt) {
        return "Hello " + txt + " !";
    }
}
```

步骤2：创建这个Web服务的代理服务
为了通过ESB1直接地从域1中访问到HelloWebService，创建一个复合应用程序。复合应用程序使用HelloWebService的WSDL作为一个外部的WSDL。在ESB1上部署复合应用程序。就像下列所示的一样：http://ESB1:9080/CompositeDomin1Service1/casePort1?wsdl

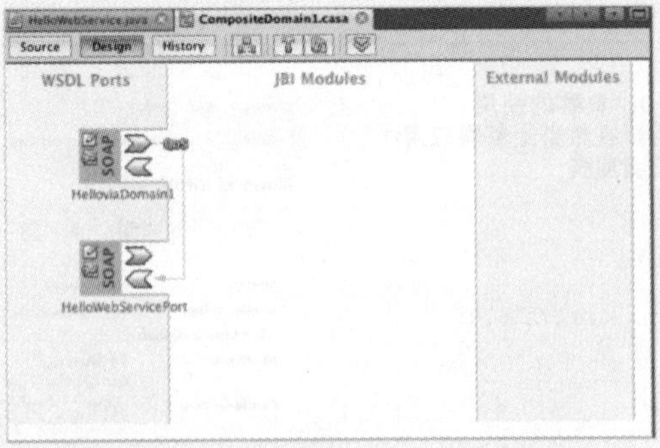

（续）

步骤3：从域2中创建Web服务的一个代理服务
为了通过ESB2和ESB1直接地从域2中访问到HelloWeb Service，需要再创建一个复合应用程序。这个复合应用程序使用第一个复合应用程序的WSDL作为一个外部的WSDL。在ESB2上部署这个复合应用程序。第二个复合应用程序的WSDL就如下列所示：http://ESB2:9080/CompositeDomin2Service1/casePort1?wsdl

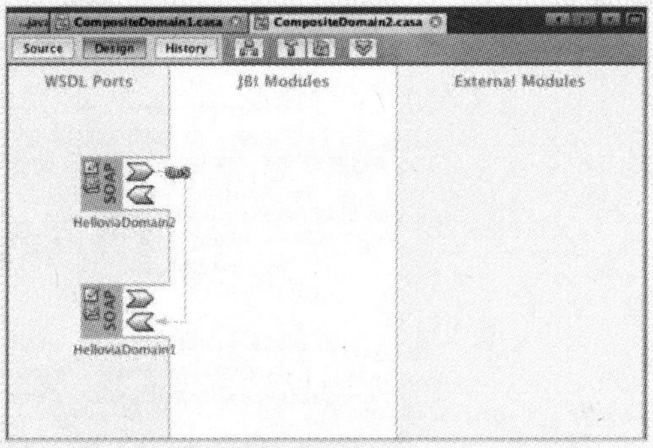

步骤4：从域2中测试联盟成员
为了测试联盟成员，需要创建一个Java应用程序并把它关联到一个Web服务客户端上

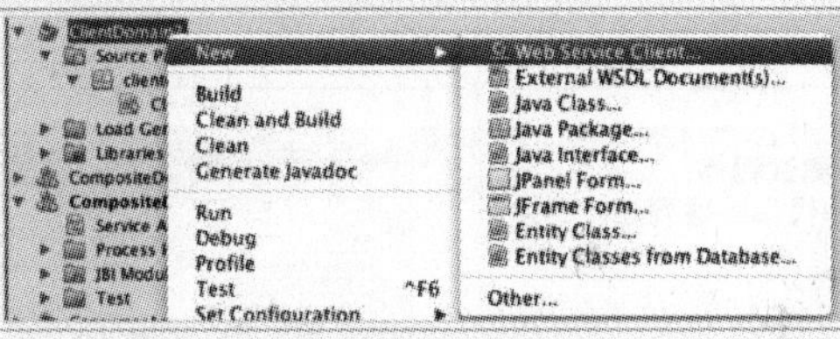

步骤5：Web 服务客户端配置
把第二个复合应用程序的WSDL增添到Java应用程序上

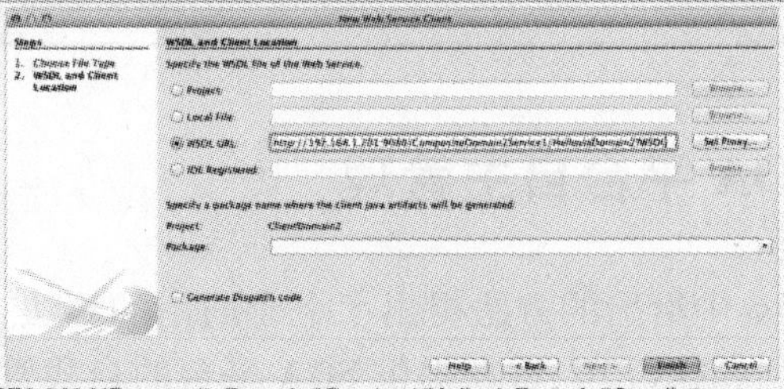

http://ESB2:9080/CompositeDomain2Service1/HelloviaDomain2?wsdl

步骤6：生成资源代码
可以用一组生成的文件夹来观察Java项目的演化过程

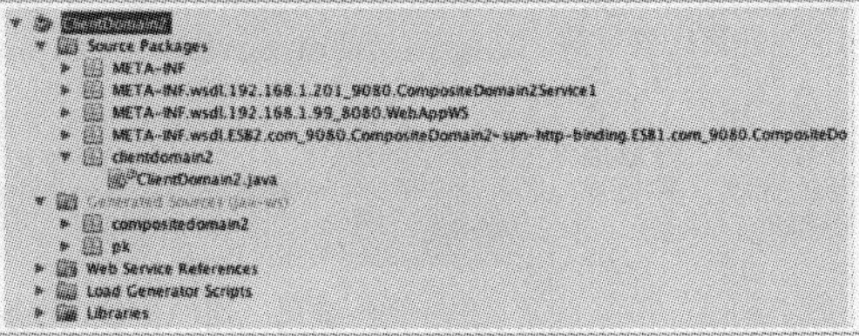

（续）

<table>
<tr><td>步骤7：增加操作
在域中，插入代码来测试远程HelloWeb Service的操作</td><td>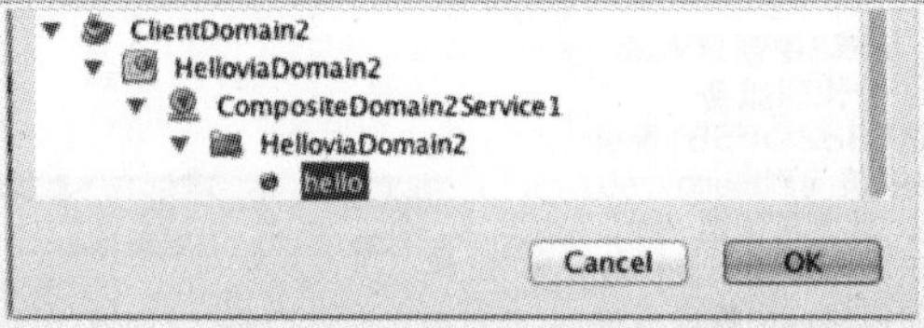

<pre>
package clientdomain2;

public class ClientDomain2 {
    public static void main(String[] args) {
        System.out.println(hello("Client domain2"));
    }

    private static String hello(java.lang.String name) {
        compositedomain2.CompositeDomain2Service1 service = new
 compositedomain2.CompositeDomain2Service1();

        compositedomain2.HelloWebService port =

service.getHelloviaDomain2();

        return port.hello(name);
    }
}
</pre></td></tr>
<tr><td>步骤8：测试程序
运行Java代码以得到期待的结果</td><td>
</td></tr>
</table>

6.6 SOA平台自主管理

表6.16中给出的方法提出了一个通用的算法，以实现自主管理循环（监控、分析、计划和执行），旨在提供SOA平台的自我管理能力。

表6.16 自主管理的SOA平台的步骤

<table>
<tr><td>步骤1：监测
监测实体观察平台（使用监测API），并且比较当前值与预定义的限定值（存储在自动知识库中）。基于这些观察结果，可以监测到特定的症状，并且发送给分析实体</td><td><pre>
Compute KeyPerformanceIndicators (e.g. average, max, min, etc.)
if (KeyPerformanceIndicator < or > THRESHOLD)
   // a symptom is detected
   // using the knowledge base
   SYMPTOM = MonitoringKnowledgeBase (KeyPerformanceIndicator)
endif
</pre>参见：监测平台，在SSOAPaaS 3.0平台上增加监测组件</td></tr>
</table>

（续）

步骤2：分析
分析阶段检索由监测实体提供的症状，以便确定改变系统的需求。例如，基于一个高度需求增加有限的资源，或者当需求变低时减少供应。基于这个分析，就可以识别一个改变请求。如果是为了更好地指导计划实施的需要，改变请求也可以被识别
	`// symptom provided by the monitoring`
	`// is used to identify the change request`
	`CHANGE_REQUEST = DiagnosisKnowledgeBase (SYMPTOM)`
	`// optionally, the cause could also be identified`
	`CAUSE = DiagnosisKnowledgeBase (SYMPTOM)`

步骤3：计划
计划实体工作在由分析实体递交的改变请求上，以便计划一组操作的执行。为了识别基于（或者不基于）这个原因的操作，这里也会使用到知识库
	`// the set of actions plan is retrieved`
	`// from the knowledge base among a set`
	`// of available strategies`
	`PLAN = PlaningKnowledgeBase (CHANGE_REQUEST,CAUSE)`

步骤4：执行
基于由计划实体提出的一组操作，执行实体与平台进行交流，以便执行必需的指令。这些操作的一些例子可以包括垂直或者水平可伸缩性
	`// a symptom is detected`
	`// using the knowledge base`
	`Action[] ACTIONS= ExecutionKnowledgeBase (PLAN)`
	
	参见：扩展平台，在SSOAPaaS 3.0平台上增加伸缩控制组件

6.7 小结

在本手册所提出的几个方法中，说明了如何开发智能 SOA 平台即服务解决方案的第三个版本（SSOAPaaS 3.0）。

图 6.4 阐述了搭建满足所有需求的平台的详尽步骤。这个平台可以从 http：//paas. ssoapaas. r3. ypbl. net 网站上下载。附加的文档可以在 http：//docs. ssoapaas. r3. ypbl. net 网站上找到。

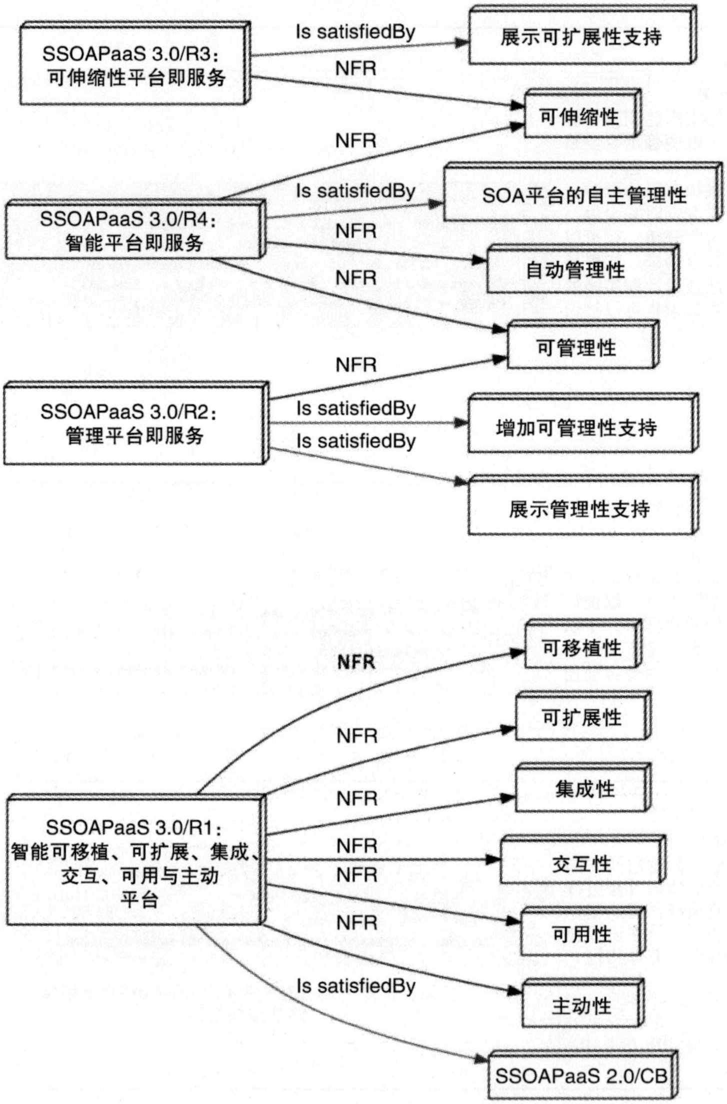

图 6.4　SSOAPaaS 3.0 平台需求满意度

第7章　总结与展望

本书的主要目标是介绍有关面向服务架构和事件驱动架构（SOA 和 EDA）范式的实用原则，以及它们在现代分布式系统的发展中所起到的基础性作用，正是因为有它们，现代分布式系统才能够充分利用云计算提供的巨大机会。在这个新的环境中，“服务”的概念一直在发展，有着更丰富和更大的价值应用到任何硬件、基础设施或软件资源中。本书的工作主要集中在演示为了建立一个新的基础服务模型，当前和未来的一代又一代的分布式系统模式和技术应该如何集成，这一新的服务模型是由智能 SOA 平台即服务（SSOAPaaS）层提供的。

为了应对参与设计和分布式系统发展的复杂性，决定遵循探索式的教学方法：基于项目的学习。通过介绍一个真实的案例：ESBay 系统，ESBay 系统的开发受到了著名的 eBay 在线市场的启发。已经开始探索这一系统，基于这个项目，将介绍指导 SSOAPaaS 设计和开发的基本功能性和非功能性需求。已经申请了一个名为 yPBL 的方法，提供一个软件工程过程（2TUP 或“Y”）应用于基于项目的学习（PBL）活动中。遵循这种方法，分析和确定了基本的项目需求，用于指导接下来的理论和实践内容。

在第2章，主要的内容集中在基础的相关概念上。研究包括代表特定的 SOA、EDA 以及云计算和自主计算的范例，其中最相关的就是中间件通信层的演化。在2.1节中，基于由企业服务总线（ESB）和 Web 服务（WS）技术表示的集成性和互操作性的基本支柱，展示了通信中间件和企业应用程序集成（EAI）和 SOA 解决方案的基本概念。接着在2.2节中，介绍了在分布式系统的集成中由面向消息的中间件（MOM）和 EDA 范式展现出来的重要演化。特别地，讨论了这些模式如何通过改进解耦和主动性来提高集成解决方案。最后，介绍了虚拟化和云计算架构（尤其是如何通过使用这些现代技术来处理非功能需求，比如可管理性和可伸缩性）。同时，介绍了手动管理 SOA 平台的复杂性和有趣的由自主计算范例提供的自主管理方法。

基于这些基本概念，应用 yPBL 方法精心设计了一系列的手册，收集基本的菜单和要素以满足 ESBay 系统的功能和非功能性需求，这些都归结于 SSOAPaaS 平台的建设（见图7.1）：第一个手册（SPaaS 1.0）提出了指导智能 IT 架构的发展、安装和部署全球所需组件平台的一系列方法；第二个手册（SSOAPaaS 1.0）旨在开发基本的 SOA 组件和技术以满足互操作性、可扩展性和可集成性等非功能性需求；第三个手册（SSOAPaaS 2.0）使用消息传递系统来提供异步沟

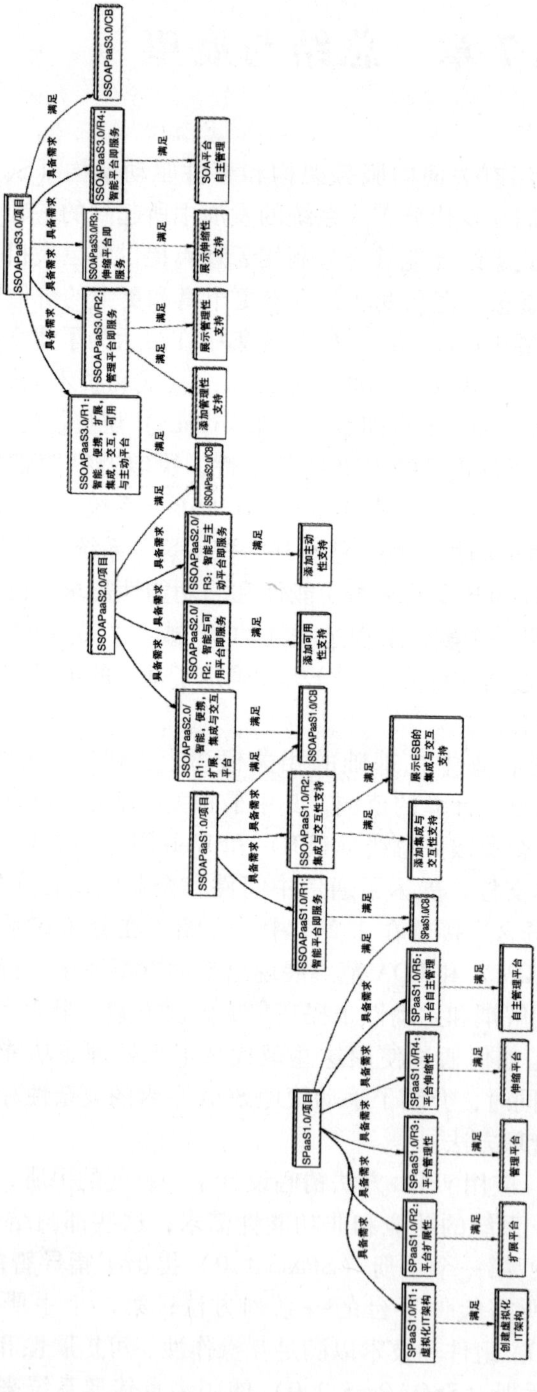

图 7.1 yPBL 手册与菜单数据模型

通渠道，提高可用性，同样为了展示如何实现主动性需求，还介绍了 CEP 技术；最后的手册（SSOAPaaS 4.0）[⊖]专注于满足 SSOAPaaS 自主管理性和可伸缩性解决方案的需求。

总之，使用实际的 yPBL 手册方法，演示了如何结合所有这些技术和方法构建智能 SOA 云平台，能够满足大量的非功能性需求，包括可集成性、互操作性、可用性、主动性、可管理性、可伸缩性，可移植性、可扩展性和安全性。

可以意识到，在分布式系统的演化过程中，这只是一个新周期的开始。为了应对新的或更具体的需求以及解决方案，包括例如大数据的挑战、动态网络企业或软件设计的网络环境，这样的平台需要保持不断进化。也可以相信，在这个复杂的领域中，遵循在本书中介绍的方法，可以继续获取和应用新知识。读者可以通过 http：//spaas. ybpl. net 网站联系到作者，最后，诚挚地感谢读者阅读本书。

⊖ 原书有误，应为 SSOAPaaS 3.0。——译者注

参考文献

[AMB 02] AMBLER S., *Agile Modeling: Effective Practices for Extreme Programming and the Unified Process*, Wiley, 2002. Available at http://www.wiley.com.

[AMB 05] AMBLER S., NALBONE J., VIZDOS M.J., *The Enterprise Unified Process: Extending the Rational Unified Process*, Prentice Hall, 2005.

[BAR 98] BARRON B.J., SCHWARTZ D.L., VYE N.J., *et al.*, "Doing with understanding: lessons from research on problem-and project-based learning", *Journal of the Learning Sciences*, vol. 7, nos. 3–4, pp. 271–311, 1998.

[BIG 03] BIGGS J., *Teaching for Quality Learning at University*, The Society for Research into Higher Education and Open University Press, Buckingham, 2003.

[BLU 91] BLUMENFELD P.C., SOLOWAY E., MARX R.W., *et al.*, "Motivating project-based learning: sustaining the doing, supporting the learning", *Educational Psychologist*, vol. 26, nos. 3–4, pp. 369–398, 1991.

[BPE 07] BPEL_OASIS, "Web Services Business Process Execution Language Version 2.0", OASIS Standard, April 2007. Available at http://docs.oasis-open.org/wsbpel/2.0/OS/wsbpel-v2.0-OS.html.

[CHA 04] CHAPPELL D., *Enterprise Service Bus: Theory in Practice*, O'Reilly Media Inc., 2004.

[CIS 11] CISCO, "Cloud: what an enterprise must know", white paper, 2011. Available at http://www.cisco.com/c/en/us/solutions/collateral/data-center-virtualization/cloud-computing/white_paper_c11-617239.pdf.

[COM 13] COMPONENT OBJECT MODEL TECHNOLOGIES, 2013. Available at http://www.microsoft.com/com.

[COR 13] CORBA OMG, 2013. Available at http://www.corba.org.

[DMT 10] DMTF, Architecture for managing clouds, white paper from the Open Cloud Standards Incubator, Version 1.0.0, Document No. DSP-IS0102, DMTF Informational, 2010. Available at http://www.dmtf.org/sites/default/files/standards/documents/DSP-IS0102_1.0.0.pdf.

[ETZ 10] ETZION O., NIBLETT P., *Event Processing in Action*, Manning Publications Co., Greenwich CT, August 2010.

[EXP 12] EXPOSITO E., *Advanced Transport Protocols: Designing the Next Generation*, ISTE, London, John Wiley & Sons, New York, 2012.

[EXP 13] EXPOSITO E., "yPBL: an active, collaborative and project-based learning methodology in the domain of software engineering", *Transactions of the SDPS: Journal of Integrated Design and Process Science*, vol. 18, no. 1, p. 20, 2013.

[GAR 13] GARTNER, Gartner IT glossary, December 2013. Available at http://www.gartner.com/it-glossary/eda-event-driven-architecture.

[GAR 14] GARTNER, Gartner IT glossary, January 2014. Available at http://www.gartner.com/it-glossary/cloud-computing/.

[HME 04] HMELO-SILVER C.E., "Problem-based learning: what and how do students learn?", *Educational Psychology Review*, vol. 16, no. 3, pp. 235–266, 2004.

[HOH 03] HOHPE G., WOOLF B., *Enterprise Integration Patterns: Designing, Building, and Deploying Messaging Solutions*, Addison-Wesley Professional, 2003.

[IHR 13] IHRIS, iHRIS open source software – health sector, December 2013. Available at http://www.ihris.org/wiki/Non-functional_Requirements.

[JAC 99] JACOBSON I., BOOCH G., RUMBAUGH J., *The Unified Software Development Process*, Addison-Wesley Object Technology Series, Addison-Wesley Professional, 1999.

[JBI 13] JBI, JSR-000208 Java Business Integration 1.0, 25 August 2013. Available at http://jcp.org/aboutJava/communityprocess/final/jsr208.

[KEP 03] KEPHART J.O., CHESS D.M., "The vision of autonomic computing", *Computer*, vol. 36, no. 1, pp. 41–50, January 2003.

[KHA 14] KHASNABISH B., CHU J., MA S., *et al.*, "IETF cloud reference framework", 2014. Available at http://www.ietf.org/id/draft-khasnabish-cloud-reference-framework-06.txt.

[KRA 04] KRAFZIG D., BANKE K., SLAMA D., *Enterprise SOA: Service-Oriented Architecture Best Practices*, Prentice Hall, 2004.

[KRE 11] KREGER H., IBM's Cloud Computing Reference Architecture, 2011.

[KRO 03] KROLL P., KRUCHTEN P., *The Rational Unified Process Made Easy: A Practitioner's Guide to the RUP*, Addison-Wesley Professional, 2003.

[LUI 11] LIU F., TONG J., MAO J., *et al.*, "NIST Cloud computing reference architecture", NIST Special Publication 500-292, 2011. Available at http://collaborate.nist.gov/twiki-cloud-computing/pub/CloudComputing/ReferenceArchitectureTaxonomy/NIST_CC_Reference_Architecture_v1_March_30_2011.pdf.

[MAC 06] MACKENZIE C.M., LASKEY K., MCCABE F., *et al.*, "Reference model for service oriented architecture 1.0", OASIS Standard, 2006.

[MIC 11] MICHELSON B.M., *Event-Driven Architecture Overview*, 5th Anniversary ed., Patricia Seybold Group, 2 February 2011.

[MIS 13] MICROSOFT, .NET Remoting: Core Protocol, December 2013. Available at http://msdn.microsoft.com/en-us/library/cc237297.aspx.

[NFP 13] NFP OPEN REQUIREMENTS PROJECT, Collaborative requirements for the nonprofit sector, December 2013. Available at http://www.nfprequirements.org.

[NIS 11] NIST, Cloud architecture reference models: a survey, 2011. Available at http://www.ogf.org/pipermail/occi-wg/attachments/20110128/fe1a4498/attachment-0001.pdf.

[NOW 89] NOWICKI B., NFS: network file system protocol specification (1094), RFC 1094 (informational), Internet Engineering Task Force (IETF), 1989.

[OAS 06a] OASIS WEB SERVICES BROKERED NOTIFICATION 1.3 (WS-BrokeredNotification), OASIS Standard, 1 October 2006. Available at http://docs.oasis-open.org/wsn/wsn-ws_brokered_notification-1.3-spec-os.pdf.

[OAS 06b] OASIS WEB SERVICES TOPICS 1.3 (WS-Topics), OASIS Standard, 1 October 2006. Available at http://docs.oasis-open.org/wsn/wsn-ws_topics-1.3-spec-os.pdf.

[OAS 06c] OASIS WEB SERVICES BASE NOTIFICATION 1.3 (WS-BaseNotification), OASIS Standard, 1 October 2006. Available at http://docs.oasis-open.org/wsn/wsn-ws_base_notification-1.3-spec-os.pdf.

[ORT 07] ORTIZ S., "Getting on board the enterprise service bus", *IEEE Computer Archive*, vol. 40, No. 4, pp. 15–17, April 2007.

[PET 11] PETRI G., *Lean and the Art of Cloud Computing Management*, Smashwords Edition, p. 203, 22 April 2011.

[RMI 13] REMOTE METHOD INVOCATION SPECIFICATION, December 2013. Available at http://www.oracle.com/technetwork/java/javase/tech/index-jsp-136424.html.

[ROQ 04] ROQUES P., VALLÉE F., *UML 2.0 en action. De l'analyse des besoins à la conception*, Eyrolles, 2004.

[SAV 06] SAVERY J.R., "Overview of problem-based learning: definitions and distinctions", *Interdisciplinary Journal of Problem-Based Learning*, vol. 1, no. 1, 2006.

[SAV 95] SAVERY J.R., DUFFY T.M., "Problem based learning: an instructional model and its constructivist framework", *Educational Technology*, vol. 35, no. 5, pp. 31–38, 1995.

[SCA 07] SCA SERVICE COMPONENT ARCHITECTURE, Assembly Model Specification, OASIS, March 2007.

[SOA 06] SOA RM, Reference Model for Service Oriented Architecture 1.0, OASIS Standard, October 2006.

[SOA 12] SERVICE ORIENTED ARCHITECTURE MODELING LANGUAGE (SoaML), OMG Adopted Specification, May 2012. Available at http://www.omg.org/spec/SoaML/1.0.1/PDF/.

[SUN 88] SUN MICROSYSTEMS, RPC: remote procedure call protocol specification: version 2 (1057), RFC 1057 (informational), Internet Engineering Task Force (IETF), 1988.

[TAY 09] TAYLOR H., YOCHEM A., PHILLIPS L., *et al.*, *Event-Driven Architecture: How SOA Enables the Real-Time Enterprise*, Addison-Wesley Professional, 2009.

[TEC 13] TECHTARGET/FORRESTER RESEARCH STATE OF SOA 2010 SURVEY, December 2013. Available at http://media.techtarget.com/searchSOA/downloads/TTAG-State-of-SOA-2010-execSummary-working-523%5B1%5D.pdf.

[THU 09] THURLOW R., RPC: remote procedure call protocol specification: version 2 (5531), RFC 5531, Internet Engineering Task Force (IETF), 2009.

[THO 09] THOMAS E., *SOA Design Patterns*, Prentice Hall Service-Oriented Computing Series from Thomas Erl, Prentice Hall PTR, 2009.

[THO 00] THOMAS J.W., A review of research on project-based learning, Retrieved, 18 July 2000. Available at: http://www.autodesk.com/foundation.

[UEN 06] UENO K., TATSUBORI M., "Early capacity testing of an enterprise service bus", *IEEE International Conference on Web Services*, Chicago, IL, pp. 709–716, 18–22 September 2006.

[VAN 06] VAN HOOF J., How EDA extends SOA and why it is important, November 2006. Available at http://soa-eda.blogspot.fr/2006/11/how-eda-extends-soa-and-why-it-is.html.

[WIK 13] WIKIPEDIA, Non-functional requirements classification, December 2013. Available at http://en.wikipedia.org/wiki/Non-functional_requirement.

[WIL 11] WILKES L., "Cloud computing reference architectures, models and frameworks", Everware-CBDI, June 2011. Available at http://everware-cbdi.com/ccrfam.

[YPB 13] yPBL DASHBOARD MATRIX, December 2013. Available at http://docs.matrix.ypbl.net.

图书在版编目（CIP）数据

云计算体系架构中的智能 SOA 平台／（法）埃斯波西托，（法）迪欧普著；谭励，冀赛赛译．—北京：机械工业出版社，2016.5

（国际信息工程先进技术译丛）

书名原文：Smart SOA Platforms in Cloud Computing Architectures

ISBN 978 - 7 - 111 - 53312 - 2

Ⅰ.①云…　Ⅱ.①埃…②迪…③谭…④冀…　Ⅲ.①互联网络 - 网络服务器 - 研究　Ⅳ.①TP368.5

中国版本图书馆 CIP 数据核字（2016）第 061549 号

机械工业出版社（北京市百万庄大街 22 号　邮政编码 100037）

策划编辑：顾　谦　责任编辑：顾　谦

责任校对：刘怡丹　封面设计：马精明

责任印制：常天培

北京京丰印刷厂印刷

2016 年 4 月第 1 版第 1 次印刷

169mm × 239mm · 11.5 印张 · 235 千字

0 001—2 800 册

标准书号：ISBN 978 - 7 - 111 - 53312 - 2

定价：49.90 元

凡购本书，如有缺页、倒页、脱页，由本社发行部调换

电话服务	网络服务
服务咨询热线：010 - 88361066	机 工 官 网：www.cmpbook.com
读者购书热线：010 - 68326294	机 工 官 博：weibo.com/cmp1952
010 - 88379203	金 书 网：www.golden-book.com
封面无防伪标均为盗版	教育服务网：www.cmpedu.com